Public Relations und Risikomanagement

Zur Autorin:

Claudia Kullick, 1984 in Karl-Marx-Stadt (heute Chemnitz) geboren, studierte an der Hochschule Mittweida (FH) Medienmanagement. Während des Studiums absolvierte sie verschiedene Praktika im Bereich Öffentlichkeits- und Pressearbeit, u. a. im Sächsischen Landtag, und war im Bereich Medienanalyse bei der PMG Presse-Monitor GmbH beschäftigt. Ihre Abschlussarbeit zum Thema Public Relations und Risikomanagement wurde von Johanssen + Kretschmer Strategische Kommunikation betreut. Die Diplom-Medienwirtin (FH) arbeitet heute als PR-Assistentin bei einem Leipziger Online-Portal.

Claudia Kullick

Public Relations und Risikomanagement

polisphere – your gate to politics & consulting

Berlin/München/Brüssel 2008

Die Deutsche Bibliothek – CIP-Einheitsaufnahme

Claudia Kullick: Public Relations und Risikomanagement – Ansätze zur Integration kommunikativer Risiken in das unternehmerische Risikomanagement. Erschienen in der Reihe J+K Wissen, polisphere Berlin/München/Brüssel 2008.

Zugl.: Mittweida, Hochschule Mittweida (FH), Fachbereich Medien, Diplomarbeit, 2007.

ISBN 978-3-9-3845620-0

Printed in Germany

Satz und Layout: polisphere, Berlin/München/Brüssel

Umschlag: MetaDesign, Berlin

Herstellung: GGP media on demand, Pößneck

INHALTSVERZEICHNIS

ABBILDUNGSVERZEICHNIS

TABELLENVERZEICHNIS

ABKÜRZUNGSVERZEICHNIS

AG	Aktiengesellschaft
AktG	Aktiengesetz
Anm. d. Verf.	Anmerkung der Verfasserin
BWL	Betriebswirtschaftslehre
CIRM	Communication Issues Risk Management
CSR	Corporate Social Responsibility
DAX	Deutscher Aktienindex (beinhaltet die 30 hinsichtlich Börsenumsatz und Marktkapitalisierung größten, an der Frankfurter Börse notierten, Unternehmen)
DPRG	Deutsche Public Relations Gesellschaft e.V.
GmbH	Gesellschaft mit beschränkter Haftung
GPRA	Gesellschaft Public Relations Agenturen e.V.
HDAX	Aktienindex, der alle im DAX, im MDAX und im TecDAX gelisteten Unternehmen zusammenfasst (H steht für „hundert", da ursprünglich 100 Unternehmen darin vertreten waren. Heute sind es 110.)
HGB	Handelsgesetzbuch
i.d.F.v.	in der Fassung vom
KonTraG	Gesetz zur Kontrolle und Transparenz im Unternehmensbereich
LPRS	Leipziger Public Relations Studenten e.V.
MDAX	Midcap-Index (Aktienindex, umfasst die 50 Standard-Werte, die den im DAX notierten Unternehmen bzgl. Marktkapitalisierung und Börsenumsatz folgen.)
mündl.	mündlich(e)
NGO	Non-Governmental-Organization (Nichtregierungsorganisation)
ÖNORM	Österreichisches Normungsinstitut
PR	Public Relations
resp.	respektive
RM	Risikomanagement
schriftl.	schriftlich(e)
TecDAX	Aktienindex, bildet die Entwicklung der 30 größten Technologieunternehmen unterhalb des DAX ab.
telefon.	telefonisch(e)
u.d.T.	unter dem Titel
zugl.	zugleich
zw.	zwischen

Hinweis: Alle Zitate in der Arbeit wurden an die neue Rechtschreibung angepasst.

Vorwort

Die vorliegende Arbeit liefert erstmals den umfassenden Versuch, kommunikative Fragestellungen vollends in Risk Management Systeme zu integrieren. Dies umfasst sowohl die Bewertung kommunikativer Risiken von bereits im Risk Management erfasster Risiken, als auch die kommunikativen Handlungsrisiken, die selbst Grundlage einer krisenhaften Situation werden können.

Dabei wird eine Verbindung eines systemtheoretischen Verständnisses der Thematik mit einem konstruktivistischen Ansatz hergestellt und damit Kommunikation als selbstreferentieller Prozess eingeführt. Dadurch kann Kommunikation sowohl als Gegenstand der Krise wie auch als krisenverschärfende Meta-Konstruktion der Krise betrachtet werden. Dies ist von praktischer Bedeutung, weil der Doppelcharakter von Kommunikation als Risiko und als Krisenkatalysator in der Krisenprävention oftmals Verständnisprobleme aufwirft.

Systematisch wird differenziert zwischen strukturell-kulturell bedingten kommunikativen Handlungsrisiken (fehlende Kommunikationsstrukturen, uneinheitlicher Unternehmensauftritt, intransparente Unternehmenskultur), den individuell bedingten kommunikativen Handlungsrisiken (Fehlverhalten von Kommunikationsverantwortlichen, fehlerhafte Kommunikation) sowie der Kommunikation als Verstärker für kritische, außerkommunikative Sachverhalte differenziert.

Durch die Integration von Leitfadeninterviews mit Kommunikationsverantwortlichen wird deutlich, dass in der Praxis eine große Unschärfe der Begriffe besteht. Dies kann nicht zuletzt ein Grund sein, dass hinsichtlich der Integration von Kommunikationsaspekten in Risiko- und Krisenmanagement eine fehlende Unterstützung und Akzeptanz im Unternehmen bemängelt wird.

Insgesamt kann festgestellt werden, dass es in den befragten Unternehmen zwar eine Sensibilität für Risiko- und Krisenmanagement gibt und viele der relevanten Begriffe bekannt sind, jedoch eine systematische Verknüpfung existierender Managementsystem mit den Fragen und Mechaniken der Kommunikation nicht stattfindet. Dazu werden verschiedene Methoden der Risikomanagementsysteme (Risikoidentifikation, Risikobewertung, Risikobehandlung, Risikokontrolle), des unternehmerischen Krisenmanagements (in seinen verschiedenen Ausprägungen je nach Krisenphase) sowie des Issues Management als kommunikationsbezogener Frühaufklärung dargestellt. Das Issues Management kann passgenau eine Lücke füllen, die das Risikomanagement als Instrument zur Risikovermeidung und das Krisenmanagement als präventive Vorbereitung auf den Fall des Eintritts eines dieser Risiken hinterlassen.

Entscheidend ist die Entwicklung eines Systems, welches prozessual entlang des Risk Managements an drei Stellen kommunikative Fragestellungen integrieren kann. Dies geschieht zuerst im Rahmen der Risikoidentifizierung durch das Issues Management als Instrument zur

Identifizierung und Bewertung von Kommunikationsrisiken. Danach erfolgt im Rahmen der Risikobewertung die Einbindung kommunikativer Aspekte durch die Form der Parametrisierung der Risiken. Schließlich hat das Krisenmanagement eine zentrale Rolle während der Risikobehandlung. Vorteil dieser Vorgehensweise ist der Umstand, dass vorhandene Systeme genutzt und neue Schnittstellen beschrieben werden.

Berlin im Juni 2008

Heiko Kretschmer

1 Einleitung

1.1 Anliegen, zentrale Fragestellung und Ziel der Arbeit

Die entscheidende Anregung verdankt die vorliegende Arbeit der Beobachtung, dass Unternehmen in kommunikativer Hinsicht immer wieder erstaunlich unvorbereitet auf öffentliche Vorwürfe und Konfliktsituationen reagieren bzw. durch ihr unbedacht wirkendes Verhalten erst die Krise in der öffentlichen Wahrnehmung auslösen. Stellvertretend für zahlreiche Fälle sei hier die Reaktion des Atomkraftwerkbetreibers Vattenfall im Sommer 2007 auf die Störfälle in den Werken Krümmel und Brunsbüttel genannt. Auf immer neue Schreckensmeldungen reagierte der Betreiber über eine Woche lang mit Schweigen und überließ stattdessen Politikern und Verbänden die Unterrichtung der Öffentlichkeit. Diese versuchten die Vorfälle jeweils für ihre Zwecke zu instrumentalisieren, sodass es am Ende nicht verwunderlich schien, dass eine auf diese Weise (des)informierte Gesellschaft nichts mehr mit Atomkraft zu tun haben wollte.[1] Nachdem eine Welle der Empörung durch Politik, Medien und Gesellschaft gegangen war, musste selbst Konzernchef Lars G. Josefsson feststellen: „Wir waren unfähig, richtig zu kommunizieren."[2]

Dieses auch an anderen Beispielen zu beobachtende „kommunikative Versagen" ist umso verwunderlicher, wenn man bedenkt, dass sich etwa seit den 80er Jahren in Deutschland ein ganzer Wirtschafts- und Wissenschaftszweig entwickelt hat, der sich ausschließlich mit der Prävention und dem Management von Unternehmenskrisen befasst. Mit Krisenmanagementsystemen stehen den Unternehmen umfangreiche Instrumente auch zur kommunikativen Bewältigung solcher Situationen zur Verfügung und finden, glaubt man Studienergebnissen,[3] in den Unternehmen auch rege Anwendung.

Im Rahmen der Recherchen zu dieser Arbeit wurde deutlich, dass ein Grund, warum dennoch immer wieder kommunikative Krisen zu beobachten sind, darin liegen könnte, dass die Betrachtung von konfliktträchtigen kommunikativen Aspekten mit dem Instrument des Krisenmanagements in der Regel erst dann erfolgt, wenn „das Kind schon in den Brunnen gefallen ist." Während sich für andere unternehmerische Bereiche mit dem Risikomanagement ein Instrument etabliert hat, das es ermöglicht, etwa finanzielle Krisen oder technische Störfälle durch gezielte Beobachtung und Behandlung der entsprechenden Risiken zu verhindern, finden kommunikative Aspekte in einer solchen unternehmensweiten Risikobetrachtung kaum Berücksichtigung.

Präventive Krisenmanagementmodelle, die sich auch kommunikativen Aspekten zuwenden, sind in den Unternehmen besonders unter dem Namen „Issues Management" durchaus eta-

---

[1] vgl. Dietrich 2007
[2] vgl. o.A. 2007a, 15
[3] vgl. Studie Krisen-Prävention in Deutschland: Johanssen+Kretschmer Strategische Kommunikation GmbH 2003, 5 und 20 f.

bliert, laufen aber, wie noch zu zeigen sein wird, meist isoliert vom übrigen unternehmerischen Risikomanagement. In der Folge fehlt es Ihnen häufig an Systematik und unternehmensweiter Beachtung.

Anliegen der Arbeit ist es, Ansätze aufzuzeigen, wie es möglich ist, kommunikative Risiken innerhalb unternehmerischer Risikomanagementsysteme systematisch und gleichberechtigt neben anderen Risiken zu betrachten.

Voraussetzung für ein solches Vorgehen ist jedoch zunächst eine Definition kommunikativer Risiken, denn bisher findet diese Formulierung in der theoretischen und praktischen Auseinandersetzung nur am Rande Erwähnung. Diese Lücke soll mit der Arbeit geschlossen werden. Die zentralen Fragestellungen der Arbeit lauten somit:

- Worin bestehen kommunikative Risiken für Unternehmen? Wie können sie verallgemeinert, definiert und systematisiert werden?
- Wie können diese kommunikativen Risiken zu ihrer systematischen Betrachtung in Risikoidentifikation, Risikobewertung und Risikobehandlung in unternehmerische Risikomanagementsysteme integriert werden?

Besonders vor dem aktuellen Hintergrund kommunikations- und betriebswirtschaftlicher Bemühungen um eine systematische Betrachtung von Kommunikation als Wertschöpfungsprozess und einer dementsprechend gleichberechtigten Behandlung und Kontrolle kommunikativer Prozesse gewinnen diese Fragen an Bedeutung.[4] Dabei ist es eine wesentliche Absicht der Arbeit, sich über die theoretische Auseinandersetzung hinaus an den tatsächlichen Verhältnissen in der unternehmerischen Praxis zu orientieren.

Es wird stets der übergeordnete Zweck im Auge behalten, kommunikative Krisensituationen zu verhindern bzw. durch eine gute Vorbereitung in ihren Wirkungen abzuschwächen. In diesem Zusammenhang soll auch auf in den Unternehmen bereits etablierte Methoden und Verfahren zurückgegriffen werden. Speziell dem Krisenmanagement kommt hier eine entscheidende Bedeutung zu. Es geht darum, Schnittstellen zwischen Risiko- und Krisenmanagement aufzuzeigen und für eine Betrachtung kommunikativer Risiken zu instrumentalisieren. Auf diese Weise können ineffektive Parallelexistenzen beendet werden.

1.2 Aufbau der Arbeit und methodisches Vorgehen

Um die geschilderten Ziele zu erreichen, wurde eine kompilatorische Vorgehensweise gewählt, die jedoch in Form von Leitfadengesprächen mit Kommunikationsverantwortlichen großer Aktiengesellschaften auch empirische Elemente enthält. Resultierend aus den Ergebnissen der Gespräche und auf Basis der erarbeiteten theoretischen Grundlagen wird ein eige-

[4] zur aktuellen Diskussion der Wertschöpfung durch Kommunikation siehe beispielhaft Piwinger/Porák 2005 und Pfannenberg/Zerfaß 2005

nes Modell zur Identifikation, Bewertung, Behandlung und Kontrolle kommunikativer Risiken innerhalb des unternehmerischen Risikomanagements entwickelt.

Die Arbeit ist in sieben Kapitel unterteilt. Nach der Erläuterung von Problemstellung und Ziel der Arbeit sowie grundlegender Begriffe im ersten Kapitel werden im zweiten Kapitel die zentralen Begriffe Risiko, Krise und Kommunikation definiert. Dabei stehen im Besonderen auch die Beziehungen und Interdependenzen zwischen den Begriffen im Mittelpunkt. Es werden Dimensionen erarbeitet, in denen Kommunikation in die Risikobetrachtung eingehen muss. Weiterhin wird mit der Beschreibung von Public Relations der institutionelle Rahmen für die weiteren Betrachtungen gelegt und die Zielgröße der Reputation wird in die Diskussion eingeführt.

Im dritten Kapitel sollen die ökonomischen und sozioökonomischen Bedingungen beleuchtet werden, unter denen Unternehmen heute agieren und unter denen somit auch die Risiko- und Krisenbetrachtung erfolgen muss. Schließlich bedingen ein globalisierter Wettbewerb, veränderte gesellschaftliche Anforderungen und die permanente Öffentlichkeit der Mediengesellschaft eine gestiegene Krisenfälligkeit der Unternehmen.

Aufbauend auf diesen Überlegungen steht im vierten Kapitel schließlich der Begriff des kommunikativen Risikos im Mittelpunkt. In einem Überblick wird zunächst der derzeitige Stand der Auseinandersetzung näher beleuchtet. Resultierend aus der Erkenntnis, dass es bisher an einer definitorischen Bestimmung und inhaltlichen Abgrenzung fehlt, erfolgt anschließend eine Erläuterung und Differenzierung des Begriffes. Dabei kommen die zuvor erarbeiteten Dimensionen, in denen Kommunikation in die Risikobetrachtung einfließen muss, zum Tragen.

In Kapitel fünf soll es darum gehen, mit unternehmerischen Risiko- und Krisenmanagementsystemen die Werkzeuge zur systematischen Behandlung von Risiken und Krisen in den Unternehmen vorzustellen. Auf diese Weise wird die Grundlage für die folgende methodische Betrachtung kommunikativer Risiken gelegt. Nach einer kurzen Beschreibung der rechtlichen Rahmenbedingungen werden konkrete Methoden der einzelnen Prozessschritte Risikoidentifikation, -bewertung, -behandlung und -kontrolle vorgestellt, wie sie bisher in den Unternehmen für betriebswirtschaftliche Risiken praktiziert werden. Wesentlich für die spätere Integration kommunikativer Risiken ist in diesem Zusammenhang auch die Betrachtung organisatorischer Aspekte.

Nachdem Risikomanagementsysteme systematisch beschrieben wurden, sollen in gleicher Weise Krisenmanagementsysteme betrachtet werden. Nur so ist es möglich, anschließend Schnittstellen zwischen beiden Systemen aufzuzeigen.

Im sechsten Kapitel werden die erarbeiteten Strukturen und Zusammenhänge zum Zwecke der Integration kommunikativer Risiken in unternehmerische Risikomanagementsysteme zusammengeführt. Vorgestellte Methoden und Parameter der Risikoidentifikation, -bewertung,

-behandlung und -kontrolle werden hinsichtlich ihrer Anwendbarkeit auf kommunikative Risiken untersucht und anschließend durch neue Methoden und Parameter ergänzt. Es wird in instrumenteller und struktureller Hinsicht aufgezeigt, wie bestehende Risikomanagementsysteme erweitert werden müssen, um kommunikative Risiken systematisch mitbetrachten zu können. Dabei wird auch auf die zuvor erarbeiteten Schnittstellen zwischen Risiko- und Krisenmanagementsystemen zurückgegriffen.

Kapitel sieben fasst die Erkenntnisse der Arbeit abschließend zusammen und gibt einen Ausblick auf den weiteren Entwicklungs- und Anpassungsbedarf.

Die Leitfadengespräche

Wesentlicher methodischer Bestandteil der Arbeit sind Leitfadengespräche, die im Zeitraum vom 25. Mai bis 15. Juni 2007 telefonisch mit acht Kommunikationsverantwortlichen großer Aktiengesellschaften aus verschiedenen Branchen geführt wurden. Die Gespräche wurden in einem relativ frühen Stadium durchgeführt, um die Arbeit insgesamt an den Bedürfnissen und Voraussetzungen der Praxis zu orientieren. Primäres Anliegen war es, herauszufinden, wie kommunikative Risiken in der Praxis wahrgenommen werden und wie mit diesen Risiken in den Unternehmen konkret umgegangen wird.

Wesentliche Aussagen, die sich aus diesen Gesprächen ergeben haben, werden in der Arbeit jeweils an passender Stelle zitiert. Zudem erfolgt im Abschnitt 4.3 eine separate Auswertung der Gespräche hinsichtlich ihrer Ergebnisse zum Wesen kommunikativer Risiken. Im Abschnitt 5.7 wird nach Darlegung der Methoden des Risiko- und Krisenmanagements der konkrete methodische Umgang mit kommunikativen Risiken ausgewertet. Dabei werden sowohl bei der Auswertung als auch beim Zitieren von einzelnen Aussagen im Text keine Namen oder Firmen genannt, sondern nur die Branche, in der das Unternehmen tätig ist. Dieses Vorgehen ist dem Umstand geschuldet, dass die meisten Kommunikationsverantwortlichen auf Anonymität oder auf einer umständlichen Autorisierung der Zitate bestanden. Im Interesse eines einheitlichen Vorgehens wurde sich für die generelle Anonymisierung der Aussagen entschieden. Die Namen des Ansprechpartners und des Unternehmens können, da es um grundlegende Aussagen geht, ohnehin als irrelevant betrachtet werden. Weitere Informationen zur Durchführung und zur empirischen Methode des Leitfadengespräches finden sich ausführlich im Anhang 1.

Personenregister

Als weitere methodische Besonderheit der Arbeit sei an dieser Stelle noch auf das Personenregister im Anhang 2 verwiesen. Es listet alphabetisch alle in der Arbeit namentlich erwähnten Personen und deren wesentliche Funktionen und Erkenntnisse auf und trägt so zu einer besseren Einordnung zitierter Aussagen bei. Aus den genannten Gründen sind die Gesprächspartner der Leitfadengespräche auch hiervon ausgeschlossen.

1.3 Klärung grundlegender Begriffe

Für das Verständnis der folgenden Kapitel sollen zunächst einige grundlegende Begriffe definiert werden. Dabei erfolgen die Definitionen an dieser Stelle zunächst weitgehend zusammenhangslos. Verbindungen werden im Verlauf der Arbeit hergestellt.

Kommunikation und Massenkommunikation

Zentraler Bestandteil der Arbeit ist der Begriff der Kommunikation. Unter Kommunikation versteht man den „sich der Sprachen, Zeichen und Symbole bedienenden Austausch von Bedeutungsgehalten zwischen zwei oder mehreren Personen, der auch nicht-sprachliche Elemente enthält.“[5] Läuft diese Kommunikation über die so genannten Massenmedien ab, spricht man von Massenkommunikation. Maßgeblich ist in diesem Zusammenhang die Definition des viel zitierten deutschen Kommunikationswissenschaftlers Gerhard Maletzke:

> „Unter Massenkommunikation verstehen wir jene Form der Kommunikation, bei der Aussagen öffentlich (also ohne begrenzte u. personell definierte Empfängerschaft), durch technische Verbreitungsmittel (Medien) indirekt (also bei räumlicher oder zeitlicher oder raumzeitlicher Distanz zwischen den Kommunikationspartnern) und einseitig (also ohne Rollenwechsel zw. Aussagenden und Aufnehmenden) an ein disperses Publikum vermittelt werden.“[6]

Unternehmen und Unternehmenskommunikation

Schwerpunktmäßig im Rahmen der Arbeit betrachtet werden Kommunikationsprozesse, die von Unternehmen initiiert werden bzw. die diese betreffen. Unter einem Unternehmen versteht man „ein in der Marktwirtschaft vorkommendes wirtschaftliches Gebilde, das nach einem von der Unternehmensleitung bestimmten Wirtschaftsplan durch Einsatz der Produktionsfaktoren Güter hervorbringt.“[7] Diese Güter müssen nicht zwangsläufig physischer Natur sein. Vielmehr zählen dazu auch erbrachte Dienstleistungen.

Unter dem Begriff „Unternehmenskommunikation“ als Kompositum aus „Unternehmen“ und „Kommunikation“ sollen, in Anlehnung an den Kommunikationswissenschaftler Ansgar Zerfaß, „alle kommunikativen Handlungen von Organisationsmitgliedern, mit denen ein Beitrag zur Aufgabendefinition und -erfüllung in gewinnorientierten Wirtschaftseinheiten geleistet wird“[8], verstanden werden. Im Rahmen der Arbeit wird jedoch eine weitere Differenzierung dieser kommunikativen Handlungen erforderlich. Der Schwerpunkt der Betrachtung liegt dabei auf den Public Relations als dem Teil der Unternehmenskommunikation, der sich in erster Linie verständigungsorientiert mit der gesellschaftspolitischen Öffentlichkeit auseinandersetzt. Detaillierte Erläuterungen hierzu sind im Abschnitt 2.4.3 zu finden.

---

[5] Pürer 1998, 17
[6] Maletzke 1963, 32
[7] Pollert/Kirchner/Polzin 2005, 303
[8] Zerfaß 2005, 287

Image und Reputation

Die wesentliche Zielgröße sämtlicher kommunikativer Handlungen eines Unternehmens im Rahmen von Public Relations ist die Reputation. Gemeinsam mit dem Begriff „Image" wird auf diese Größe im Verlauf der Arbeit noch näher eingegangen. Image sei an dieser Stelle, in Anlehnung an den auf Reputationsanalytik spezialisierten Kommunikationswissenschaftler Mark Eisenegger, zunächst definiert als „das stark vereinfachte, typisierte und mit Erwartungen und Wertvorstellungen verbundene Vorstellungsbild über einen Sachverhalt, ein Objekt, eine Person, Organisation oder Institution."[9] Unter dem komplexeren Begriff „Reputation" versteht man das allgemeine Ansehen, das jeder Organisation, die öffentlich handelt bzw. Objekt öffentlicher Kommunikation ist, innerhalb der Gesellschaft zukommt.[10] Reputation ist damit stärker als Image ein sozial geprägter Begriff. Die genaue Abgrenzung und die Definition beider Begriffe erfolgen im Abschnitt 2.4.4.

Stakeholder

Unternehmen müssen sich als Element des Wirtschaftssystems, wie auch als Teil der Gesellschaft, mit verschiedenen Akteuren austauschen und auseinandersetzen, um ihre Ziele zu erreichen. Akteure, die in irgendeiner Weise in die Tätigkeiten des Unternehmens einbezogen sind oder durch eben diese Aktivitäten direkt oder indirekt betroffen sind, werden als Anspruchsgruppen oder Stakeholder bezeichnet.[11]

Issues

Betrachtet man die Beziehungen zwischen einem Unternehmen und dessen Umwelt unter den erwähnten Aspekten der Kommunikation und dem Ziel des Aufbaus bzw. der Wahrung einer möglichst positiven Reputation, so spielt vor allem die Beobachtung von öffentlichen Thematisierungsprozessen eine entscheidende Rolle. In diesem Zusammenhang fällt häufig der Begriff des „Issues". Im Deutschen gibt es keinen Ausdruck, der sich deckungsgleich mit diesem aus dem Englischen stammenden Begriff verwenden lässt. Die häufige Übersetzung als „Thema" greift in jedem Fall zu kurz.[12] Im weiteren Verlauf soll sich an der folgenden Definition der beiden auf Public Relations spezialisierten Kommunikationswissenschaftlerinnen Diana Ingenhoff und Ulrike Röttger orientiert werden:

> „Als Issues werden Themen verstanden, die die Organisation tatsächlich oder potenziell betreffen (Relevanz), mit unterschiedliche Ansprüchen auf Seiten der Stakeholder und der Organisation belegt sind (Erwartungslücke) und unterschiedlich interpretiert werden können, Konfliktpotenzial aufweisen (Konflikt) und von öffentlichem Interesse sind."[13]

Die „Disziplin", welche sich mit Issues auseinandersetzt, ist das so genannte „Issues Management". Sie wird im fünften Kapitel systematisch aufgegriffen.

---

[9] Eisenegger 2005, 23
[10] vgl. Eisenegger 2005, 21 f.
[11] vgl. Schmid/Lyczek 2006, 67
[12] vgl. Liebl 1996, 8
[13] Ingenhoff/Röttger 2006, 325

2 Risiko, Krise und Kommunikation – zentrale Begriffe und ihre Korrelation

In diesem Kapitel werden als theoretische Grundlage für die weitere Auseinandersetzung die Begriffe Risiko, Krise und Kommunikation in ihrer Bedeutung für Unternehmen definiert und systematisiert.

2.1 Zum Stand der Auseinandersetzung in der Literatur

Die Risikoforschung ist ein interdisziplinäres Forschungsfeld. Die Spannweite der wissenschaftlichen Disziplinen, die sich mit der Risikothematik befassen, reicht von den Naturwissenschaften über die Sozialwissenschaften, wie Soziologie und Wirtschaftswissenschaften, bis hin zu den Geisteswissenschaften, vertreten durch Philosophie und Kommunikations- bzw. Medienwissenschaft. Entsprechend vielfältig ist auch die zur Thematik verfügbare Literatur. Charakteristisch ist, dass Risiko je nach Wissenschaftsgebiet in einem weiteren oder engeren Kontext betrachtet wird. Da in der vorliegenden Arbeit zur Betrachtung der komplexen Thematik „kommunikative Risiken“ Anleihen aus verschiedenen Wissenschaftsdisziplinen erforderlich sind, soll im Folgenden einführend ein kurzer Überblick zu wesentlichen Perspektiven gegeben werden.

Philosophie

Im Bereich der Philosophie ist der Rahmen, innerhalb dessen die Risikobetrachtung erfolgt, besonders weit aufgespannt. Risiko wird als Konzept einer ganzen Lebenskultur betrachtet.[14] Ausgangspunkt ist dabei die „insecuritas humana“[15], die grundsätzliche Unsicherheit, die allen menschlichen Lebens zugrunde liegt. Risiko wird neben magisch-mythischen und religiösen Wegen als der „merkantil-technisch-wissenschaftliche Weg“[16] betrachtet, dieser Unsicherheit zu begegnen. Die Erfassung von Unsicherheit unter dem Begriff „Risiko“ ist damit aus Sicht der Philosophie ein Gegenentwurf zu Begriffen wie „höhere Gewalt“ oder „Schicksal“ in Religion und Mystik.[17]

Soziologie und Psychologie

Der deutsche Soziologe Ulrich Beck prägte 1986 den Begriff der „Risikogesellschaft“.[18] Der häufig zitierte Begriff bezeichnet die nach Beck vorherrschende Gesellschaftsordnung der Moderne. In der „Risikogesellschaft“, so seine Grundthese, gehe es nicht mehr vordergründig um die Verteilung von Reichtum, sondern vielmehr um die Verteilung von Risiken, vor allem von sozialen und gesundheitlichen Risiken. Thematisiert werden von Beck schwerpunktmäßig die sich daraus ergebenden Probleme und Konflikte.

---

[14] vgl. Obermeier 1999, 9 f.
[15] Obermeier 1999, 12
[16] Obermeier 1999, 31
[17] vgl. Obermeier 1999, 13ff., vgl. Luhmann 1991, 16 ff.
[18] Der Begriff ist der Titel eines seiner Bücher. vgl. Beck 1986

Die entscheidenden Definitionskomponenten des Risikos im Bereich der Soziologie und der Psychologie sind die möglichen gesellschaftlichen und individuellen Konsequenzen eines Risikos. Häufig thematisiert werden die gesellschaftliche Risikoverteilung und -wahrnehmung, speziell deren Abhängigkeit von individuellen, sozialen oder organisationstheoretischen Faktoren.[19] Kulturell-soziologische Perspektiven stellen „die Frage nach den Gründen für die Dominanz bestimmter Meinungen zu Risiken in sozialen Systemen".[20] Hier klingt bereits die Relevanz der öffentlichen Meinung für die Einschätzung von Risiken an, die auch in der Kommunikationswissenschaft eine entscheidende Rolle spielt.

Wirtschaftswissenschaft

Von grundlegender Bedeutung für die vorliegende Arbeit ist die Auseinandersetzung mit der Risikothematik im Bereich der Wirtschaftswissenschaft. Hier geht es weniger um die Betrachtung gesamtgesellschaftlicher Unsicherheit als vielmehr um Unsicherheiten, die sich ganz konkret auf die Entwicklung eines Unternehmens oder ganzer Branchen auswirken können. Entsprechend der dieser Wissenschaftsdisziplin generell zugrunde liegenden Kosten-Nutzen-Orientierung stehen nicht, wie etwa in der Soziologie und Philosophie, qualitative Aspekte und Zusammenhänge im Mittelpunkt, sondern „quantititative, formal-normative Perspektiven".[21]

Kommunikationswissenschaft

Neben der Wirtschaftswissenschaft ist für die Betrachtung der Risikothematik in dieser Arbeit vor allem die Kommunikationswissenschaft wesentlich. Nur ein sehr kleiner Bereich der Kommunikationswissenschaft, konkret der Bereich der Organisationskommunikation, befasst sich mit dem Thema Risiko. Dabei erfolgt die Betrachtung im Wesentlichen in zwei Richtungen: zum einen wurden infolge der großen industriellen Störfälle in den 70er und 80er Jahren[22] die Forderungen nach einer öffentlichen Kommunikation über Risiken immer lauter.[23] Daraus hat sich die Disziplin der Risikokommunikation entwickelt, welche sich mit der Frage befasst, wie die Öffentlichkeit über Risiken aufzuklären und das Eingehen von Risiken durch Organisationen öffentlich zu rechtfertigen ist. Zum anderen wächst aber auch die Erkenntnis, dass Kommunikation selbst eine Quelle für Risiken darstellt. Während die Risikokommunikation mittlerweile als etablierte Disziplin betrachtet werden kann, besteht in der Auseinandersetzung mit der Kommunikation als Quelle für Risiken noch Nachholbedarf, welcher mit der vorliegenden Arbeit bedient werden soll.

Blickt man auf den Literaturbestand zum Thema Risiko im Bereich der Kommunikationswissenschaft, ist festzustellen, dass der überwiegende Teil der Veröffentlichungen der Gattung

---

[19] vgl. Hribal 1999, 35
[20] Hribal 1999, 38
[21] Hribal 1999, 34
[22] Seveso-Unglück 1976, Giftgaskatastrophe von Bhopal 1984, Katastrophe von Tschernobyl 1986, Exxon-Valdez – Tankerunglück vor Alaska 1989
[23] vgl. Hribal 1999, 15

der Praxisleitfäden oder der so genannten „PR-Kunde", also der „Systematisierung praktischer Erfahrungen"[24] zugeordnet werden kann. Gleiches gilt im Übrigen auch für die verwandte Krisenthematik, deren Betrachtung zu einem großen Teil ebenso wenig wissenschaftlich fundiert erfolgt.[25] Zudem fällt auf, dass in der deutschsprachigen Literatur die Begriffe Risiko und Krise – anders als etwa in den angloamerikanischen Auseinandersetzungen – nur selten gemeinsam betrachtet werden.[26]

Zusammenfassend kann nach diesem kurzen Überblick zur Risikoforschung mit den Worten des Risikoforschers Otto-Peter Obermeier festgehalten werden:

> „Risiko ist multidimensional und polysemantisch. Wir können dies auch einfacher ausdrücken: Eine Gruppe sieht das Risiko nur durch ihre technisch-ökonomische Brille, eine andere nur die sozialen und psychologischen Aspekte. Wieder andere interessieren sich ausschließlich für die rechtlichen und politischen Belange und der PR-Manager stürzt sich einzig und allein auf mediale Auswirkungen."[27]

Leider beschränken sich auch die jeweiligen Auseinandersetzungen in der Literatur meist auf eine dieser Sichtweisen. Interdisziplinäre Debatten sind selten. Die vorliegende Arbeit will sich dem Thema Risiko sowohl interdisziplinär unter Berücksichtigung betriebswirtschaftlicher und kommunikativer Aspekte als auch mit konkretem Bezug zur Krisenthematik nähern.

2.2 Unternehmen und Risiko

Voraussetzung einer systematischen Betrachtung unternehmerischer Risiken ist zunächst eine definitorische Annäherung an den Risikobegriff.

2.2.1 Der Risikobegriff – Definition und Abgrenzung

In der betriebswirtschaftlichen Literatur häufig zitiert wird der so genannte „St. Galler Risikobegriff"[28]. Risiko wird dabei verstanden als die „Möglichkeit, dass im Rahmen der Zielerreichungsprozesse – aufgrund von Erfolgsfaktoren wie Störprozessen – das Ergebnis von den zugrunde liegenden Erwartungen abweicht."[29] Für die spezielle Verwendung des Risikobegriffs innerhalb der Arbeit scheint jedoch noch eine Differenzierung nötig. So sollen unter Risiken – in Anlehnung an den Risikobegriff aus der Alltagssprache – ausdrücklich nur *negative* Zielabweichungen verstanden werden. Positive Abweichungen werden dagegen als Chancen definiert. Diese Sichtweise hat sich auch in der praktisch orientierten betriebswirtschaftlichen Auseinandersetzung weitgehend durchgesetzt.[30] So stellt etwa der an einer Standardisierung von Risikomanagement arbeitende Wirtschaftswissenschaftler Bruno Brühwiler

---

[24] vgl. Kunczik 2002, 14
[25] vgl. Schulz 2001, 97 und 109, vgl. Töpfer 2006, 366
[26] vgl. Schulz 2001, 16 und 19, siehe beispielhaft auch Green 1992 und Fombrun 1996
[27] Obermeier 1999, 36
[28] vgl. Kratzheller 1997, 13
[29] Haller 2004, 157
[30] vgl. Weber/Weißenberger/Liekweg 1999, 10, vgl. Boutellier/Kalia 2006, 36, vgl. Wolf/Runzheimer 2003, 20

fest: „Wer in unserer Wirtschaftswelt heute von Risiko spricht, denkt vor allem daran, dass Ziele verfehlt und Erwartungen enttäuscht werden.“[31]

Nach Festlegung der negativen Zielabweichung als wesentliche Definitionskomponente sei auf eine weitere Rahmenbedingung der Definition hingewiesen: die Ursachen- und Wirkungsbezogenheit der Risikobetrachtung.[32] Eine umfassende Risikodefinition schließt sowohl eine ursachen- wie auch eine wirkungsbezogene Betrachtung ein.[33] Unter der ursachenbezogenen Betrachtung versteht man die Beleuchtung des dem Risiko zugrunde liegenden unsicheren Umstandes. Im Rahmen der wirkungsbezogenen Betrachtung wird auf mögliche Folgen des Risikos eingegangen. Unter Berücksichtigung dieser beiden Komponenten und der beschriebenen negativen Zielabweichung soll der Arbeit folgende Risikodefinition zugrunde liegen:

Unternehmerische Risiken sind zukünftige Ereignisse und Umstände, die sich negativ auf verschiedene Zielgrößen des Unternehmens auswirken können, deren Eintreten jedoch zum Betrachtungszeitpunkt unsicher ist.[34]

Chancen sind demnach zukünftige Ereignisse und Umstände, die sich positiv auf verschiedene Zielgrößen des Unternehmens auswirken können, deren Eintreten jedoch zum Betrachtungszeitpunkt unsicher ist. Im Rahmen der Arbeit werden jedoch ausschließlich Risiken betrachtet. Damit soll keineswegs das unbedingte Erfordernis des systematischen Umgangs mit unternehmerischen Chancen in Abrede gestellt werden. Vielmehr soll mit dieser Entscheidung die ohnehin sehr komplexe Thematik eingegrenzt werden. Sie erfolgt auch in Anlehnung an das Gesetz zur Kontrolle und Transparenz im Unternehmensbereich (KonTraG), welches den rechtlichen Rahmen der Betrachtung des Risikomanagements im Sinne dieser Arbeit bildet und auf das im Abschnitt 5.1 näher eingegangen wird. Während der Gesetzgeber in diesem Zusammenhang Vorschriften zur unternehmerischen Risikobetrachtung vorlegt, wird die Chancenbetrachtung den Unternehmen selbst überlassen.[35]

Neben der Konzentration auf Risiken weiterhin von Bedeutung scheint eine genauere Abgrenzung der häufig synonym verwendeten Begriffe Risiko und Gefahr. Kernelement der Unterscheidung ist dabei die Zurechenbarkeit. Risiko wird ursprünglich definiert als die Folge einer Entscheidung. Ist der möglicherweise entstehende Schaden dagegen nicht einer konkreten Entscheidung zurechenbar, spricht man bei strenger Auslegung der Begriffe von Gefahr.[36] Eine Gefahr, so der Ansatz, existiert unabhängig vom Handeln des Unternehmens. Diese vor allem in der Soziologie gebräuchliche Unterscheidung kann jedoch im Rahmen der Arbeit nicht ganz eingehalten werden. Auch unsichere Entwicklungen, die nicht direkt mit Entschei-

---

[31] Brühwiler 2007, 22 f.
[32] vgl. Wolf/Runzheimer 2003, 30, vgl. Gaenslen 2006, 20, vgl. Müller-Vivil 2000, 88
[33] vgl. Gaenslen 2006, 22, vgl. Wolf/Runzheimer 2003, 30 f., vgl. Müller-Vivil 2000, 88
[34] eigene Definition in Anlehnung an Finke 2005, 18 und Kratzheller 1997, 15
[35] vgl. Gaenslen 2006, 22
[36] vgl. Luhmann 1991, 27 ff., vgl. Schulz 2001, 12, vgl. Müller-Vivil 2000, 15 f.

dungen in Zusammenhang gebracht werden können, werden hier zweckmäßigerweise als Risiken bezeichnet. Schließlich müssen Unternehmen auf solche Ereignisse genauso vorbereitet sein wie auf entscheidungsgebundene Risiken. Darauf verweist auch der Soziologe Niklas Luhmann, der ansonsten in seinen Werken auf eine strikte begriffliche Trennung zwischen Gefahr und Risiko achtet: „Prävention mag [...] sowohl im Falle von Gefahr als auch im Falle von Risiko praktiziert werden. Auch für Gefahren, die man nicht auf eigenes Entscheiden zurechnen kann, mag man sich wappnen."[37] Eine Trennung scheint wohl vereinzelt in der theoretischen Auseinandersetzung angebracht, in der unternehmerischen Praxis ist sie jedoch nicht zweckmäßig. Im überwiegenden Teil der betriebswirtschaftlichen Literatur werden Gefahren als Risiken erfasst und bezeichnet. Würde man wirklich eine strikte Trennung vollziehen, wären Begriffe wie Elementarrisiken oder Konjunkturrisiken ein Widerspruch in sich, denn sie lassen sich nicht einer konkreten Entscheidung zuordnen.

2.2.2 Risikobeschreibung durch ökonomische Parameter

Nachdem der Begriff Risiko inhaltlich abgegrenzt wurde, ist es weiterhin wichtig, ihn für seine spätere Behandlung zu parametrisieren, das heißt, Größen einzuführen, welche das Risiko zu einer beschreib- und berechenbaren Größe im betriebswirtschaftlichen Sinne machen. Die entscheidenden Parameter des ökonomischen Risikobegriffs, dem so genannten „empirisch-probabilistischen Risikobegriff"[38], sind dabei „Eintrittswahrscheinlichkeit" und „Konsequenzen"[39], wobei die Konsequenzen in der Regel in Form der finanziellen Schadenshöhe quantifiziert werden.[40] Risiko aus primär betriebswirtschaftlicher Perspektive wird als eindeutig bestimm- und berechenbarer Tatbestand angesehen. Zu diesem Schluss kommt auch der Wirtschaftswissenschaftler Alexander Müller-Vivil, der sich in seiner Dissertation eingehend mit dem betriebswirtschaftlichen Risikobegriff beschäftigt: „Ökonomische Rationalität impliziert Eindeutigkeit, Lösbarkeit und Berechenbarkeit des Risikos."[41]

Es wird eine wesentliche Aufgabe der vorliegenden Arbeit sein, aufzuzeigen, inwieweit sich dieser ökonomische Risikobegriff auf kommunikative Aspekte übertragen lässt und wie die beschriebenen Parameter möglicherweise erweitert werden müssen, um kommunikative Gesichtspunkte in die Risikobetrachtung integrieren zu können.

2.2.3 Risiko-Systematisierung

Neben Definition und Parametrisierung weiterhin von Bedeutung für eine umfassende Beschreibung von Risiko ist die Differenzierung des bisher pauschal gebrauchten Begriffs in verschiedene Risikoarten.

---

[37] Luhmann 1991, 38
[38] Obermeier 1999, 37
[39] vgl. Hribal 1999, 35
[40] vgl. Wolf/Runzheimer 2003, 58, vgl. Boutellier/Kalia 2006, 37, vgl. DeMarco/Lister 2003, 66 f.
[41] Müller-Vivil 2000, 64

Risikofelder

Teilt man die Risiken eines Unternehmens in thematische Bereiche ein, erhält man so genannte Risikofelder. Je nach Branche und Ausrichtung eines Unternehmens gestalten sich diese unterschiedlich. Abbildung 1 gibt einen beispielhaften Überblick.

Abbildung 1: Übersicht zu den Risikofeldern eines Unternehmens (entnommen aus Dahms 2003, 220)

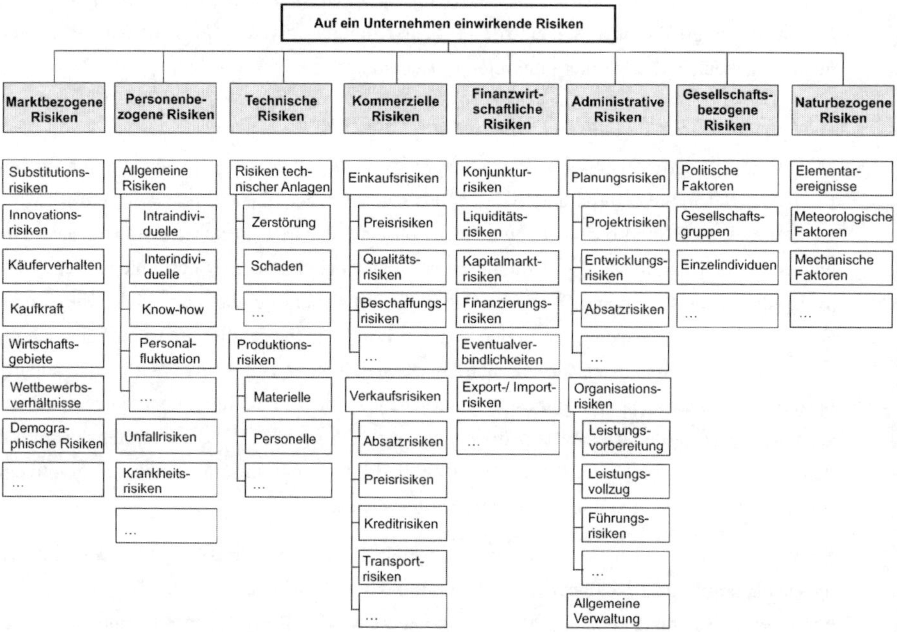

Endogene und exogene Risiken

Legt man allgemein die Quelle eines Risikos als Kriterium für die Einteilung zugrunde, können endogene und exogene Risiken unterschieden werden.[42] Endogene Risiken ergeben sich aus Prozessen innerhalb des Unternehmens. Exogene Risiken gehen von der Unternehmensumwelt aus. Hier lassen sich unter anderem marktbezogene, gesellschaftsbezogene und naturbezogene Risiken einordnen.

Aktions- und Bedingungsrisiken

Hinsichtlich der Beeinflussbarkeit sowie der Art und Weise der Auswirkung auf die unternehmerischen Ziele sind so genannte Aktions- und Bedingungsrisiken zu unterscheiden.[43] Unter einem Aktionsrisiko werden demnach mögliche Störprozesse verstanden, die unmittelbar die bewusst gesetzten unternehmerischen Ziele und Pläne berühren. Man findet diese Art von Risiken in der Literatur auch unter den Begriffen „spekulative Risiken" oder „nicht versicherbare Risiken".[44] Bedingungsrisiken hingegen wirken sich nur indirekt auf die Erreichung der Unternehmensziele aus, indem sie Rahmenbedingungen beeinträchtigen. Sie werden durch das Unternehmen nicht bewusst eingegangen, sondern ergeben sich vielmehr aus der prinzipiellen „Verletzlichkeit" des Unternehmens. Sie werden häufig auch als „reine Risiken"[45] oder „versicherbare Risiken"[46] bezeichnet. Würde man die oben beschriebene strikte Unterscheidung in Risiken und Gefahren zugrunde legen, würden solche Unsicherheiten nicht als Risiken, sondern als Gefahren bezeichnet.

Entscheidungs- und Handlungsrisiken

Die Unterscheidung zwischen Entscheidungs- und Handlungsrisiken birgt Schnittstellen zur Einteilung in Aktions- und Bedingungsrisiken. Entscheidungsbezogene Risiken[47] gehen wie Aktionsrisiken mit konkreten Entscheidungen einher. Sie treten in erster Linie im strategischen Bereich auf. Unter Handlungsrisiken versteht man dagegen die „fehlerhafte Ausführung von Funktionen und Prozessen".[48] Solche Risiken sind eher im operativen Bereich zu finden und werden daher auch als „Risiken im Ausführungssystem"[49] bezeichnet.

Zusammenfassend kann für Definition, Parametrisierung und Systematisierung des Risikobegriffs festgehalten werden: Entscheidende Definitionskomponenten sind Unsicherheit und negative Wirkung auf direkte oder indirekte Unternehmensziele. Diese beiden Komponenten spiegeln sich auch in der Parametrisierung durch die Größen Eintrittswahrscheinlichkeit und Schadenshöhe wider. Hinsichtlich ihrer Ursachen und Quellen können verschiedene Risikoar-

[42] vgl. Beinert 2003, 27, vgl. Wolf/Runzheimer 2003, 42, vgl. Müller-Vivil 2000, 91 (hier externe und interne Risiken)
[43] vgl. Haller 2004, 159, vgl. Kratzheller 1997, 20, vgl. Hribal 1999, 42, vgl. Beinert 2003, 27, vgl. Wolf/Runzheimer 2003, 42 f.
[44] vgl. Kratzheller 1997, 20
[45] vgl. ebenda, vgl. Hribal 1999, 152
[46] vgl. Kratzheller 1997, 20
[47] vgl. Wolf/Runzheimer 2003, 29
[48] Gaenslen 2006, 37
[49] Kratzheller 1997, 17

ten unterschieden werden. Die Betrachtung möglicher Wirkungen von Risiken erfolgt im nächsten Abschnitt mit der Beschreibung der Unternehmenskrise.

2.3 Die Unternehmenskrise als realisiertes Risiko

2.3.1 Annäherung an den Begriff der Unternehmenskrise

Unter dem Begriff „Krise" versteht man allgemein eine Entscheidungssituation oder den Wende- bzw. Höhepunkt einer gefährlichen Entwicklung.[50] In Bezug auf Unternehmen gestaltet sich die Suche nach einer allgemeingültigen Definition schwierig. Je nachdem aus welcher Perspektive man auf den Begriff blickt, dominieren kommunikationswissenschaftliche oder betriebswirtschaftliche Definitionskomponenten. Während in der betriebswirtschaftlichen Literatur immer wieder der Hinweis auf die Bestandsgefährdung als bestimmendes Kriterium einer Unternehmenskrise auftaucht, werden in der PR-Leitfadenliteratur häufig schon sämtliche schwierige Kommunikationssituationen als Krise umschrieben. Auch in der Praxis, so der Eindruck aus den Leitfadengesprächen, herrschen unterschiedliche Meinungen darüber, wann tatsächlich von einer Krise gesprochen werden kann:

> „Von einer Krise sprechen wir eigentlich erst, wenn davon auszugehen ist, dass die Konsumenten aufgrund einer Situation ihr Konsumverhalten ändern. [...] Vorher ist es ein Issue, vielleicht eine potenzielle Krise, ein kritisches Thema, aber noch keine Krise."[51]

> „Eine Krise ist ein Vorfall, der in regelmäßig durchgeführten Szenarien nicht erkannt wurde und nicht vorgeplant wurde, das heißt also der Eintritt eines Ereignisses, das ungeplant ist und zu dem es keine Blaupause gibt, wie man darauf reagieren kann."[52]

> „Eine Krise bedeutet für mich, dass die Sache nicht innerhalb von 48 Stunden zu lösen ist."[53]

> „Von der Definition her sind das Vorfälle, bei denen die Reputation des Unternehmens massiv beschädigt werden kann."[54]

Für eine einheitliche Definition ist es sinnvoll, sich über die Begriffe der Störung und des Notfalls dem Krisenbegriff anzunähern. Unter einer Störung versteht man nach Bruno Brühwiler, der an einer internationalen Standardisierung des Risiko- und Notfallmanagements arbeitet, in der Regel „ein unerwünschtes und plötzlich auftretendes Ereignis, das mit den verfügbaren Ressourcen bewältigt werden kann."[55] Ein Notfall hingegen gestaltet sich schon

[50] vgl. Duden Fremdwörterbuch 2005, 575

[51] telefonisches Leitfadengespräch mit einem Kommunikationsverantwortlichen eines Unternehmens aus dem Bereich Konsumgüter am 01.06.2007

[52] telefonisches Leitfadengespräch mit einem Kommunikationsverantwortlichen eines Unternehmens aus dem Bereich Telekommunikation (Dienstleistung) am 06.06.2007

[53] telefonisches Leitfadengespräch mit einem Kommunikationsverantwortlichen eines Unternehmens aus dem Bereich Konsumgüter am 25.05.2007

[54] telefonisches Leitfadengespräch mit einem Kommunikationsverantwortlichen eines Unternehmens aus dem Bereich Chemie am 15.06.2007

[55] Brühwiler 2007, 113

gravierender: „Unter einem Notfall versteht man ein plötzlich auftretendes Ereignis mit schwerwiegenden Folgen auf eine Organisationseinheit, das außerordentliche Maßnahmen erfordert.“[56] Damit kann ein Notfall in einer allgemeinen Umschreibung zunächst als für das Unternehmen „kritische Situation“ bezeichnet werden. Eine Krise schließlich kann als eine dem Notfall übergeordnete Situation verstanden werden, denn von einer Krise ist nicht nur eine einzelne Organisationseinheit, sondern das gesamte Unternehmen betroffen.[57] Eine Krise hat eindeutig institutionellen Charakter. Sie besitzt das Potenzial, das Unternehmen als Ganzes mit seinen Zielen und Grundlagen infrage zu stellen.[58] Sie soll zusammenfassend wie folgt definiert werden:

> **Die Unternehmenskrise ist eine durch ein Ereignis oder eine kritische Entwicklung ausgelöste Periode der Destabilisierung eines Unternehmens. Sie ist verbunden mit einer schwerwiegenden Beeinträchtigung des unternehmerischen Handelns und kann im Extremfall in einer Bestandsgefährdung münden. Eine Krise geht einher mit einer „beschleunigten Veränderung, einer Reduktion der Abschätzungssicherheit und einer Abnahme der Vorhersagbarkeit.“** [59]

Auch wenn der Themenkomplex Unternehmenskrise in der Literatur, wie unter 2.1 festgestellt, häufig getrennt von der unternehmerischen Risikothematik betrachtet wird, stehen beide in engem Zusammenhang. So stellt etwa der Wirtschaftswissenschaftler Armin Töpfer fest: „Ein Krise lässt sich [...] generell als ein eingetretenes Risiko definieren, das vorher bereits erkannt und bewertet oder auch überhaupt nicht wahrgenommen wurde und damit völlig überraschend eintrat.“[60] Man kann es, wie Jürgen Schulz in seiner Dissertation zeigt, auch umgekehrt formulieren: „Ein Risiko ist eine antizipierte Krise.“[61] In den Unternehmen, so der Eindruck aus den Leitfadengesprächen, wird diese Meinung überwiegend geteilt und ein klarer Zusammenhang zwischen Risiko und Krise gesehen. Zwar verweisen die Kommunikationsverantwortlichen stets darauf, dass immer Situationen eintreten können, mit denen man vorher in keiner Weise rechnen konnte, zugleich herrscht aber weitgehend Einigkeit darüber, dass sich der Großteil der Krisen schon vorher in Form von Risiken erkennen und behandeln lasse. Nur zwei Befragte waren der Meinung, dass kein unmittelbarer Zusammenhang zwischen den Begriffen Risiko und Krise bestehe.[62] So äußerte einer von ihnen: „Wenn sich Krisen aus einem Risiko ergeben, dann ist im Risikomanagement etwas falsch gelaufen.“[63] Dass diese Einschätzung nicht generell zutreffend ist, wird im Laufe der Arbeit noch deutlich werden. Ein

---

[56] ebenda
[57] vgl. ebenda
[58] vgl. Herbst 1999, 2, vgl. Helbig 2005, 120
[59] Brühwiler 2007, 113 (entnommen aus der ÖNORM S 2300 2005, einer Norm, in der „Risiko-, Sicherheits- und Krisenmanagement - Begriffe" durch das Österreichische Normungsinstitut einheitlich definiert werden.)
[60] Töpfer 2006, 353
[61] Schulz 2001, 16
[62] vgl. telefonisches Leitfadengespräch mit dem Kommunikationsverantwortlichen eines Unternehmens aus dem Bereich Konsumgüter am 25.05.2007, vgl. telefonisches Leitfadengespräch mit dem Kommunikationsverantwortlichen eines Unternehmens aus dem Bereich Telekommunikationsdienstleistung am 06.06.2007
[63] telefonisches Leitfadengespräch mit einem Kommunikationsverantwortlichen eines Unternehmens aus dem Bereich Konsumgüter am 25.05.2007

Unternehmen kann sich beispielsweise aus verschiedenen Gründen bewusst für die Übernahme eines Risikos entscheiden. Weiterhin ist es auch möglich, dass ein Risiko trotz größter Bemühungen im Risikomanagement nicht in seinen Ursachen, sondern eben nur noch in seinen Wirkungen behandelt werden kann.[64]

Krisenphasen

Eine Krise ist kein statischer Zustand, sondern sie durchläuft vielmehr verschiedene Phasen. Diese Phasen werden in der weiteren Betrachtung noch eine entscheidende Rolle spielen, denn ihnen können jeweils verschiedene Maßnahmen der Risikobehandlung und Krisenprävention zugeordnet werden. In der Literatur werden zahlreiche Möglichkeiten der zeitlichen Einteilung von Krisen beschrieben. Diese unterscheiden sich aber weniger in der grundsätzlichen Ausrichtung als vielmehr in Anzahl und Bezeichnung der einzelnen Phasen. Im Rahmen der Arbeit wird sich für eine Einteilung mit vier Krisenphasen entschieden (siehe Tabelle 1). Diese geht zurück auf Frank Roselieb, den Leiter des Instituts für Krisenforschung an der Universität Kiel.

Tabelle 1: Krisenphasen (vgl. inhaltlich Roselieb 1999, 5)

	Krisenphase	**Beschreibung**
1.	Potenzielle Krisenphase	Normalzustand oder „Nicht-Krise“, keine Krisensignale wahrnehmbar
2.	Latente Krisenphase	durch Frühwarnsysteme schon erste Signale wahrnehmbar, nur intern, Unternehmensumwelt ist drohende Krise noch nicht bewusst
3.	Akute Krisenphase	beginnt mit der Wahrnehmung durch die Unternehmensumwelt
4.	Nach-Krisenphase	akute Krise ist überwunden, kritische Analyse, Lehren für zukünftige Fälle ziehen

2.3.2 Krise ist nicht gleich Krise – Krisentypen und -wirkungen

Nachdem im Abschnitt 2.2.3 verschiedene Arten von Risiken vorgestellt wurden, sollen nun auch Krisen nach verschiedenen Kriterien systematisiert werden.

Plötzliche und schleichende Unternehmenskrisen

In Anlehnung an die vorgestellte Phasenstruktur (siehe Tabelle 1) können Krisen nach der Unmittelbarkeit und der Art und Weise ihres Auftretens eingeteilt werden. Dabei gibt es in

---

[64] vgl. Brühwiler 2007, 115

der Literatur verschiedene Auffassungen darüber, ob eine Unternehmenskrise grundsätzlich plötzlich auftritt oder ob sie sich auch schleichend entwickeln kann. Anhänger der ersten Denkrichtung, wie etwa der Risikoforscher Obermeier, sehen ein prinzipielles Charakteristikum einer Krise in ihrem plötzlichen Auftreten.[65] In der zweiten Denkrichtung wird dagegen unterschieden zwischen plötzlichen und schleichenden Unternehmenskrisen.[66] Hier findet sich unter anderem der Wirtschaftswissenschaftler Töpfer als Vertreter. Schleichende Unternehmenskrisen entwickeln und verstärken sich demnach allmählich und werden begleitet von einer zunehmenden öffentlichen Aufmerksamkeit.[67] Plötzlich auftretende Krisen gehen dagegen von Anfang an mit einem hohen öffentlichen Interesse einher. Hier fallen die Wahrnehmung der Krise durch das Unternehmen und die Wahrnehmung durch die Öffentlichkeit zeitlich zusammen.

Krisentypen nach Ursachen

Legt man bei der Systematisierung von Unternehmenskrisen die Ursachen als Kriterium zugrunde, kann die gleiche Clusterung angeführt werden, die unter 2.2.3 für Risiken eingeführt wurde. Schließlich sind Risiken im Sinne dieser Betrachtung die Ursachen von Krisen. Abbildung 2 zeigt daher zusammenfassend die verschiedenen Arten von Krisen, die sich aus den dargelegten Risikofeldern ergeben.

Abbildung 2: Krisenarten und auslösende Risikofelder
(Clusterung der Risiken nach Dahms 2003, 220)

[65] vgl. Obermeier 1999, 126
[66] vgl. Töpfer 2006, 356, vgl. Apitz 1987, 31
[67] vgl. Töpfer 2006, 357 f.

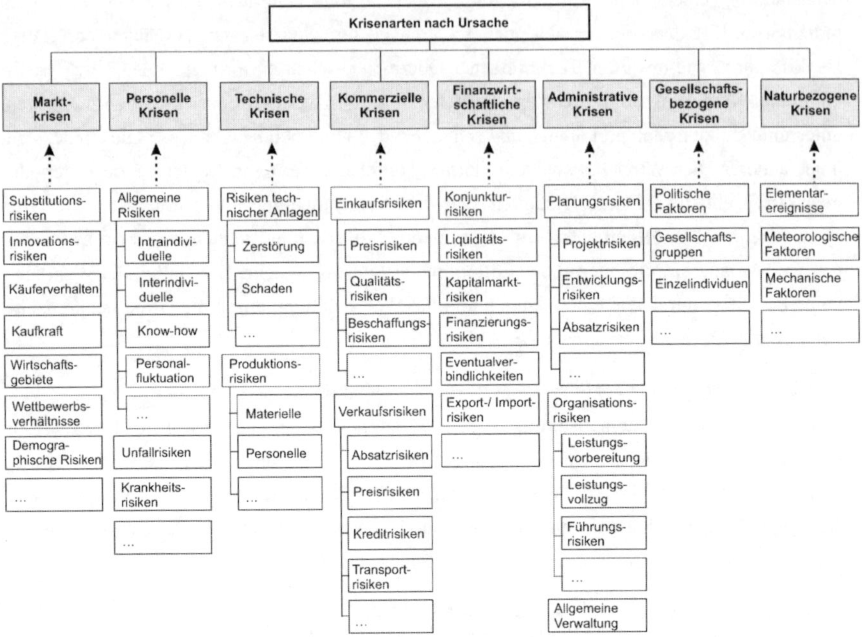

Wirkungsbezogene Einteilungen

Während sich die ursachenbezogene Betrachtung einer Krise kaum von der des Risikos unterscheidet, weil Risiken das Potenzial für Krisen darstellen, ist die Wirkung ein weiterer Aspekt, dessen Betrachtung nun folgerichtig unter dem Begriff der Krise erfolgen soll.

Im Sinne einer Systematisierung können zunächst interne und externe Krisenwirkungen unterschieden werden.[68] Eine Krise entfaltet lediglich interne Wirkung, wenn keine außen stehenden Unternehmen, Personen oder die Natur davon betroffen sind. Ein Beispiel hierfür könnte etwa eine rein ökonomische Krise sein, ausgelöst durch Missmanagement. Eine solche Krise kann jedoch mit zunehmender Dauer direkt oder indirekt auf andere Wirtschaftseinheiten „abfärben“. Denkbar wäre beispielsweise, dass weitere Branchenvertreter unter Verdacht geraten, ähnliche Fehler begangen zu haben oder dass Zulieferer die schlechte Auftragslage des krisenbehafteten Unternehmens zu spüren bekommen. In diesem Fall entwickelt die Krise also auch externe Wirkungen. Dies ist auch immer dann der Fall, wenn Umwelt oder Personen Schaden nehmen bzw. Schaden nehmen könnten. In der Praxis, so die Erkenntnis aus den Leitfadengesprächen, werden Krisen überwiegend mit externen Wirkungen in Verbindung gebracht.

[68] vgl. Roselieb 1999, 5 f. (wörtlich: „endogen“ und „exogen“, hier abgewandelt, da diese Begriffe im Folgenden eher gebraucht werden im Sinne von „von innen kommend“ und „von außen kommend“)

In Zeiten der „Mediengesellschaft“[69] bedeuten externe Wirkungen auch öffentliche Aufmerksamkeit. Es ergibt sich in Krisensituationen für Unternehmen die zusätzliche Herausforderung, dieser kommunikativ zu begegnen. Eine Krise hat neben einer sachlichen immer auch eine kommunikativ-emotionale Dimension.[70] Ihr kommt in der wirkungsbezogenen Betrachtung eine entscheidende Bedeutung zu, auf die noch näher einzugehen sein wird.

Neben der Unterscheidung zwischen internen und externen Krisenwirkungen kann auch zwischen immateriellen und materiellen Wirkungen differenziert werden.[71] Unter materiellen Wirkungen wird in der Regel der mit der Krise einhergehende finanzielle Schaden verstanden. Immaterielle Wirkungen zeigen sich beispielsweise in einem Vertrauensverlust, einem Image- oder Reputationsschaden. Materielle und immaterielle Folgen einer Krise können jedoch nicht gänzlich voneinander getrennt betrachtet werden. Ein zunächst als immaterieller Schaden klassifizierter Vertrauensverlust beispielsweise wird sich auch in den Absatzzahlen oder im Börsenkurs niederschlagen und bekommt damit letztendlich eine materielle Dimension. Bei der Verhinderung bzw. Einschränkung solcher Vertrauensverluste kommt wiederum der Kommunikation entscheidende Bedeutung zu. Wie diese konkret in die Krisen- und auch Risikobetrachtung integriert werden muss, wird im nächsten Abschnitt aufgezeigt.

2.4 Kommunikation als Krisenauslöser

Bevor detailliert auf ursachen- und wirkungsbezogene Aspekte der Kommunikation als Krisenauslöser eingegangen werden kann, bedarf es zunächst ihrer theoretischen Betrachtung.

2.4.1 Kommunikation als Konstruktion von Wirklichkeit

Zu Beginn der Arbeit[72] wurde Kommunikation, in Anlehnung an den Kommunikationswissenschaftler Heinz Pürer, definiert als „sich der Sprachen, Zeichen und Symbole bedienende[r] Austausch von Bedeutungsgehalten zwischen zwei oder mehreren Personen [...].“[73] Es soll an dieser Stelle ergänzt werden, dass Kommunikation kein linearer, kausaler Prozess ist, sondern „vielmehr ein relativ komplexer Sachverhalt, in dessen Verlauf Rücksteuerungen und Rückkopplungen, ein- und gegenseitige Beziehungen und Abhängigkeiten zwischen den Kommunizierenden [...] eine Rolle spielen.“[74] Für die Beschreibung der Kommunikation und einzelner kommunikativer Prozesse bedeutet dies, dass es komplexer und abstrakter Erklärungskonzepte bedarf.[75]

Solche in der Kommunikationswissenschaft entwickelten und diskutierten Modelle sollen hier aufgegriffen werden, um zu verdeutlichen, was Kommunikation in der Risiko- und Krisenbe-

---

[69] Vom Kommunikationswissenschaftler Otfried Jarren geprägter Begriff, welcher die heutige gesellschaftliche Stellung der Medien beschreibt. vgl. Jarren 2001, 11 f. Die ausführliche Thematisierung erfolgt im Abschnitt 3.2.
[70] zur „Sachebene“ und zur „emotionalen Ebene“ einer Krise vgl. Töpfer 2006, 369
[71] vgl. Roselieb 1999, 5 f.
[72] siehe Abschnitt 1.3
[73] Pürer 1998, 17
[74] ebenda
[75] vgl. Kübler 1994, 18

trachtung von anderen Sachverhalten unterscheidet. Wesentlich dafür sind aus der Systemtheorie[76] und dem Konstruktivismus entlehnte Erklärungsansätze.

In ihrer bisherigen Darstellung kann Kommunikation als intentionale soziale Handlung begriffen werden, die sich auf Denken, Fühlen und Handeln anderer Menschen bezieht.[77] In dieser Bezugnahme liegt zugleich auch Potenzial für Konflikte. Diese treten dann hervor, wenn Denken, Fühlen oder Handeln des Kommunikationspartners falsch eingeschätzt werden.

Kommunikation ist jedoch in einem übergeordneten Sinne mehr als eine soziale Handlung. Den Überlegungen des Konstruktivismus folgend ist Kommunikation ein Mittel zur Konstruktion von Wirklichkeit.[78] Es existiert nicht „die eine" Wirklichkeit, sondern, so der Kommunikationsforscher Klaus Merten, „Menschen konstruieren ihre Wirklichkeit subjektiv und eigenverantwortlich. Es gibt demnach so viele Wirklichkeiten, wie es Menschen resp. kognitive Systeme gibt."[79] Kommunikation ist hierbei das Mittel zur Aneignung und zur Gestaltung dieser subjektiven Realität.[80]

Im Prozess der Realitätskonstruktion sind die „Folgen von Kommunikation zugleich wieder Voraussetzungen und Zwecke weiterer Kommunikation."[81] In der Verbindung von Konstruktivismus und Systemtheorie bedeutet dies mit den Worten von Merten: „Kommunikation stellt ein selbstorganisierendes System dar, das Wahrnehmungen und Handlungen [...] aufeinander bezieht, sodass endlose Ketten von Wahrnehmungen und Handlungen entstehen."[82] Für die Betrachtung von Kommunikation kann damit festgehalten werden, dass sie als das übergeordnete Mittel zur Konstruktion von Wirklichkeit alle Handlungen und Entscheidung begleitet[83], aber auch als „selbstreferentieller Prozess"[84] verstanden werden muss. Das heißt, die Folgen von Kommunikation wirken nicht nur auf die Wirklichkeitskonstruktion, sondern auch auf den Kommunikationsprozess selbst zurück. Kommunikation begleitet alle Handlungen, kann aber zugleich auch selbst als soziale Handlung verstanden werden.

2.4.2 Zwei Dimensionen von Kommunikation in der Risikobetrachtung

Basierend auf den erarbeiteten Grundlagen der Betrachtung von Kommunikation gilt es zu erläutern, wie sie in die Risikobetrachtung einfließen muss.

---

[76] Grundüberlegung der Systemtheorie: Die Realität kann nicht mit bloßen Ursache-Wirkungs-Modellen erklärt werden: „Systemtheorie strebt eine nicht-mechanistische Analyse der Realität an." (Burkart 1998, 446) Ein System besteht aus Elementen, die vernetzt sind, in Wechselbeziehung stehen und gemeinsam einen Zweck erfüllen. (vgl. Feldmann 2005, 34 ff.)
[77] vgl. Pürer 1998, 18
[78] vgl. Merten 1993, 53, Kübler 1994, 29, Krippendorff 1993, 23 ff.
[79] Merten 1993, 53
[80] Kübler 1994, 29
[81] Kübler 1994, 18
[82] ebenda, zitiert nach Merten, Klaus: Inszenierung von Alltag. Kommunikation, Massenkommunikation, Medien. 3. Studieneinheit des Funkkollegs „Medien und Kommunikation", Studienbrief 1, S. 79-108, S. 82
[83] vgl. Burkart 1998, 450
[84] Kübler 1994, 18

Kommunikation ist in einer solchen Betrachtung in zweifacher Hinsicht relevant: Zum einen kann sie die alleinige Ursache einer Krise oder einer krisenhaften Situation sein. Dies ist dann der Fall, wenn im Vorgang der Kommunikation Fehler begangen werden, die zu einer Krisensituation führen, ohne dass der eigentliche Gegenstand der Kommunikation ursprünglich kritisch ist. Beispiele sind hier versehentlich getroffene Aussagen oder widersprüchliche Äußerungen von Unternehmensangehörigen. Da Kommunikation zur Konstruktion von Wirklichkeit dient, wirken sich Fehler in der Kommunikation unmittelbar auf die Wahrnehmung der Wirklichkeit, in diesem Fall auf die Wahrnehmung des Unternehmens durch seine Stakeholder aus. Kommunikation kann in diesem Zusammenhang also als Risiko betrachtet werden und soll daher in einer ursachenbezogenen Weise in die Krisenbetrachtung eingehen. Sie kann ursächlich sein für die Auslösung einer Krise.

Des Weiteren kann Kommunikation aber auch erst in der Metabetrachtung einer Krisenursache relevant werden. Das heißt, ein ansatzweise kritisches Ereignis oder eine konfliktreiche Entscheidung werden durch Fehler in der Kommunikation in ihrer Wirkung verstärkt. Kommunikation muss hier in wirkungsbezogener Hinsicht in die Krisenbetrachtung eingehen. Sie wirkt in Bezug auf einen ohnehin kritischen und risikobehafteten Kommunikationsgegenstand krisenauslösend bzw. krisenverstärkend.

Als Beispiel sei hier die Reaktion des Atomkraftwerk-Betreibers Vattenfall auf die eingangs erwähnten Vorfälle in Krümmel und Brunsbrüttel angeführt. Die Pannen an sich sind zwar zunächst als kritische Ereignisse einzustufen, waren aber tatsächlich nicht schwerwiegender als Vorfälle der vergangenen Jahre in anderen Kraftwerken.[85] Zur Krise wurde die Situation für Vattenfall erst durch fehlerhafte Kommunikation.

Der Kommunikation kommt bei kritischen Vorfällen, die häufig von einer hohen Medienaufmerksamkeit begleitet werden, entscheidende Bedeutung zu. Anliegen kommunikativer Handlungen muss es sein, die negative öffentliche Wirkung abzuschwächen. Das Risiko besteht nun darin, dass durch Fehler in der Kommunikation das Issue in der negativen Wahrnehmung der Stakeholder verstärkt wird. Wenn die Kommunikation fehlerhaft erfolgt, wird eine Wirklichkeit konstruiert, die nicht der Wahrnehmung des Ereignisses oder der Entscheidung durch das Unternehmen entspricht. Kritische Vorfälle und Issues müssen daher in den Unternehmen stets auch unter dem Gesichtspunkt eines kommunikativen Risikos betrachtet werden.

Insgesamt gilt es, die unter 2.3 vorgestellte Betrachtung von Krisen aus betriebswirtschaftlicher Sicht um kommunikative Aspekte zu ergänzen. Auf diese Weise wird eine ganzheitliche Betrachtung des Krisenbegriffs mit den Komponenten „Ereignis bzw. Anlass" und „kommunikative Bedeutung bzw. öffentliche Wirkung" möglich.[86] Ziel muss es sein, Kommunikation in ihrer Bedeutung für die Realitätskonstruktion in die Krisenbetrachtung einzubeziehen. Kri-

[85] vgl. Dietrich 2007
[86] vgl. Schulz 2001, 27

sen sind häufig „Wahrnehmungsphänomene".[87] Die Wahrnehmung eines Ereignisses durch die Stakeholder entspricht dabei oft nicht jener durch das Unternehmen. Das sich daraus ergebende Konfliktpotenzial kann durch eine systematische Betrachtung kommunikativer Risiken eingeschränkt werden.

Zusammenfassend ergibt sich die Anforderung, Kommunikation in zwei Dimensionen in die Risikobetrachtung zu integrieren. Die erste Dimension besteht in einer ursachenbezogenen Betrachtung des Vorgangs der Kommunikation als alleinigem Grund für eine Krise oder krisenhafte Situation. Die zweite Dimension resultiert aus der wirkungsbezogenen Betrachtung von Kommunikation als Verstärker der negativen Wahrnehmung und Wirkung eines kritischen Ereignisses oder einer kritischen Entscheidung. Wie konkret sich anhand dieser Dimensionen kommunikative Risiken definieren und systematisieren lassen, wird in Kapitel vier näher erläutert.

Ausblickend kann für die Integration kommunikativer Risiken in das unternehmerische Risikomanagement festgehalten werden: Es besteht sowohl die Notwenigkeit, verschiedene Aspekte der Kommunikation, wie etwa die Einheitlichkeit oder den professionellen Umgang mit Medien, in das unternehmerische Risikomanagement einzubeziehen als auch das Erfordernis, ohnehin als Risiken betrachtete Ereignisse oder Entscheidungen auf ihre kommunikative Dimension zu untersuchen.

2.4.3 Public Relations als zentraler Bestandteil der Unternehmenskommunikation

Bevor näher auf die Systematisierung kommunikativer Risiken eingegangen wird, soll die Unternehmenskommunikation als der Bereich innerhalb eines Unternehmens, in dem kommunikative Maßnahmen geplant, gesteuert und umgesetzt werden, näher beschrieben werden.

Unter dem Begriff „Unternehmenskommunikation" werden nach dem Kommunikationswissenschaftler Ansgar Zerfaß „alle kommunikativen Handlungen von Organisationsmitgliedern" verstanden, „mit denen ein Beitrag zur Aufgabendefinition und -erfüllung in gewinnorientierten Wirtschaftseinheiten geleistet wird"[88]. Sofern diese Handlungen innerhalb der Organisation erfolgen, sind sie dem Bereich der internen Unternehmenskommunikation zuzuordnen. Richten sie sich an Adressaten außerhalb des Unternehmens, spricht man von externer Unternehmenskommunikation. Da es im Rahmen der Arbeit um die kommunikativen Beziehungen des Unternehmens zu seiner Umwelt geht, steht die Betrachtung der externen Kommunikation im Mittelpunkt. Interne Unternehmenskommunikation spielt dabei immer dann eine Rolle, wenn Fehler in der internen Kommunikation Fehler in der externen Kommunikation nach sich ziehen, z.B. wenn durch fehlende interne Abstimmung widersprüchliche Informationen an die Öffentlichkeit gegeben werden.

---

[87] Schulz 2001, 5
[88] Zerfaß 2005, 287

Im Bereich der externen Unternehmenskommunikation scheint aufgrund der Vielfältigkeit und Verschiedenartigkeit der Beziehungen, die Unternehmen zu ihrer Umwelt unterhalten, eine weitere Differenzierung angebracht: In der Unternehmensumwelt existieren so genannte „Anspruchsgruppen“ oder „Stakeholder“ (siehe Abbildung 3). Diese definieren sich nach den Kommunikationswissenschaftlern Beat Schmid und Boris Lyczek „dadurch, dass sie in irgendeiner Form in die Unternehmenstätigkeit einbezogen oder durch diese direkt oder indirekt betroffen sind.“[89] Der Ansatz geht zurück auf den Amerikaner Edward R. Freeman, der 1984 die „Stakeholder Theory“ als strategisches Management-Konzept veröffentlichte.[90] Zu den Stakeholdern eines Unternehmens zählen in der Regel:[91] Wettbewerber, Lieferanten, Kunden, Investoren[92], Mitarbeiter, die Politik sowie NGOs und die allgemeine, zunächst unbeteiligte Öffentlichkeit, die sich auch situationsbezogen zu neuen Anspruchsgruppen zusammenfinden kann.[93]

---

[89] Schmid/Lyczek 2006, 67
[90] vgl. Figge/Schaltegger 2000, 103
[91] vgl. Schmid/Lyczek 2006, 66 f.
[92] Diese sind unter Umständen auch den so genannten Shareholders, also den Anteilseignern, zuzuordnen.
[93] vgl. „Situational Theory of Publics“ von Grunig, vgl. Grunig/Hunt 1984, 143 ff., vgl. Liebl 1996, 99 „latente Stakeholder“

Abbildung 3: Übersicht zu Stakeholder-Gruppen

Aus der Aufgliederung der Unternehmensumwelt in Anspruchsgruppen ergeben sich verschiedene Formen externer Kommunikation. Es soll, in Anlehnung an Zerfaß, grundsätzlich unterschieden werden zwischen der Marktkommunikation und den Public Relations. Marktkommunikation wird dabei verstanden als der Bereich der Unternehmenskommunikation, der sich primär persuasiv[94] mit dem unternehmerischen Marktumfeld auseinandersetzt. Zum Marktumfeld zählen vor allem Kunden, Investoren, Wettbewerber und Zulieferer in ihrer Rolle als Vertragspartner des Unternehmens (siehe Abbildung 3). Hier wird Kommunikation im Sinne einer Unterstützung der „tauschverträglichen Handlungskoordination in der ökonomischen Sphäre"[95], also zur unmittelbaren Förderung wirtschaftlicher Transaktionen eingesetzt. In diesen häufig marketingtheoretisch geprägten Bereich fällt beispielsweise die Werbekommunikation.

Public Relations als der zweite Bereich der externen Unternehmenskommunikation unterscheiden sich in ihrem Ansatz grundlegend von der Marktkommunikation, denn hier steht die Auseinandersetzung mit primär nicht-ökonomischen Öffentlichkeiten und Handlungsfeldern im Mittelpunkt, deren „Sinnbezüge und Rationalitätsvorstellungen […] sich deutlich von denjenigen des Organisationsfeldes und des Marktes unterscheiden."[96] Das Unternehmen sieht

[94] vgl. Zerfaß 2005, 317
[95] Zerfaß 2005, 298
[96] Zerfaß 2005, 301

sich einer Öffentlichkeit gegenüber, die Legitimation über unternehmerische Handlungen und Entscheidungen verlangt und in der es durch verschiedene, eher regulativ denn persuasiv angelegte, kommunikative Maßnahmen Handlungsspielräume aufzubauen und zu sichern gilt.[97] Hier handelt und kommuniziert das Unternehmen als Bestandteil der Gesellschaft. Im Mittelpunkt steht die Anspruchsgruppe der „gesellschaftspolitischen Öffentlichkeit“[98]. Zu ihr zählen vor allem NGOs, Interessenverbände, Bürgerinitiativen, Anwohner, Wissenschaftler, Politiker und Parteien.[99]

Public Relations haben die Aufgabe, das Vertrauen in ein Unternehmen zu stärken bzw. Misstrauen zu verhindern, indem sie die Perspektive der Umwelt in den Managementprozess einbringen.[100] Vertrauen ist das „Grundkapital“[101] der Unternehmen und trägt zum Aufbau einer positiven Reputation bei. Public Relations können damit als Instrument der Reputationspflege bezeichnet werden[102] und sollen als unternehmerischer Funktionsbereich bei der Betrachtung kommunikativer Risiken im Mittelpunkt stehen. Diese Fokussierung bedeutet jedoch nicht, dass in anderen Bereichen der Unternehmenskommunikation keine kommunikativen Risiken auftreten. Die Entscheidung erfolgt vielmehr im Interesse einer Komplexitätsreduktion. An einigen Stellen werden auch Überschneidungen zu den auf einzelne Anspruchsgruppen spezialisierten Formen der Kommunikation wie etwa Investor Relations oder Customer Relations deutlich werden.

Alle Stakeholder sind neben ihrer direkten Beziehung zum Unternehmen auch Konsumenten und Content-Lieferanten der Massenmedien, weshalb dieser Teil der gesellschaftspolitischen Öffentlichkeit bei der Betrachtung kommunikativer Risiken eine wesentliche Rolle spielt.

2.4.4 Image und Reputation als unternehmerische Zielgrößen

Nachdem der institutionelle Rahmen der Public Relations erläutert wurde, sollen für eine systematische Betrachtung kommunikativer Risiken die beiden Begriffe „Image“ und „Reputation“ als Zielgrößen kommunikativer Prozesse für Unternehmen näher beschrieben werden.

Beide Begriffe beziehen sich zunächst auf die Wahrnehmung des Unternehmens durch Dritte. Im Sinne der oben eingeführten konstruktivistischen Betrachtung sind Image und Reputation als Vorstellungsbilder Bestandteile der konstruierten Wirklichkeit.[103] Ihr wesentliches Unterscheidungsmerkmal besteht in der Frage, wer die Konstruktion vornimmt. Images sind „stark vereinfachte, typisierte und mit Erwartungen und Wertvorstellungen verbundene Vorstellungsbild[er]“[104] einzelner Anspruchsgruppen eines Unternehmens. So haben beispielsweise

---

[97] vgl. Zerfaß 2005, 302
[98] vgl. Zerfaß 2005, 305
[99] Politiker und Parteien lassen sich bei differenzierter Betrachtung auch dem Bereich der „Public Affairs“ zuordnen.
[100] vgl. Eisenegger 2005, 44, vgl. Schmid/Lyczek 2006, 103, vgl. Piwinger 2005, 80
[101] Herger 2004, 30, vgl. auch Bentele 1994, 131 ff.
[102] vgl. Eisenegger 2005, 44
[103] vgl. Merten 1993, 53
[104] Eisenegger 2005, 23

Kunden ebenso wie Investoren jeweils ein konkretes Vorstellungsbild von einem Unternehmen bzw. von dessen Produkten. Damit stellen Images eine konstruierte Wirklichkeit aus Sicht einzelner Stakeholder dar. Es sind kompakte und jeweils auf spezifische Einzelsegmente der Wahrnehmung begrenzte Vorstellungsbilder.[105]

Reputation hingegen ist ein wesentlich komplexerer, weil stärker gesellschaftlich geprägter Begriff. Der konstruktivistischen Argumentation folgend lässt sich sagen: Reputation ist ein Vorstellungsbild, dessen Konstruktion durch den Stakeholder „Gesellschaft“ bzw. „allgemeine Öffentlichkeit“ vorgenommen wird. Reputation ist, wie der auf Reputationsforschung spezialisierte Kommunikationswissenschaftler Mark Eisenegger feststellt, ein „soziales Gut“[106], welches erst dadurch zustande kommt, dass das Unternehmen als Akteur innerhalb einer Gesellschaft zu gewisser Bekanntheit gelangt.[107] Sie ist „eine vermittelte Anerkennung zweiter Hand“[108], man könnte auch sagen der „allgemeine Ruf“ [109] eines Unternehmens in der Gesellschaft. Nicht nur die unmittelbar mit dem Unternehmen in Verbindung stehenden Stakeholder wie etwa Kunden haben Kenntnis von der positiven oder negativen Reputation eines Unternehmens, sondern auch die breite Öffentlichkeit. Damit fließen in die Reputation auch grundlegend andere Erwartungen ein als in Images. Hier geht es stärker um das Unternehmen als gesellschaftlichen Akteur, um das Erfüllen gesellschaftlicher Erwartungen.

Da ihre Konstruktion komplexen gesellschaftlichen Prozessen unterliegt, kann die Reputation durch das Unternehmen in geringerem Maße als Images durch Formen persuasiver Kommunikation beeinflusst werden. Eine positive Reputation muss sich das Unternehmen vertrauensvoll durch entsprechendes Handeln in allen gesellschaftlichen und wirtschaftlichen Bereichen erwerben.[110] In der angloamerikanischen Reputation Management Diskussion heißt es dazu: „Image is built. [...] Reputation is earned.“[111] Zu unterscheiden sind dabei die funktionale Reputation, die sich in erster Linie aus der fachlichen Kompetenz des Unternehmens ableitet, und die soziale Reputation, die sich an der gesellschaftlichen Integrität des Unternehmens orientiert.[112]

Die Reputation kann auch bezeichnet werden als „Ruf der Vertrauenswürdigkeit“[113], denn das Vertrauen, das Dritte einem Unternehmen entgegenbringen, und die Reputation dieses Unternehmens korrespondieren miteinander.[114] Fasst man als Voraussetzung für Vertrauen das Erfüllen von Erwartungen auf[115], so ist funktionale Reputation an die Erfüllung gesellschaftli-

---

105 vgl. ebenda
106 Eisenegger 2005, 21
107 vgl. ebenda
108 ebenda
109 Schmid/Lyczek 2006, 52
110 vgl. Zerfaß 2005, 304
111 Elsevier Ltd (Hrsg.) 2005, 1
112 vgl. Eisenegger 2005, 28
113 Eisenegger 2005, 29
114 vgl. ebenda, vgl. Piwinger 2005, 82
115 vgl. Bentele 1994, 141, vgl. Eisenegger 2005, 29 f.

cher Erwartungen hinsichtlich fachlicher Rollenanforderungen geknüpft. Die soziale Reputation dagegen ist abhängig vom Erfüllen öffentlicher Erwartungen hinsichtlich ethisch-normativen und gesellschaftlich verantwortungsvollen Handelns.[116]

Korrelierend mit der Konzentration auf Public Relations wird der Schwerpunkt der Betrachtung im Rahmen dieser Arbeit auf der Reputation liegen. Für Aufbau und Erhaltung von Reputation spielen vor allem die Massenmedien als Repräsentanten der gesellschaftspolitischen Öffentlichkeit eine entscheidende Rolle. Die Medien-Öffentlichkeit bildet nach Eisenegger die „dominierende, übergeordnete Reputationsarena“[117] für innerhalb einer Gesellschaft handelnde Akteure. Der Kommunikationswissenschaftler Günter Bentele spricht in diesem Zusammenhang auch vom „öffentlichen Vertrauen“[118] als medienvermitteltem Prozess.

An welchen Faktoren sich die Reputation eines Unternehmens konkret festmachen lässt, ist nur schwer verallgemeinernd zu formulieren. Diese Faktoren dürften je nach den Werten, Normen, Ansprüchen und allgemein der Kultur der betrachteten Gesellschaft variieren. Für einen Überblick seien hier, in Anlehnung an den Leiter des New York Reputation Institute, Charles Fombrun, dennoch einige Faktoren genannt:[119]

- Faktoren rund um Produkte und Services wie z.B. Qualität, Innovation, Exklusivität,
- Faktoren, die Verantwortungsbewusstsein ausdrücken wie z.B. Engagement für gute Zwecke, Rücksicht auf andere Interessen und Nachhaltigkeit,
- Faktoren des finanziellen/wirtschaftlichen Erfolges wie z.B. Rentabilität, Wachstum,
- Faktoren rund um Unternehmensvision und Unternehmensführung wie z.B. Zielsetzung, Art und Weise der Führung, Geradlinigkeit,
- emotionale Faktoren wie z.B. Vertrauen, allgemeine Sympathie, Respekt, Integrität und
- Faktoren rund um Mitarbeiter und Mitarbeiterführung wie z.B. Löhne, Arbeitsklima, Qualifikation der Mitarbeiter.

Ebenso wie gelungene Kommunikation, und zwar ausdrücklich nicht in primär persuasiver, sondern vor allem in verständigungsorientierter Weise, zum Aufbau und zur Vermittlung von Reputation beiträgt, kann eine fehlerhafte Kommunikation die Reputation nachhaltig schädigen. Es gilt heute als weitgehend anerkannt, dass Reputation mehr ist als gefälliges Beiwerk zu den Wertschöpfungsprozessen eines Unternehmens. Reputation ist in einigen Bereichen vielmehr ebenfalls zu einer harten Zielgröße geworden.[120] Diese Entwicklung lässt sich vor allem auf veränderte ökonomische und gesellschaftliche Rahmenbedingungen zurückführen. Diese sollen das Thema des nächsten Kapitels sein.

---

[116] vgl. Eisenegger 2005, 30
[117] Eisenegger 2005, 45
[118] Bentele 1994, 141
[119] vgl. Kinter 2005, 65
[120] vgl. Schulz 2001, 90

3 Die gestiegene Krisenanfälligkeit von Unternehmen in Zeiten von Verbrauchermacht und Mediengesellschaft

Ziel dieses Kapitels ist es, die Rahmenbedingungen zu beschreiben, unter denen Unternehmen heute agieren und unter denen somit auch die Risiko- und Krisenbetrachtung erfolgen muss.

3.1 Ökonomische und sozioökonomische Rahmenbedingungen

Sowohl als Wirtschaftseinheiten wie auch als Akteure des Gesamtsystems „Gesellschaft" sehen sich Unternehmen spezifischen Rahmenbedingungen ausgesetzt. Aus ökonomischen Gegebenheiten resultieren gesellschaftliche Anforderungen und umgekehrt. Zu beschreiben sind also ökonomische und sozioökonomische Voraussetzungen unternehmerischen Handelns und Entscheidens.

Bei der Betrachtung der ökonomischen Rahmenbedingungen ist zunächst festzustellen, dass heute in nahezu allen Wirtschaftsbereichen begleitet von einem starken Konkurrenzkampf und Verdrängungswettbewerb eine weitgehende Marktsättigung erreicht ist.[121] Besonders im Zuge der Globalisierung, dem weltweiten Zusammenwachsen der Märkte, wird diese Tendenz noch verstärkt. Die auf den einzelnen Märkten angebotenen Produkte sind zu einem Großteil austauschbar, das heißt, sie unterscheiden sich häufig nur marginal in den tatsächlich messbaren Eigenschaften.[122] Stattdessen gewinnen für eine Alleinstellung die so genannten „weichen Faktoren"[123] an Bedeutung. Darunter zu verstehen sind beispielsweise die mit einem Produkt assoziierten, häufig über Werbekommunikation aufgebauten Vorstellungsbilder oder der allgemeine Ruf bzw. die Reputation des produzierenden Unternehmens. Solche Faktoren sind für Unternehmen in Zeiten, in denen eine anderweitige Differenzierung immer schwieriger wird, ein „erfolgskritisches Unterscheidungsmerkmal".[124] Maßgeblich geprägt und aufgebaut werden sie durch Kommunikation - sei es in Form von Werbekommunikation oder im Rahmen der allgemeinen Public Relations. Es kann daher mit den Worten der Kommunikationswissenschaftler Schmid und Lyczek festgehalten werden: „Eine immer größere Anzahl von Märkten wird auf der Ebene des Kommunikationswettbewerbs entschieden."[125] Der Produktwettbewerb wurde ergänzt durch einen nicht minder intensiven Kommunikationswettbewerb.[126]

Neben der gewachsenen Bedeutung weicher Faktoren münden der starke Wettbewerb und die Globalisierung in einer weiteren Entwicklung: Die „Macht" der Verbraucher gegenüber den Unternehmen wächst, denn sie können aus einer Vielzahl von Produkten auswählen. Aus

---

[121] vgl. Kroeber-Riel/Esch 2004, 22
[122] vgl. Piwinger/Porák 2005, 11, vgl. Zerfaß 2005, 389, vgl. Kinter 2005, 64, vgl. Kroeber-Riel/Esch 2004, 24, vgl. Siegert/Brecheis 2005, 88, vgl. Wappler 2003, 202
[123] vgl. Reichling 2003, 118 („Soft-Facts") , vgl. Reichling 2003, 122, vgl. Wappler 2003, 202 f.
[124] Eisenegger 2005, 13
[125] Schmid/Lyczek 2006, 124
[126] vgl. Bruhn 2006, 1

vormaligen Verkäufermärkten sind Käufermärkte geworden.[127] Dies gilt auch für Bereiche der Wirtschaft, die ursprünglich staatlich reguliert waren. Ehemals staatsnahe Branchen wie Post, Telekommunikation oder auch das Gesundheitswesen sehen sich nun dem Wettbewerb und damit dem Urteil und der Entscheidung der Verbraucher ausgesetzt.[128]

Die Verbraucher ihrerseits sind sich dieser „Macht“ in weiten Teilen bewusst und entdecken den Markt als Arena des politischen Handelns. Einhergehend mit der empfundenen Schwächung der nationalen Politik durch die Globalisierung verknüpfen sie Konsumentscheidungen auch mit politischer Meinungsäußerung.[129] Diese Entwicklung, die auch als „neue Verbraucherbewegung“[130] bezeichnet wird, weist verschiedene Facetten auf. Der Historiker Matthew Hilton, der an der Universität Birmingham zu Konsumentenbewegungen forscht, stellt dazu fest: „Neue Formen des Aktivismus – Boykotte, ethische und ökologische Ansätze, fairer Handel und Globalisierungskritik – haben die Debatte über die Konsumgesellschaft neu belebt.“[131] Konsumenten haben das Mittel des Boykotts, also „die politisch, ethisch und/oder ökologisch motivierte Entscheidung gegen bestimmte Produkte und bestimmte Läden“[132], für sich entdeckt. Hinzu kommen in jüngster Zeit neu entstehende Formen wie der „buycott“[133], also „die politisch, ethisch oder ökologisch motivierte Entscheidung *für* bestimmte Produkte oder Geschäfte.“[134] Das heißt, Verbraucher orientieren sich beim Kauf an Kennzeichnungen und Gütesiegeln.[135]

Kaufentscheidungen folgen damit in zunehmendem Maße nicht nur wirtschaftlichen Instinkten, sondern ziehen auch politische, ethisch-moralische und ökologische Aspekte ins Kalkül. Fairer Handel, Nachhaltigkeit und gesellschaftliches Engagement sind hier nur einige Schlagworte. Die für das neue Bewusstsein erforderlichen Impulse gehen dabei häufig von organisierten Formen des Protests aus. Die Sozialforscher Jörn Lamla und Ansgar Klein sehen vor allem Organisationsformen im Internet als treibende Kraft:

> „Ohne Frage ist die Vereinzelung in der Masse die größte Herausforderung für eine effektive und breit legitimierbare Aggregation von Verbrauchermacht. Für das Anliegen, Konsumthemen miteinander in Kontakt zu bringen und Orte deliberativer Willensbildung zu schaffen, stehen der Bewegung durch das Internet innovative technologische Potenziale zur Verfügung.“[136]

In einer steigenden Zahl von virtuellen und realen Foren und Organisationen wird das Verhalten der Unternehmen in politischen, ethischen und ökologischen Fragen thematisiert.[137] Die

---

[127] vgl. Krystek/Müller-Stewens 1993, 3
[128] vgl. Siegert/Brecheis 2005, 87, vgl. Brühwiler 2007, 91
[129] vgl. Stolle/Micheletti 2005, 41 f.
[130] Lamla/Klein 2005, 2
[131] Hilton 2005, 27
[132] Stolle/Micheletti 2005, 41
[133] ebenda
[134] ebenda
[135] vgl. Stolle/Micheletti 2005, 41 und 43
[136] Lamla/Klein 2005, 5
[137] vgl. Stolle/Micheletti 2005, 41, so genanntes „diskursives politisches Verbraucherhandeln“

Kommunikationsberater Manfred Piwinger und Victor Porák, welche das Problem aus Unternehmenssicht betrachten, kommen folgerichtig zu dem Schluss: „Unternehmen stehen heute als quasi ‚öffentliche Institution' unter einem massiven Rechtfertigungszwang gegenüber der Öffentlichkeit […].“[138] Dieser wachsende Legitimationsdruck zeigt seine Wirkung vor allem in den inzwischen weit verbreiteten Corporate Citizenship und Corporate Social Responsibility (kurz: CSR) Programmen,[139] in denen sich Unternehmen um nachhaltiges ökologisches und soziales Handeln bemühen.[140] Besonders im Zuge der Klimaschutzdebatte werden solche Handlungsmuster immer wieder öffentlich thematisiert. So findet sich etwa im Nachrichtenmagazin „Der Spiegel“ unter dem Titel „Die Weltsanierer“ beispielhaft die folgende Passage zum CSR-Bewusstsein der Deutschen Bank:

> „Wenn die Deutsche Bank in Frankfurt am Main über Investitionen nachdenkt, mag ‚money making' weiterhin der Urgedanke sein. Aber es ist komplizierter geworden, dieses Ziel vernünftig umzusetzen. Die Bank hätte in den vergangenen Jahren viel Geld verdienen können mit Investitionsprojekten, von denen sie am Ende doch die Finger ließ.
> Sie verzichtete darauf, in Chinas Drei-Schluchten-Damm zu investieren, sie gab kein Geld für Papierfabriken in Indonesien, für eine Ölpipeline in Ecuador, für ein Atomkraftwerk in Bulgarien. Das alles wären lukrative Geschäfte gewesen – aber die Bank sagte nein. Sie will, sie muss abwägen, anders als noch vor zehn Jahren.“[141]

Neben dem gesellschaftlichen Druck sehen sich die Unternehmen zudem auf dem Kapitalmarkt neuen Anforderungen gegenüber. Auch hier zeigt sich nämlich eine Entwicklung hin zu mehr Offenheit und Rechtfertigung. Als Gegenentwicklung zur angesprochenen Deregulierung durch Privatisierung lässt sich in den letzten Jahren eine Art „neue Regulierung“[142] beobachten. Diese zeigt sich besonders in Gesetzesinitiativen, die eine Erhöhung der Transparenz sowie eine Verschärfung von Haftung und Verantwortlichkeit des Managements vorsehen.[143] Das Bundesministerium für Justiz hat mit dem Ziel, die Regeln der Unternehmensleitung und -überwachung für Investoren transparent zu machen, im Jahr 2001 eigens eine Regierungskommission eingesetzt. Diese hat in den letzten Jahren den Corporate Governance Kodex[144] ausgearbeitet, welcher die Grundsätze „guter und verantwortungsvoller Unternehmensführung“[145] zusammenfasst. Über eine Entsprechenserklärung hat der Kodex auch Eingang in das Aktiengesetz gefunden.[146] Vorstand und Aufsichtsrat müssen demnach jährlich erklären, dass

---

[138] Piwinger/Porák 2005, 12
[139] vgl. Ingenhoff/Röttger 2006, 322, vgl. Ramthum 2007, 60 f., vgl. zum Legitimationsdruck auch Deekeling/Arndt 2007, 20
[140] Im CSR-Fachjargon ist hier häufig von der „license to operate“, also der gesellschaftlichen Zustimmung zu Handlungen und Entscheidungen des Unternehmens, die Rede, welche es durch verschiedene vertrauensbildende Maßnahmen sicherzustellen gilt.
[141] Brinkbäumer/Fichtner 2007, 51
[142] Brühwiler 2007, 91
[143] siehe z.B. Gesetz zur Kontrolle und Transparenz im Unternehmensbereich (KonTraG)
[144] Dieser ist abzurufen bei der Regierungskommission Deutscher Corporate Governance Kodex unter: http://www.corporate-governance-code.de
[145] Deutscher Corporate Governance Kodex (i.d.F.v. 14.06.2007), 1 (Präambel)
[146] vgl. § 161 AktG (i.d.F.v. 25.04.2007)

den im Kodex vorgesehen Regeln entsprochen wird und welche Regeln unter Umständen nicht angewendet werden.

Betrachtet man die Anzahl der Anspruchsgruppen, die ein Unternehmen zu befriedigen hat, so stellt man fest, dass diese in den letzten Jahrzehnten zugenommen hat.[147] Es ist jedoch nicht nur ein quantitativer Anstieg zu beobachten, sondern vor allem auch ein wachsender Organisationsgrad dieser Gruppen.[148] Flankiert von der Entwicklung zur „Mediengesellschaft"[149] ist generell eine „Zunahme öffentlich ausgetragener Konflikte"[150] zwischen Unternehmen und einzelnen Anspruchsgruppen zu konstatieren. Der Einfluss der Stakeholder ist insgesamt gestiegen. Dies bedeutet für die Unternehmen eine Zunahme von Unsicherheit[151] und damit die Entstehung einer neuen Art von unternehmerischem Risiko – ein Risiko, das sich primär aus der Reaktion der gesellschaftspolitischen Öffentlichkeit, also einem Bereich der Unternehmensumwelt ergibt, in dem nicht ausschließlich in wirtschaftlichen Dimensionen diskutiert und argumentiert wird.

Jeder unternehmerischen Entscheidung müssen heute komplexe unternehmensinterne Prozesse vorausgehen, bei denen es wesentlich mehr Parameter zu beachten gilt als noch vor 30 Jahren. Neben der gestiegenen Wettbewerbsintensität und dem öffentlichen Legitimationsdruck tragen beispielsweise auch internationale Rechtsvorschriften für die vormals nur an die nationale Gesetzgebung gebundenen Unternehmen zu einer wachsenden Komplexität bei.[152] In einer globalisierten Welt sind international tätige Unternehmen auf ein ebenso globales Netzwerk an Experten, Niederlassungen und Tochtergesellschaften angewiesen. Damit verbunden sind eine stetige Zunahme des unternehmensinternen Verwaltungs- und Koordinierungsaufwandes und eine Abnahme der Kontrollier- und Steuerbarkeit. Bedingt durch den starken Wettbewerb bieten viele Unternehmen heute zudem nicht mehr einzelne Produkte oder Prozesse an, sondern sehen ihre Chance in serviceorientierten Komplettlösungen mit hohem Dienstleistungsanteil.[153] Auch dieser Umstand lässt die Strukturen der Unternehmen anschwellen. Somit folgen der wachsenden Komplexität der Unternehmensumwelt auch komplexere Strukturen innerhalb der Unternehmen. Die Unternehmen befinden sich in einem Spannungsfeld. Einerseits sind sie durch die wachsende Dynamik der Unternehmensumwelt, den immer schnelleren Transport von Informationen, Gütern und Menschen zu schnellen Reaktionen und kurzen Prozessen gezwungen. Andererseits steht die aus eben dieser Dynamik

---

[147] vgl. Herger 2004, 17 f., vgl. Liebl 1996, 99
[148] vgl. Herger 2004, 28 ff., vgl. Furbach/Groß-Hardt/Thomas et al. 2004, 2, vgl. Liebl 1996, 99
[149] Vom Kommunikationswissenschaftler Otfried Jarren geprägter Begriff, welcher die heutige gesellschaftliche Stellung der Medien beschreibt. vgl. Jarren 2001, 11 f. Die ausführliche Thematisierung erfolgt im Abschnitt 3.2.
[150] Hribal 1999, 60
[151] vgl. Liebl 1996, 99
[152] vgl. Baisch 2000, 1, vgl. Herger 2004, 15 f., vgl. Müller-Vivil 2000, 72
[153] vgl. Baisch 2000, 1

und Komplexität der Unternehmensumwelt resultierende unternehmensinterne Komplexität solchen schnellen Entscheidungen häufig im Weg.[154]

Im folgenden Abschnitt soll vertiefend auf die gesellschaftlichen Kommunikations- und Informationsbedingungen als wesentliche Triebkräfte der beschriebenen Dynamik eingegangen werden.

3.2 Charakterisierung der Mediengesellschaft in ihrer Bedeutung für Unternehmen

Zur Erläuterung der heutigen öffentlichen Kommunikationsbedingungen wird zurückgegriffen auf ein Modell des Kommunikationswissenschaftlers Otfried Jarren, der diese unter dem Begriff der „Mediengesellschaft" umfassend beschrieben hat.[155]

Charakteristisch und namensgebend für diese „Mediengesellschaft" nach Jarren ist zunächst eine umfassende Medialisierung sämtlicher Lebensbereiche.[156] Öffentliche Kommunikation ist heute gleichbedeutend mit Massenkommunikation über Medien. Somit ist auch die Kommunikation zwischen Unternehmen und Gesellschaft heute zu einem überwiegenden Teil Kommunikation über die Massenmedien.[157] Dabei sind die Medien aber keineswegs nur als „Transportmittel" für Botschaften des Unternehmens misszuverstehen. Vielmehr sehen sich die Unternehmen mit den Medien einer mächtigen Institution gegenüber, die es in Überlegungen zu unternehmerischen Handlungen und Entscheidungen einzubeziehen gilt. Jarren stellt dazu fest: „Die Medien durchdringen immer stärker und engmaschiger alle gesellschaftlichen Bereiche. So müssen Organisationen mit einer ständigen Medienberichterstattung rechnen und sich auf eine entsprechende ständige Nachfrage einstellen."[158]

Im Wettbewerb um weiche Faktoren kommt den Medien aufgrund ihrer Allgegenwart eine entscheidende Bedeutung zu. Der auf Reputationsanalytik spezialisierte Kommunikationswissenschaftler Mark Eisenegger legt umfangreich dar, dass die medienvermittelte Kommunikation für Unternehmen „zum vorherrschenden Mechanismus der Reputationskonstitution avanciert"[159] ist. Dies wird besonders deutlich, wenn man ein weiteres Merkmal der Mediengesellschaft in die Betrachtung einbezieht: Die Medien verfügen laut Jarren weitgehend über „gesamtgesellschaftliche Anerkennung und Aufmerksamkeit".[160]

Es gibt in der theoretischen Diskussion verschiedene Ansichten darüber, welchen Einfluss die Massenmedien auf die öffentliche Meinung ausüben und umgekehrt. Unabhängig davon, zu welchem Schluss man bei der Diskussion dieser Frage, die zweifelsohne eine eigene Arbeit zu

---

[154] vgl. ebenda
[155] vgl. Jarren 2001, 11 f.
[156] vgl. ebenda
[157] vgl. Imhof/Eisenegger 2003, 34
[158] Jarren 2001, 11
[159] Eisenegger 2005, 13
[160] Jarren 2001, 11

füllen vermag, kommt, fest steht: Medien geben den Menschen Orientierung in ihrer Meinungsbildung und in ihrer jeweils subjektiven Konstruktion von Wirklichkeit. Sie bilden eine Art „Hintergrundrealität“[161] und schaffen, darauf verweisen unter anderem die Kommunikationswissenschaftler Bentele und Rolke, „anlassbezogen jenes Wirklichkeitsbild, das der Massengesellschaft als Verständigungsbasis dient.“[162] Rezipienten entnehmen den Massenmedien Informationen, die sie in die Konstruktion ihres eigenen Wirklichkeitsbildes einbauen.

Als weitere Merkmale der Mediengesellschaft führt Jarren die wachsende Zahl der Medienangebote und die ständige Herausbildung neuer Medienformen sowie die zunehmende Vermittlungsgeschwindigkeit der Medien an.[163] Diese Entwicklungen setzen Unternehmen zusätzlich unter Druck. Besonders die Entstehung dynamischer elektronischer Kommunikationsräume, z.B. in Gestalt von häufig sehr investigativ betriebenen privaten Weblogs[164], bedeutet für die Unternehmen die Eröffnung einer weiteren Front in der öffentlichen Auseinandersetzung. Die neuen Medien erlauben es den Akteuren, sich auf einfache Weise zu vernetzen.[165] Das Internet gilt daher heute als „Durchlauferhitzer für Gerüchte und Krisenthemen“.[166]

Die zunehmende Anzahl von Medienangeboten ist auch im Zusammenhang mit der wachsenden Komplexität der Unternehmensumwelt ein nicht zu vernachlässigender Umstand. Je mehr solcher Angebote es gibt, desto schwieriger wird es für die Unternehmen, den Gesamtüberblick über Thematisierungsprozesse zu behalten. Sie sehen sich einem erhöhten Selektionsdruck[167] ausgesetzt und stehen vor der Herausforderung, aus einer Vielzahl medialer Themen jene zu erkennen, die für die Reputation relevant sein könnten.

3.3 Fazit: Die Unternehmenskrise als ständig wachsender Begriff

Nachdem verschiedene ökonomische und gesellschaftliche Veränderungsprozesse beschrieben wurden, soll zusammenfassend der Bogen zur eingangs diskutierten unternehmerischen Krisen- und Risikosituation gespannt werden. Was bedeuten die beschriebenen Rahmenbedingungen konkret für die Risikobetrachtungen in den Unternehmen? Welche Auswirkungen haben sie auf die Krisenbetrachtung?

---

[161] Luhmann 2004, 173

[162] Bentele/Rolke 1998, 12

[163] vgl. Jarren 2001, 11, vgl. auch Bruhn 2006, 2: „Atomisierung der Medien“

[164] Weblog ist ein Kunstwort aus „Web“ (stellvertretend für „World Wide Web“, also Internet) und „Log“ als englischer Begriff für „Tagebuch“. Die Kurzform lautet „Blog“. Solche Internetseiten werden von „Bloggern“, also den jeweiligen Betreibern, zu verschiedenen Zwecken genutzt. Üblich ist die Nutzung als privates Tagebuch. Ebenfalls weit verbreitet und für Unternehmen relevanter ist das Veröffentlichen von selbst recherchierten Texten zu bestimmten Themen oder zu aktuellen Ereignissen. Blogger gehen bei ihren Recherchen häufig investigativ vor, spüren Missstände auf und erheben Vorwürfe. Diese verbreiten sich in der gut vernetzten Bloggerszene sehr rasch und werden unter Umständen auch von „etablierten“ Medien aufgegriffen.

[165] vgl. Ingenhoff/Röttger 2006, 321

[166] Barth/Breunlein/Mihm 2004, 20

[167] vgl. Herger 2004, 43

Generell ist festzuhalten, dass die Unternehmenskrise vor dem Hintergrund ökonomischer und gesellschaftlicher Veränderungsprozesse als ständig wachsender Begriff verstanden werden muss. Die Raster der gesellschaftlichen Wahrnehmung von Unternehmen haben sich verschoben. Vormals selbstverständliche unternehmerische Handlungen können heute schon Anlass einer Krise sein.[168] Einhergehend mit dem Teilrückzug des Staates aus sozialen Aufgaben und der im Rahmen der Globalisierung empfundenen Schwächung nationaler Regierungen[169] sehen sich Unternehmen einer gestiegenen gesellschaftlichen Erwartungshaltung gegenüber. Empfundene Nichterfüllung oder Verstöße gegen diese sozialen, ökologischen und ethischen Erwartungen werden von den Stakeholdern mit Boykott und weiteren Formen des Protests öffentlich geahndet.

Diese Entwicklung ist für die Unternehmen aus Risikosicht besonders relevant, wenn man die ökonomischen Rahmenbedingungen in die Betrachtung einbezieht. In Zeiten eines intensiven Wettbewerbs in nahezu allen wirtschaftlichen Bereichen sind es nämlich gerade weiche Faktoren wie Reputation und Vertrauen, welche an Bedeutung gewinnen – Zielgrößen also, die wesentlich durch das Erfüllen von Erwartungshaltungen geprägt werden. Unternehmen können es sich aufgrund der ökonomischen Rahmenbedingungen nicht leisten, gesellschaftliche Erwartungen zu ignorieren. In der Verletzung gesellschaftlicher Erwartungshaltungen und vor allem in der Allgegenwart möglicher Sanktionen durch die Anspruchsgruppen liegt also für die Unternehmen ein Risiko, welches es neben anderen unternehmerischen Risiken zusätzlich zu berücksichtigen gilt.

Wie präsent dieses Risiko ist, wird umso deutlicher, wenn man die Entwicklung hin zur Mediengesellschaft in die Betrachtung einbezieht. Unternehmen sehen sich heute in allen ihren Handlungen und Entscheidungen einer permanenten Öffentlichkeit ausgesetzt. Globale Transparenz und Vernetzung machen es möglich, dass kritische Ereignisse sich rasend schnell verbreiten. Das „Radar" der Risikobetrachtung muss vor diesem Hintergrund ständig erweitert werden. Der Parameter der öffentlichen Reaktion ist als Unbekannte in alle unternehmerischen Entscheidungen und Handlungen einzubeziehen. Dabei kommt der Betrachtung von Kommunikation als Mittel der Verständigung und Vertrauensbildung[170] eine entscheidende Bedeutung zu. Kommunikation kann im Erfolgsfall dazu beitragen, dass kritische Themen abgeschwächt werden. Erfolgt sie jedoch unangemessen oder zu spät, kann sie eine Krise auslösen. Kommunikation wird damit selbst zum Gegenstand von Risikobetrachtungen.

Aufgrund der Allgegenwart und breiten Akzeptanz der Massenmedien müssen sich die Unternehmen, um erfolgreich zu kommunizieren, den Gesetzen der Mediengesellschaft anpassen.[171] Mediale Arbeitsweisen und Prozesse müssen im Rahmen unternehmerischer Entscheidungen und Handlungen berücksichtigt werden. Zugleich sind Systematiken zu entwickeln,

---

[168] vgl. Brinkbäumer/Fichtner 2007, 51, vgl. Helbig 2005, 14 f.
[169] vgl. Stolle/Micheletti 2005, 41 f.
[170] vgl. Zerfaß/Pfannenberg 2005, 14
[171] vgl. Helbig 2005, 46f

die es ermöglichen, relevante mediale Thematisierungen frühzeitig zu identifizieren und entsprechend zu reagieren. All dies wird Gegenstand der folgenden Auseinandersetzung mit kommunikativen Risiken sein.

4 Kommunikative Risiken – das Risikopotenzial von Kommunikation

In diesem Kapitel soll es darum gehen, aufbauend auf den erarbeiteten begrifflichen und gesellschaftlichen Grundlagen kommunikative Risiken zu definieren und zu systematisieren, um sie auf diese Weise „handhabbar" im Sinne des unternehmerischen Risikomanagements zu machen.

4.1 Zum Stand der Auseinandersetzung

In der Literatur konnte keine Definition oder detaillierte Beschreibung für den Begriff des kommunikativen Risikos gefunden werden. Gleichwohl handelt es sich nicht um eine Wortneuschöpfung. Die Formulierungen „kommunikatives Risiko"[172] bzw. „Kommunikationsrisiko"[173] oder „Risiko der Kommunikation"[174] werden in der Literatur und in Fachkreisen durchaus gebraucht – allerdings eher am Rande und ohne vorher in die Diskussion eingeführt worden zu sein. Was also im jeweiligen Fall genau bezeichnet werden soll, geht in der Regel nur aus dem Verwendungszusammenhang hervor. Es ergibt sich somit als Voraussetzung für die weitere Betrachtung kommunikativer Risiken die Notwendigkeit einer umfassenden Definition und inhaltlichen Erläuterung. Beides erfolgt im nächsten Abschnitt. Zunächst soll jedoch auf bereits vorhandene Ansätze eingegangen werden.

Die Bedeutung der mit dem Begriff verbundenen Thematik zeigt sich an einzelnen Versuchen, die in der Praxis unternommen wurden, um Risiken für Kommunikation und Reputation eines Unternehmens zu erfassen und zu systematisieren. Verwiesen sei beispielhaft auf ein in den Jahren 1999 und 2000 durchgeführtes Modellprojekt bei der Deutschen Bank, welches im Jahr 2000 mit dem Deutschen PR-Preis „Goldene Brücke" in der Kategorie Issues Management ausgezeichnet wurde. Es trägt den Namen „Communication Issues Risk Management" (kurz: CIRM) und wurde für die Bank vor dem Hintergrund der Übernahme der amerikanischen Investmentbank Bankers Trust entwickelt. CIRM ist ein Issues Managementsystem, das auf kommunikative Risiken spezialisiert ist.[175] Das heißt, schwerpunktmäßig betrachtet werden Risiken, die sich aus öffentlichen Thematisierungsprozessen ergeben, die also von außen an das Unternehmen herangetragen werden. Risiken, die etwa aus eigenem kommunikativen Fehlverhalten resultieren, werden nicht betrachtet. Dennoch handelt es sich um einen bemerkenswerten Ansatz, der eine deutliche Beziehung zwischen dem unternehmerischen Risikomanagement und kommunikativen Risiken aufzeigt und gezielt auf einen systematischen Umgang mit kommunikativen Risiken setzt. So heißt es in der Projektbeschreibung konkret:

---

[172] den Begriff gebrauchen: Piwinger/Porák 2005, 44 f., Schmid/Lyczek 2006, 110, Kinter 2003, 48, Furbach/Groß-Hardt /Thomas et al. 2004, 1 ff.
[173] den Begriff verwenden Herger 2004, 17 f. und 212 f., Kinter 2003, 45 ff., Ruß-Mohl 1991, 221 ff., Imhof/Eisenegger 2003, 33 ff.
[174] vgl. Herger 2004, 43, vgl. Schulz 2001, 28
[175] vgl. Kinter 2003, 48

„[...] auffällig ist die Tatsache, dass keine etablierten Instrumente zur Verfügung stehen, die es erlauben würden, das Thema Risiko so zu behandeln wie andere etablierte Arbeitsgebiete der Kommunikationsbranche."[176] Wegweisend ist auch die abschließende Erkenntnis: „Es wird die Aufgabe der nächsten Jahre sein, Kommunikationsrisiko-Management als selbstverständliche Managementfunktion im Unternehmen bzw. in der Unternehmenskommunikation zu etablieren [...]."[177]

Generell lässt sich mit Blick auf die theoretische und praktische Auseinandersetzung feststellen, dass, wenn der Begriff des kommunikativen Risikos fällt, meist Issues Management als Methode zu dessen Identifikation und Behandlung angeführt wird. Dieser zuerst aus der Literatur gewonnene Eindruck wurde in den Leitfadengesprächen noch verstärkt.[178]

Neben Issues Management findet sich als weiterer Anknüpfungspunkt das so genannte „Reputation Management" als besonders in den USA in Wissenschaft und Praxis etablierte Disziplin.[179] In Deutschland beschränken sich die Auseinandersetzungen zum Reputationsmanagement bisher in der Regel auf Zeitschriftenbeiträge oder einzelne Aufsätze.[180] Wesentlich im Sinne der Arbeit sind die dabei immer wieder erwähnten Reputationsrisiken.[181] Diese werden vom Kommunikationsberater Achim Kinter wie folgt definiert:

> „Reputationsrisiken unterscheiden sich ihrer Natur nach von Kredit- und Marktrisiko. Sie sind schwerer fassbar, weil sie vielen Aktivitäten innewohnen, oft nicht bewusst eingegangen werden, aber dennoch unvermeidlich auftreten. Die Konzepte zu ihrer Abgrenzung, Quantifizierung und Steuerung sind im Vergleich zu anderen Risikokategorien noch nicht entwickelt."[182]

Obwohl sie von gleichen Voraussetzungen ausgehen, nämlich der Bedeutung der Reputation für den Unternehmenswert, sind die beiden Begriffe „Reputationsrisiko" und „kommunikatives Risiko" dennoch nicht gleich zu setzen. Reputation unterliegt, wie im Abschnitt 2.4.4 beschrieben, verschiedenen Einflussfaktoren.[183] Reputationsrisiko schließt verschiedene Funktionsbereiche des Unternehmens, wie etwa die Produktqualität, den wirtschaftlichen Erfolg oder allgemein die Fachkompetenz eines Unternehmens ein und ist damit weiter gefasst als der Begriff des kommunikativen Risikos. Die Betrachtung des kommunikativen Risikos konzentriert sich auf den Vorgang der Kommunikation seitens des Unternehmens und kann damit als ein Bestandteil des Reputationsrisikos neben anderen bezeichnet werden. Die Ansätze zum Management von Reputationsrisiken liefern für die vorliegende Arbeit dennoch wesentliche

---

[176] Kinter 2003, 43
[177] Kinter 2003, 54
[178] vgl. beispielsweise telefonisches Leitfadengespräch mit einem Kommunikationsverantwortlichen aus dem Bereich Telekommunikationsdienstleistung am 06.06.2007 und telefonisches Leitfadengespräch mit einem Kommunikationsverantwortlichen aus dem Bereich Chemie am 15.06.2007
[179] siehe z.B. Fombrun 1996
[180] vgl. Kinter 2005, Will/Löw 2003, vgl. Hirschmann 2007
[181] Den Begriff verwenden: Kinter 2005, 64 ff., Eisenegger 2005, 71 ff., Imhof/Eisenegger 2003, 33-49, Herger 2004, 14, Ingenhoff/Röttger 2006, 323 f., Brühwiler 2007, 90, Hirschmann 2007, Ammann 2003
[182] Kinter 2005, 66
[183] vgl. Fombrun 1996, 5, vgl. Kinter 2005, 65

Anregungen, besonders, wenn sie, wie im folgenden Ausschnitt aus einem Zeitschriftenbeitrag von Kinter der Fall, auf die Rolle der Kommunikation bei der Reputationskonstitution eingehen und daraus Forderungen für eine Einbindung in das Risikomanagement erheben:

> „Um das methodische und organisatorische Übergewicht bei diesem in Theorie und Praxis gleichermaßen komplexen Thema zu umgehen, sollten sich Risk-Management und Kommunikation zusammenschließen. Denn, wo es auf der einen Seite an Erfahrungen und Instrumenten fehlt, Reputationsrisiken kommunikativ zu begegnen, fehlt es auf der anderen Seite an Methodik und Durchsetzungskraft. In der Zusammenarbeit läge die Chance, dem Thema zum notwendigen Durchbruch zu verhelfen.“[184]

Zusammenfassend ist für den Stand der Auseinandersetzung mit kommunikativen Risiken festzustellen, dass besonders auf dem Gebiet des Issues- und des Reputationsmanagements Ansätze vorhanden sind, auf die zurückgegriffen werden kann, es jedoch vor allem an einer Systematik und Definition des Begriffes selbst fehlt.

4.2 Kommunikative Risiken – Definition und Systematisierung

Resultierend aus der Betrachtung der Auseinandersetzung in der Literatur soll sich dem Begriff des kommunikativen Risikos nun systematisch und definitorisch genähert werden. Es handelt sich dabei um einen grundlegend neuen Ansatz.

Ausgehend von der allgemeinen Risikodefinition[185] und den unter 2.4.2 erläuterten Dimensionen, in denen Kommunikation in die Risikobetrachtung einfließen muss, sollen kommunikative Risiken wie folgt definiert werden:

> **Kommunikative Risiken sind potenzielle Gefährdungen für die Unternehmensreputation, die von kommunikativen Handlungen eines Unternehmens ausgehen. Sie manifestieren sich zum einen ursachenbezogen im Akt der Kommunikation an sich, das heißt, es sind mögliche kommunikative Fehlleistungen, die im Falle ihres Auftretens eine Krise auslösen können. Sie können jedoch auch begleitend und wirkungsbezogen in der Form auftreten, dass sie der Kommunikation zugrunde liegende kritische Issues oder Entscheidungen in ihrer negativen Wirkung verstärken.**

Von hohem Stellenwert sind kommunikative Risiken vor allem für Unternehmen, die in einer wettbewerbsstarken Branche aktiv sind und bei denen Größen wie Reputation und Markenwert einen Großteil des Gesamtunternehmenswertes ausmachen.[186] Sie sind vor allem von Bedeutung im Rahmen einer wertorientierten Unternehmensführung, bei der die kurzfristige Steigerung von Umsatz und Gewinn hinter das Ziel einer nachhaltigen Wertsteigerung zurücktritt.[187]

---

[184] Kinter 2005, 67

[185] Diese wurde im Abschnitt 2.2.1 vorgestellt: „Unternehmerische Risiken sind zukünftige Ereignisse und Umstände, die sich negativ auf verschiedene Zielgrößen des Unternehmens auswirken können, deren Eintreten jedoch zum Betrachtungszeitpunkt unsicher ist.“ (eigene Definition in Anlehnung an Finke 2005, 18 und Kratzheller 1997, 15)

[186] vgl. Herger 2004, 103

[187] siehe für detaillierte Informationen zur wertorientierten Unternehmensführung Coenenberg/Salfeld 2007

In den nächsten Abschnitten werden aus den erläuterten Risikodimensionen verschiedene Arten kommunikativer Risiken erarbeitet.

4.2.1 Risiken aus der Kommunikation selbst – kommunikative Handlungsrisiken

Zunächst steht in einer ursachenbezogenen Betrachtung der Kommunikationsvorgang selbst als Ursache einer Krise bzw. einer krisenhaften Situation im Mittelpunkt. Die sich daraus ergebende Risikoart soll als kommunikatives Handlungsrisiko bezeichnet werden. Es umschreibt die Möglichkeit, dass Kommunikationsprozesse fehlerhaft ausgeführt werden. Gemeint sind Fehler, die dazu führen, dass bei den Stakeholdern ein Bild von Wirklichkeit konstruiert wird, das nicht der eigentlichen kommunikativen Intention entspricht oder dass Erwartungen der Öffentlichkeit respektive einzelner Stakeholder an die Kommunikation durch das Unternehmen nicht erfüllt werden. Auf diese Weise kann die alle unternehmerischen Handlungen begleitende alltägliche Kommunikation zum Auslöser einer Krise werden, ohne dass der eigentliche Gegenstand der Kommunikation ursprünglich kritisch ist. Kommunikation wirkt in einem solchen Fall negativ auf den Kommunikationsgegenstand zurück.

Kommunikative Handlungsrisiken sind im Wesentlichen auf zwei Quellen zurückzuführen: Sie können strukturell-kulturell oder individuell bedingt sein.

4.2.1.1 Strukturell-kulturell bedingte kommunikative Handlungsrisiken

Strukturell-kulturell bedingte kommunikative Handlungsrisiken sind Risiken, die sich aus der organisatorischen Gestaltung und „kulturellen Untermauerung“ der Kommunikation eines Unternehmens ergeben. Erwartungshaltungen der Stakeholder können also kommunikativ nicht erfüllt werden, weil im Unternehmen die Voraussetzungen dafür nicht oder nicht in vollem Umfang gegeben sind.

Das Fehlen oder die ungenügende Verankerung einer solchen Kommunikationsstruktur und -kultur zeigt sich nach außen vor allem in widersprüchlichen oder unabgestimmten Äußerungen einzelner Akteure eines Unternehmens. Manfred Bruhn, der sich intensiv mit dem Kommunikationsmanagement von Unternehmen auseinandersetzt, schreibt dazu:

> „Die Unternehmenspraxis zeigt, dass die Vielfalt der Kommunikationsprozesse und die Komplexität der Kommunikationsarbeit zu Defiziten in der Kommunikation führen. Sie treten auf, wenn kommunikative Maßnahmen inhaltlich, formal und/oder zeitlich nicht miteinander abgestimmt sind.“[188]

Widersprüche in der Kommunikation führen bei den Anspruchsgruppen in der Regel zu einem Vertrauensverlust und stellen damit eine Gefährdung für die Reputation dar.[189] Besonders vor dem Hintergrund der beschriebenen internen Differenzierung der Unternehmensfunktionen als Reaktion auf die komplexer werdende Unternehmensumwelt gewinnt die Betrach-

---

[188] Bruhn 2006, 12
[189] vgl. Bentele 1994, 144 ff.

tung solcher Risiken aus einer unabgestimmten Kommunikation an Bedeutung.[190] Je größer und komplexer ein Unternehmen und je heterogener die Zielgruppen, desto größer ist die Gefahr einer uneinheitlichen Kommunikation[191] und desto präsenter ist das Risiko, in differenzierten Kommunikationsmaßnahmen den Bezug zur Gesamtstrategie aus den Augen zu verlieren.[192]

Insgesamt können solche Risiken strategisch mit dem Konzept einer integrierten Kommunikation behandelt werden. Durch die ganzheitliche Betrachtung und Abstimmung sämtlicher Kommunikationsinstrumente und -maßnahmen muss versucht werden, einer zu starken Differenzierung und einem uneinheitlichen Auftritt entgegenzuwirken.[193] Die Umsetzung geht einher mit der Schaffung einer entsprechenden Kommunikationskultur.[194] Um kommunikativen Handlungsrisiken zu begegnen, bedarf es generell auch der Verankerung eines Bewusstseins für die Bedeutung und die Risikohaftigkeit von Kommunikation im Management und bei allen Mitarbeitern. Neben der strukturellen Gestaltung ist die Minimierung von kommunikativen Handlungsrisiken damit auch eine Frage der Unternehmenspolitik, speziell der Kommunikationspolitik. Es ist eine Grundorientierung erforderlich, die sich mit den Erwartungen der Stakeholder deckt und die allen Mitarbeitern bekannt ist. Neben der hier schwerpunktmäßig betrachteten kommunikativen Konsistenz zählen zu einer vertrauens- und damit reputationsfördernden Kommunikation auch kommunikative Transparenz sowie Konformität von Kommunikation und tatsächlichem Handeln.[195] Diese Anforderungen sind im Sinne einer Reduktion kommunikativer Handlungsrisiken als Grundsätze ebenfalls in die Kommunikationskultur zu integrieren. Konkrete Möglichkeiten hierzu werden im Abschnitt 6.3.3.2 aufgezeigt.

4.2.1.2 Individuell bedingte kommunikative Handlungsrisiken

Neben den strukturellen und kulturellen Voraussetzungen der Kommunikation in den Unternehmen spielen für die Betrachtung kommunikativer Risiken auch in der Person einzelner Mitarbeiter bedingt liegende Risiken eine Rolle. Schließlich ist Kommunikation eine Form sozialen Handelns und damit grundsätzlich an die Ausführung durch Menschen gebunden.

Das Risiko eines kommunikativen Fehlverhaltens besteht grundsätzlich bei jeder kommunikativen Handlung einer Person, die das Unternehmen repräsentiert oder für selbiges spricht. Es geht sowohl von Führungskräften und Sprechern eines Unternehmens als auch von sämtlichen Mitarbeitern mit Kundenkontakt aus. Im Mittelpunkt der Betrachtung sollen jedoch jene kommunikativen Handlungsrisiken stehen, die von Führungskräften und Sprechern eines Unternehmens ausgehen, denn solche kommunikativen Fehlleistungen sind in der Regel für das Gesamtunternehmen relevanter und sorgen für größeres Aufsehen als etwa eine unpassende

---

[190] vgl. Bruhn 2006, 14 f.
[191] vgl. Bruhn 2006, 3 f.
[192] vgl. Zerfaß 2005, 308
[193] vgl. Bruhn 2006, 15
[194] vgl. Bruhn 2006, 21
[195] vgl. Bentele 1994, 144 ff.

oder falsche Bemerkung eines Call-Center Mitarbeiters. Kommunikative Verfehlungen von „ausführenden“ Mitarbeitern gewinnen jedoch schlagartig an Relevanz und werden zu einem Reputationsproblem, wenn sie besonders schwerwiegend sind und etwa mit Beleidigungen einhergehen oder wenn sie gehäuft auftreten. Es handelt sich jedoch dann eher um ein grundsätzliches Mitarbeiter- oder Service-Problem, das in der Praxis meist nicht von der Kommunikationsabteilung zu verantworten ist. Der Schwerpunkt der weiteren Betrachtung liegt also auf Risiken, die tatsächlich vom Bereich Unternehmenskommunikation bzw. von den Führungskräften selbst ausgehen.

In den letzten Jahrzehnten ist eine Entwicklung hin zu einer zunehmenden Personalisierung von Unternehmen zu beobachten.[196] Das heißt, die Berichterstattung über ein Unternehmen und damit auch dessen Ansehen sind zu einem erheblichen Teil an das Verhalten einzelner Personen gebunden. Im Zuge dieser Entwicklung gewinnen kommunikative Handlungsrisiken an Bedeutung. Eine falsche oder unüberlegte Äußerung eines einzelnen Managers kann Auswirkungen auf die Reputation des gesamten Unternehmens haben. Man könnte auch wissenschaftlicher sagen: „Aufgrund dieser Personalisierungstendenz steigt die Volatilität der Gesamtreputation sprunghaft an.“[197]

Konkret liegen Risiken darin, dass Sprecher oder Manager des Unternehmens sich in einer Art und Weise äußern, die zu Missverständnissen führt. Das heißt, die eigentliche Intention einer kommunikativen Handlung wird nicht erreicht, weil in der Ausführung Fehler begangen werden. Diese können negativ auf einen ursprünglich nicht kritischen Kommunikationsgegenstand zurückwirken. Dies ist beispielsweise dann der Fall, wenn im Rahmen einer Pressekonferenz durch den Sprecher eine falsche Zahl genannt wird und dadurch im Extremfall ein Kurssturz an den Börsen verursacht wird.[198]

Individuelle kommunikative Handlungsrisiken können sich zum Beispiel äußern in:

- (versehentlicher) Kommunikation falscher Inhalte („Versprecher“),
- unüberlegten, unpassenden Bemerkungen,
- dem Auslassen wesentlicher Inhalte,
- der Weitergabe von Informationen, die nicht für die Öffentlichkeit bestimmt sind und
- unpassendem nonverbalem Verhalten vor elektronischen Medien.

Besonders zum Tragen kommt hier die bereits erwähnte Notwendigkeit der Anpassung von Unternehmen an die Gesetze der Mediengesellschaft. Sprecher und Manager eines Unternehmens stehen vor der Herausforderung, Stellungnahmen und Veröffentlichungen für eine erfolgreiche Kommunikation so zu formulieren, dass sie von den Massenmedien erwartungs-

---

[196] vgl. Eisenegger 2005, 93, vgl. Zerfaß 2005, 390, vgl. Deekeling/Arndt 2007, 20, vgl. Kinter 2005, 64, vgl. Imhof/Eisenegger 2003, 38, zur zunehmenden Orientierung an Personen in unserer Gesellschaft allgemein vgl. Luhmann 2004, 67

[197] Imhof/Eisenegger 2003, 44

[198] Beispiel entnommen aus telefonischem Leitfadengespräch mit einem Kommunikationsverantwortlichen eines Unternehmens aus dem Bereich Konsumgüter am 25.05.2007

gemäß verarbeitet werden können. Der Umgang mit den Medien, dazu zählt beispielsweise auch das Verhalten vor Kameras, muss heute zu den Kernkompetenzen eines Managers zählen.[199]

Individuell bedingte kommunikative Risiken sind wohl nie gänzlich auszuräumen. Dennoch lassen sie sich durch eine systematische Betrachtung unter dem Risikoaspekt einschränken. Ein erster Schritt zur Verhinderung eines Fehlverhaltens ist schließlich die Entwicklung eines entsprechenden Bewusstseins. Auf konkrete Möglichkeiten der dementsprechenden Risikobehandlung wird im sechsten Kapitel eingegangen.

Zusammenfassend ist festzustellen, dass bei der Betrachtung kommunikativer Risiken, die sich aus der Kommunikation selbst ergeben, sowohl strukturelle und kulturelle Gegebenheiten der Kommunikation als auch individuelle Faktoren der im Namen des Unternehmens sprechenden Mitarbeiter eine Rolle spielen. Kommunikation kann bei fehlerhafter Planung und Durchführung krisenauslösend sein, ohne dass der zugrunde liegende Kommunikationsgegenstand primär kritisch ist.

In den folgenden Abschnitten soll die Kommunikation in ihrer zweiten für die Systematisierung relevanten Dimension, nämlich im Sinne einer möglichen Verstärkung kritischer Issues, betrachtet werden.

4.2.2 Kommunikation als Verstärker kritischer Sachverhalte

Wie im letzten Kapitel festgestellt, kann nicht nur der alltägliche Vorgang der Kommunikation an sich Auslöser einer krisenhaften Situation sein. Vielmehr gilt es, auch in der Unternehmensumwelt als kritisch empfundene Sachverhalte in die Betrachtung zu integrieren, deren kommunikative Dimension zum Krisenauslöser avancieren kann. Mit einem Unternehmen verbundene Themen oder Ereignisse können ganz allgemein als kritisch bezeichnet werden, wenn sie den Erwartungen einzelner Anspruchsgruppen oder der Öffentlichkeit allgemein widersprechen und daher ein negatives Bild auf das Unternehmen werfen.

Es können zahlreiche Beispiele aus der Praxis angeführt werden, die zeigen, dass Kommunikation im Falle ihrer fehlerhaften Ausführung ein kritisches Thema oder Ereignis erst zu einer Krise im eigentlichen Sinne werden lässt bzw. eine Krise in ihrer negativen Wirkung erheblich verstärkt. Neben den schon erwähnten Vorfällen in den Atomkraftwerken Krümmel und Brunsbüttel seien zur Verdeutlichung der Relevanz dieses Themas drei weitere Beispiele in einer Auflistung des jeweils ursächlichen kommunikativen Fehlverhalten genannt:

- ein kommunikativer Auftritt der handelnden Personen, der von Arroganz oder Geringschätzung geprägt ist:

  Wolfgang Inhester, verantwortlich für die Produktkommunikation bei Daimler-Chrysler, sagte nach Veröffentlichung des als „Elchtest“ bekannt gewordenen Testberichtes zur

[199] vgl. Obermeier 1999, 132

Mercedes A-Klasse: „Der Vorstand hält es nicht für notwendig, ein offizielles Statement abzugeben, bloß weil irgendwo ein Auto umgekippt ist.“[200]

- kommunikative „Fehltritte“ in Form von unüberlegten Bemerkungen:

  Der Vorstandssprecher der Deutschen Bank, Hilmar Kopper, kommentierte am 21. April 1994 im Zuge der Schneider-Baulöwen-Affäre die offenen Handwerkerrechnungen in Höhe von 50 Mio. DM mit dem Satz: "Wir reden hier eigentlich von Peanuts."[201]

- missverständliche, uneindeutige Kommunikation:

  Als mehrere Tonnen eines gefährlichen Gasgemisches entweichen, lässt die Hoechst AG am 22. Februar 1993 mitteilen, der entwichene Stoff sei „mindergiftig“. Der aus einem DIN-Datenblatt entnommene Begriff bedeutet jedoch keinesfalls, wie der Laie vermuten könnte, „harmlos“, sondern lediglich „nicht sofort tödlich wirkend“. Gegen den Konzern werden in der Folge Vertuschungsvorwürfe erhoben.[202]

Weitere typische Fehler in kritischen Kommunikationssituationen bestehen unter anderem in einer fehlenden bzw. zu späten Kommunikation, in einer generellen Verleugnung, einer widersprüchlichen Kommunikation, in der Weitergabe falscher Informationen oder in einer unangebrachten Beschwichtigung.[203]

Neben generellen Fehlern im Umgang mit solchen Situationen bzw. in der entsprechenden Vorbereitung kommen hier zum Teil auch die im letzten Abschnitt erwähnten strukturell und individuell bedingten Probleme von Kommunikation zum Tragen. Da kritische Situationen in der Regel mit einer verstärkten Medienberichterstattung einhergehen, stehen die betroffenen Unternehmen unter einem hohen öffentlichen Druck. In Kombination mit dem solchen Situationen in der Regel ebenfalls innewohnenden Zeitdruck ergibt sich eine erhöhte Gefahr von Kommunikationsfehlern.[204]

Für eine Differenzierung kommunikativer Risiken, die von kritischen Situationen ausgehen, soll zwischen vier wesentlichen Auslösern solcher Situationen unterschieden werden:

- Störfällen/Unfällen, also dem Eintreten von Sicherheitsrisiken,
- Unternehmensentscheidungen, die bei Anspruchsgruppen auf Widerstand stoßen,
- kritischen Themen, die von außen durch öffentliche Thematisierung an das Unternehmen herangetragen werden (exogene Auslöser) und
- Konflikten, Verstößen, Gerüchten, Unzufriedenheiten usw. innerhalb des Unternehmens (endogene Auslöser).

Im Folgenden soll jeweils die kommunikative Dimension dieser Sachverhalte untersucht werden, um verschiedene Arten kommunikativer Risiken herauszuarbeiten.

---

[200] Müller 1998, 117
[201] Obertreis 2006
[202] vgl. Scharr 2006, 187 ff.
[203] vgl. Wiedemann 1994, 27
[204] vgl. Bruhn 2006, 3

4.2.2.1 Die kommunikative Dimension von Sicherheitsrisiken

Im Mittelpunkt der Betrachtung steht zunächst die kommunikative Dimension von Sicherheitsrisiken. Unter Sicherheitsrisiken werden Risiken verstanden, die sich im Falle ihres Eintritts nicht nur negativ auf die Ziele des Unternehmens auswirken, sondern auch die Gesundheit von Menschen bzw. die Natur gefährden können.[205] Im Wesentlichen werden darunter alle Arten von Stör- und Unfällen in technischen Anlagen subsumiert. Im Einzelnen fallen darunter aber auch Risiken, die sich aus Produktionsfehlern ergeben und deren Eintritt häufig von Rückrufaktionen begleitet wird. Ganz allgemein gesagt, handelt es sich also um Risiken, die in der Öffentlichkeit für Verunsicherung sorgen.

Aufgrund der unmittelbaren Betroffenheit der Unternehmensumwelt verfügen solche Risiken immer auch über eine kommunikative Dimension. Treten Sicherheitsrisiken ein, kann man im Sinne der unter 2.3.1 vorgestellten Definition meist von einem Notfall sprechen. Damit dieser sich nicht zu einer Krise ausweitet, muss das Vertrauen der Öffentlichkeit gewonnen werden. Dabei kommt der Kommunikation entscheidende Bedeutung zu.[206] Sie ist in einer solchen Situation äußerst risikobehaftet, da es vor dem Hintergrund der Gefährdung von Mensch und Natur auf „kommunikatives Fingerspitzengefühl" ankommt. Wenn hier Fehler begangen werden, hat das meist die unmittelbare Auslösung einer Krise zur Folge. Zum eigentlichen Sicherheitsrisiko hinzu kommt also in einer wirkungsbezogenen Betrachtung das kommunikative Risiko.

Auf die Kommunikation im Zusammenhang mit Sicherheitsrisiken wird im Abschnitt 5.4 näher eingegangen, denn sie ist als so genannte „Risikokommunikation" teilweise Bestandteil unternehmerischer Risikomanagementsysteme.

Der Schwerpunkt der Betrachtung soll an dieser Stelle auf den weiteren Auslösern kritischer Situationen liegen: unternehmerischen Entscheidungen, von außen an das Unternehmen herangetragenen Themen und internen Konflikten.

4.2.2.2 Die kommunikative Dimension von Unternehmensentscheidungen – entscheidungsbezogene kommunikative Risiken

Sämtliche Risiken, die unmittelbar an eine unternehmerische Entscheidung gekoppelt sind, werden allgemein als entscheidungsbezogene Risiken[207] bezeichnet. Es sind Aktionsrisiken,[208] denn sie werden mit dem Treffen einer Entscheidung bewusst eingegangen.

Entscheidungsbezogene kommunikative Risiken gehen von allen Unternehmensentscheidungen aus, die den Interessen und Erwartungen einzelner oder mehrerer Stakeholder zuwider

---

[205] vgl. Brühwiler 2007, 102
[206] Töpfer 2006, 359
[207] vgl. Wolf/Runzheimer 2003, 29, Kratzheller 1997, 17
[208] vgl. Haller 2004, 159, Kratzheller 1997, 20, vgl. Hribal 1999, 42, vgl. Beinert 2003, 27, vgl. Wolf/Runzheimer 2003, 42 f.

laufen. Wird eine solche Entscheidung getroffen, wird sie in der Öffentlichkeit zunächst kritisch wahrgenommen und diskutiert. Erfolgt dann die Kommunikation nicht angemessen, kann sich die kritische Wahrnehmung für das Unternehmen zu einer Krise auswachsen.

Dabei ist für eine negative Resonanz weniger die tatsächliche Verletzung von Interessen ausschlaggebend als vielmehr die subjektive Wahrnehmung der Unternehmensentscheidung durch die Anspruchsgruppen.[209] Infolge einer Entscheidung können sich auch neue Anspruchsgruppen formieren, die sich betroffen sehen. Der Betriebswirtschaftler Franz Liebl bringt es auf den Punkt: „Nicht ein objektiv legitimierbarer Anspruch [...], sondern die von der anderen Seite subjektiv wahrgenommene Interessenlage gibt den Ausschlag. [...] Stakeholder ist demnach, wer sich dafür hält [...].“[210]

Betrachtet wird also die kommunikativ-emotionale Dimension von ökonomischen Entscheidungen. Dass eine solche Betrachtung erforderlich ist, liegt in der unter 3.1 und 3.2 beschriebenen Entwicklung hin zu permanenter Öffentlichkeit und dem damit einhergehenden Legitimationsdruck begründet. Unternehmen sind, wie Alexander Müller-Vivil, der über kommunikationsintendierte Risikopolitik promovierte, zusammenfasst, „öffentlichen Diskursen über ihre Entscheidungen ausgesetzt. Sie müssen deshalb ihre Entscheidungen auch im Hinblick auf andere Ziele, Erwartungen oder Werte begründen oder legitimieren.“[211] Nur wenn Unternehmen sich dieser Entwicklung anpassen und die aus ökonomischer Sicht sinnvollen Argumente, die zu der Entscheidung geführt haben, mit den möglichen nicht-ökonomischer Argumenten verschiedener Stakeholder abgleichen, können langfristige ökonomische Nachteile vermieden werden.[212] Die Aufgabe, die Perspektive der Umwelt in den Managementprozess einzubringen, kommt im Wesentlichen der Unternehmenskommunikation, speziell den Public Relations, zu. Die entsprechenden Kommunikationsverantwortlichen müssen, um diese Aufgabe bewältigen zu können, *vor* den eigentlichen Handlungsentscheidungen in den Prozess einbezogen werden.[213]

Das folgende Beispiel der Kommunikationswissenschaftler Schmid und Lyczek verdeutlicht, wie ökonomische Entscheidungen mit symbolischen Wirkungen verknüpft sind und wie konkret damit umgegangen werden kann:

> „Die Maßnahmen des Handlungsmanagements weisen symbolische Bedeutungen auf, deren Chancen und Risiken bedacht werden müssen: Entscheidet sich die Privatkundenabteilung eines Bankhauses für die Ausgliederung von Privatkunden mit geringeren Vermögensbeständen, ist dies zunächst eine Entscheidung, die aus nicht-symbolischen Kosten-Nutzen-Erwägungen resultiert. Unter Umständen erzeugt jedoch die kommunikative, symbolische Ebene einer solchen Entscheidung des Handlungsmanagements Reputati-

---

[209] vgl. Schmid/Lyczek 2006, 72, vgl. dazu auch die angloamerikanische Diskussion zum Reputation Management: „An important factor in looking at risks to reputation is that it is as much a matter of perception as it is of real events.“ (Green 1992, 5)
[210] Liebl 1996, 105
[211] Müller-Vivil 2000, 65, vgl. auch Helbig 2005, 40
[212] vgl. Liebl 1996, 102, vgl. Deekeling/Arndt 2007, 20
[213] vgl. Schmid/Lyczek 2006, 110

> onskosten, die in ihrer Höhe das ursprüngliche nicht-symbolische Einsparpotenzial übersteigen. Diese Reflexion der symbolischen Ebene der kommunikativen Risiken (und Chancen) des Handlungsmanagements ist durch das Kommunikationsmanagement zu leisten.“[214]

Es wird also hier soweit gegangen, dass eine Abwägung zwischen der durch die entsprechende Maßnahme zu realisierenden Kostenersparnis und den möglicherweise entstehenden Reputationskosten gefordert wird. Reputationskosten können konkret dadurch entstehen, dass infolge des eventuell beschädigten Ansehens in der Öffentlichkeit der Unternehmenswert sinkt und neue Mittel in den Wiederaufbau investiert werden müssen. Auch wenn dieser Forderung nach Einbeziehung der Reputationskosten durch die noch zu beschreibenden Schwierigkeiten bei der Quantifizierung von immateriellen Vermögenswerten in der Praxis nicht so einfach nachzukommen ist, enthält sie doch eine wesentliche Feststellung: Unternehmensentscheidungen, deren symbolische kommunikative Dimension nicht berücksichtigt wird, können massive ökonomische Auswirkungen nach sich ziehen, die es in einigen Fällen sogar erforderlich machen, auf eine bei primärer Betrachtung durchaus sinnvolle Entscheidung zu verzichten.[215]

Die beschriebene Abschätzung möglicher kommunikativer Folgen einer unternehmerischen Entscheidung kann in einem theoretischen Rahmen wie folgt beschrieben werden: Jedes kommunikative Risiko hat im Prinzip zwei Phasen, eine latente und eine manifeste.[216] In der latenten Phase sind die auslösende Entscheidung oder das entsprechende kritische Thema einzelnen Personen oder Gruppen innerhalb des Unternehmens bekannt. Man könnte hier auch von der „Inkubationsphase“[217] sprechen. Die Entscheidung ist noch nicht an die Öffentlichkeit gelangt. Das heißt, es besteht noch die Möglichkeit, Vorkehrungen zu treffen bzw. an der Entscheidung selbst etwas zu ändern, um ein kommunikatives Problem zu verhindern. Mit dem Öffentlichwerden der Entscheidung beginnt die manifeste Phase des kommunikativen Risikos. Will das Unternehmen die Situation jetzt noch zum Guten wenden, also die Etablierung einer Krise verhindern, ist dies in der Regel mit größerem Aufwand verbunden. Das Unternehmen steht unter dem Druck öffentlicher Beobachtung und muss vor diesem Hintergrund seine Handlungsfähigkeit und Kompetenz unter Beweis stellen.[218] Gelingt dies, kann der krisenhaften Situation auch der Aspekt einer Chance abgewonnen werden. Voraussetzung ist aber in jedem Fall eine umfassende kommunikative Vorbereitung solcher kritischen Situationen. Diese Überlegungen werden im sechsten Kapitel im Rahmen der Ausführungen zur Behandlung kommunikativer Risiken innerhalb des betrieblichen Risikomanagements weiter vertieft.

---

[214] ebenda
[215] vgl. auch Green 1992, 49 f.
[216] vgl. Obermeier 1999, 183
[217] ebenda
[218] vgl. Töpfer 2006, 356 f.

Abschließend sei noch gesagt, dass unternehmerisches Handeln und Entscheiden im Zuge der Berücksichtigung kommunikativer Risiken dennoch nicht zu einem reinen „Impression Management“[219] ausarten darf, in der Form, dass der Symbolik mehr Bedeutung zugewiesen wird als den Handlungen selbst. Auf diesen Umstand wird im Übrigen auch im Rahmen der angloamerikanischen Auseinandersetzung zum Reputation Management hingewiesen:

> „Managing reputation is more than just an exercise in spin. Spin doctoring is a process of putting a good face on unacceptable facts, whereas managing reputation is a process of ensuring the facts are themselves acceptable.”[220]

Im Sinne einer ganzheitlichen Betrachtung gilt es, Reputation nicht nur durch Kommunikation in Form von „leeren Worthülsen“ aufbauen zu wollen, sondern in allen Bereichen auch entsprechend zu entscheiden und zu handeln.

4.2.2.3 Die kommunikative Dimension externer Entwicklungen und Thematisierungen – exogene kommunikative Risiken

Von den entscheidungsbezogenen kommunikativen Risiken sind jene Risiken zu unterscheiden, die dadurch entstehen, dass ein kritisches Thema von außen an das zunächst noch passive Unternehmen herangetragen wird. Diese sollen als exogene kommunikative Risiken bezeichnet werden. Das Unternehmen sieht sich öffentlich mit einem kritischen Thema konfrontiert und muss kommunikativ so reagieren, dass die Situation „entschärft“ wird, das heißt, dass aufgebaute Erwartungshaltungen erfüllt werden. Erfolgt die Kommunikation unangemessen, kann sich die Situation in einer Krise manifestieren.

Kommunikative Risiken, die sich aus der Themenentwicklung in der Unternehmensumwelt ergeben, spielen heute eine entscheidende Rolle. Dieser Eindruck konnte nicht nur aus den Leitfadengesprächen gewonnen werden, sondern findet sich auch in der theoretischen Auseinandersetzung bestätigt. Hier werden Kommunikationsprozesse, die das Unternehmen betreffen, aber nicht von diesem ausgehen, intensiv thematisiert. Die im Zusammenhang mit entscheidungsbezogenen kommunikativen Risiken bereits zitierten Kommunikationswissenschaftler Schmid und Lyczek gehen sogar davon aus, dass die wenigsten Kommunikationsaktivitäten direkt durch das Unternehmen gesteuert werden können:

> „Die Unternehmung ist nur in einem Teil der sie betreffenden Kommunikationsprozesse direkter Kommunikationspartner, Autor, Sender oder Vermittler der Information. Der überwiegende Teil der Kommunikationsprozesse kann durch das Unternehmen nur indirekt beeinflusst oder gar nicht kontrolliert werden.“[221]

Ziel der Unternehmenskommunikation muss es sein, solche durch Dritte angestoßenen Kommunikationsprozesse frühzeitig zu erkennen, um mögliche Reaktionen und weitere Maßnah-

---

[219] Schmid/Lyczek 2006, 114
[220] Elsevier Ltd (Hrsg.) 2005, 2
[221] Schmid/Lyczek 2006, 87

men planen und umsetzen zu können.[222] Natürlich sind dabei nicht alle externen Kommunikationsprozesse, die das Unternehmen betreffen, auch mit kommunikativen Risiken verbunden. Vielmehr müssen Kriterien festgelegt werden, wann ein in der Öffentlichkeit diskutiertes Thema für das Unternehmen als kommunikativ risikobehaftet einzustufen ist. Diese Kriterien sollen in Anlehnung an die eingangs beschriebenen Merkmale eines Issues bestimmt werden.[223] Es sind jedoch einige Konkretisierungen erforderlich, da ein Issue an sich wertneutral ist, das heißt, es kann sowohl für ein Risiko als auch für eine Chance stehen.[224] Folgende Merkmale muss ein externes Kommunikationsereignis demnach grundlegend erfüllen, um für das Unternehmen aus kommunikativer Sicht mit Risiken verbunden zu sein:

- Öffentlichkeit: Das entsprechende Thema wird bzw. könnte in der Zukunft öffentlich diskutiert werden. Es stößt auf breites öffentliches Interesse.
- Relevanz: Das Unternehmen ist potenziell oder tatsächlich vom Thema betroffen.
- Negativpotenzial: Das Thema ist für das Unternehmen vorwiegend negativ besetzt. Es werden indirekt oder direkt Forderungen an das Unternehmen gestellt, die dessen Bestreben widersprechen bzw. es werden Vorwürfe gegen das Unternehmen erhoben.

Bei der Identifikation eines kommunikativen Risikos in Verbindung mit einer öffentlichen Thematisierung geht es also im Wesentlichen darum, die Erwartungshaltungen der Gesellschaft in Bezug auf ein konkretes Thema möglichst frühzeitig zu antizipieren. Wenn bekannt ist, welche Vorstellungen einzelne gesellschaftliche Gruppen mit einem Issue verbinden und welche Anforderungen sich daraus konkret für das Unternehmen ergeben, kann ein mögliches Konfliktpotenzial frühzeitig abgeschätzt werden.

Vor diesem Hintergrund scheint es sinnvoll, Thematisierungen, die von der Unternehmensumwelt ausgehen, hinsichtlich des von ihnen induzierten Handlungsdrucks zu systematisieren.[225] Öffentliche Kommunikationsereignisse, die das Unternehmen direkt thematisieren, sind mit einer unmittelbaren Erwartungshaltung und einem hohen Handlungsdruck verbunden (siehe Abbildung 4). Je weiter das Kommunikationsereignis thematisch vom Unternehmen entfernt ist, etwa indem zunächst nur ein Wettbewerber oder die Branche allgemein thematisiert werden, desto weniger konkret ist die Erwartungshaltung an das Unternehmen und desto geringer ist der unmittelbare Handlungsdruck.

Abbildung 4: Zusammenhang zwischen Thematisierungsbereich und Handlungsdruck (in Anlehnung an Eisenegger 2005, 133)

[222] vgl. Schmid/Lyczek 2006, 90
[223] zu den Merkmalen eines Issues vgl. Ingenhoff/Röttger 2006, 324 f., vgl. Eisenegger 2005, 115 f.
[224] vgl. Liebl 1996, 19, vgl. Krystek/Müller-Stewens 1993, 31
[225] vgl. Eisenegger 2005, 133 f.

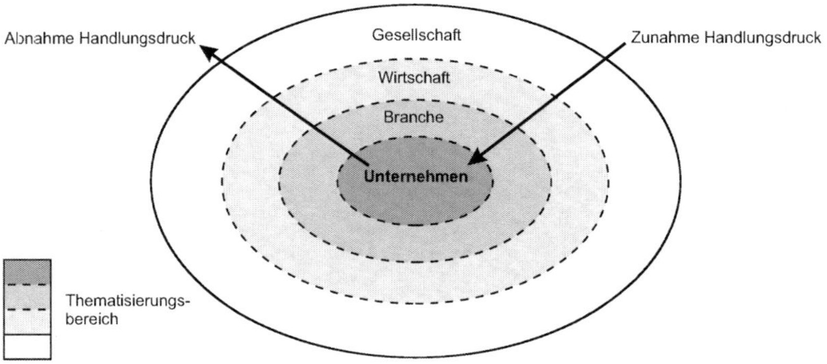

Solange das Unternehmen noch nicht direkt thematisiert wird, besteht die Möglichkeit zu proaktivem Handeln. Das entsprechende Thema kann unter Umständen durch zielgerichtete Kommunikation schon frühzeitig positiv besetzt werden.

Wesentlich für die Beurteilung des unternehmerischen Handlungsspielraums ist auch der Grad der Etablierung des Themas in der öffentlichen Diskussion. In der Literatur wird in diesem Zusammenhang häufig der Issue Lebenszyklus angeführt.[226] Dabei wird idealtypischerweise davon ausgegangen, dass ein Thema in der öffentlichen Diskussion verschiedene Phasen durchläuft. Abbildung 5 zeigt beispielhaft den Verlauf eines solchen Zyklus. Je weiter fortgeschritten die Etablierung eines Themas ist, je mehr Akteure also öffentlich darüber kommunizieren und je intensiver und hintergründiger diese Thematisierung erfolgt, desto geringer ist der Handlungsspielraum des Unternehmens.

---

[226] vgl. Herger 2004, 297, vgl. Ingenhoff/Röttger 2006, 326, vgl. Hribal 1999, 111

Abbildung 5: Issue-Lebenszyklus und Handlungsspielraum des Unternehmens (eigene Darstellung in Anlehnung an Herger 2004, 297 und Liebl 1996, 9)

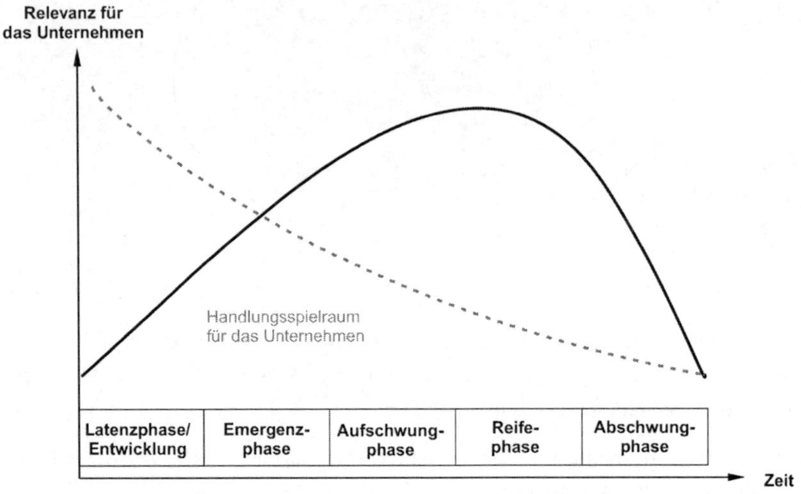

Es muss jedoch angemerkt werden, dass dieser Lebenszyklus in der Praxis kaum für die Vorhersage geeignet ist, da ein Thema nicht zwangsläufig alle Phasen durchlaufen muss, sondern sich beispielsweise auch sprunghaft entwickeln kann. Der vollkommene Verlauf der Etablierung eines Issues in der öffentlichen Kommunikation kann häufig nur in der ex-post Perspektive rekonstruiert werden, also wenn schon bekannt ist, wie der Endpunkt der Entwicklung aussieht.[227]

Die öffentliche Wahrnehmung eines Unternehmens unterliegt einer großen Dynamik. Am Verhalten des Unternehmens selbst, so eine Anregung im Rahmen der Leitfadengespräche, muss sich gar nichts ändern, um sich in der Öffentlichkeit plötzlich Vorwürfen gegenüberzusehen:

> „Es ist so, dass ein Teil der Krisen natürlich von außen herangetragen wird, indem […] Dinge umbewertet werden, indem plötzlich etwas als krisenhaft oder Skandal [dargestellt wird], ein Thema skandalisiert wird, das vorher eben nicht skandalisiert war. Das heißt, […] das Verhalten eines Unternehmens ändert sich nicht, aber es ändert sich die Wahrnehmung durch die Teilöffentlichkeiten.“[228]

---

[227] vgl. Ingenhoff/Röttger 2006, 325
[228] telefonisches Leitfadengespräch mit einem Kommunikationsverantwortlichen eines Unternehmens aus dem Bereich Chemie am 15.06.2007

Solche Veränderungen in der öffentlichen Wahrnehmung lassen sich unter anderem aus der Themenentwicklung und Themenbewertung in den Massenmedien ablesen. Wie unter 3.2 schon festgestellt wurde, stellen die Massenmedien heute die Verständigungsbasis weiter Teile der Gesellschaft dar. Dennoch darf die Identifikation kommunikativ risikobehafteter Themen nicht allein auf die Massenmedien beschränkt werden. Vielmehr verbergen sich hinter den in den Medien verbreiteten Themen in der Regel die Interessen und Anliegen extramedialer Anspruchsgruppen. Durch eine gezielte Beobachtung und Analyse dieser Stakeholder kann das Unternehmen daher kritische Themen schon vor ihrer Thematisierung in den Massenmedien erkennen. Dieser Umstand wird in Kapitel sechs, wenn es um Möglichkeiten zur Identifikation kommunikativer Risiken geht, nochmals eine Rolle spielen.

Mit Bezug auf die bereits vorgestellten Arten kommunikativer Risiken kann abschließend zu exogenen kommunikativen Risiken festgehalten werden, dass diese nicht vollkommen losgelöst von den entscheidungsbezogenen Risiken betrachtet werden können. Zum einen kann das Unternehmen durch seine Entscheidungen und sein kommunikatives Verhalten die Issues-Konstitution und damit die exogene kommunikative Risikolage wenigstens in Teilen mitgestalten. Zum anderen hängt es bei umgekehrter Betrachtung eben auch von der derzeitigen öffentlichen Themenkonstitution ab, ob eine Unternehmensentscheidung mit einem kommunikativen Risiko verbunden ist oder nicht. So wird beispielsweise in einer positiven wirtschaftlichen Lage die Erhöhung von Managergehältern weniger negative Reaktionen hervorrufen als in Zeiten, in denen allerorts gespart wird und Mitarbeiter entlassen werden.

4.2.2.4 Die kommunikative Dimension interner Konflikte und Vorgänge – endogene kommunikative Risiken

Nach der Betrachtung der kommunikativen Dimension von Sicherheitsrisiken, von unternehmerischen Entscheidungen und von exogen an das Unternehmen herangetragenen Themen soll die kommunikative Risikobehaftung jener kritischen Sachverhalte untersucht werden, die sich aus internen Faktoren ergeben. Beschrieben werden also endogene kommunikative Risiken.

Probleme oder Konflikte, die innerhalb eines Unternehmens auftreten, entwickeln Relevanz im Sinne der Betrachtung kommunikativer Risiken, wenn die Möglichkeit besteht, dass sie externe Wirkungen entfalten, das heißt, öffentlich thematisiert und diskutiert werden. Ist dies der Fall, muss sich das Unternehmen nicht nur intern mit dem entsprechenden Problem auseinandersetzen, sondern sieht sich zusätzlich mit Erwartungshaltungen und Forderungen von außen konfrontiert, die es kommunikativ zu bewältigen hat. Wenn die Kommunikation in einem solchen Fall fehlerhaft erfolgt, kann die jeweils kritische Situation in ihrer negativen Wirkung verstärkt werden.

Folgende interne Sachverhalte können beispielsweise Auslöser einer solchen kritischen Situation sein:

- Konflikte zwischen Unternehmensführung und Belegschaft (z.B. Tarifstreit, Widerstand gegen Werksschließung),
- andere Konflikte zwischen einzelnen Personen oder Gruppen innerhalb des Unternehmens (z.B. Streit um Führungsfragen),
- ethisch-moralisches Fehlverhalten einzelner Mitarbeiter (z.B. Korruption),
- Unzufriedenheit in der Belegschaft und
- Gerüchte.

Besonders an Vorgängen, die der Kategorie Korruption zuzuordnen sind, konnte in der Vergangenheit beobachtet werden, wie kommunikativ risikobehaftet aus endogenen Faktoren resultierende Sachverhalte sein können. So zeigt etwa das Beispiel Siemens, wo nach dem Bekanntwerden von Korruptionsfällen in den Jahren 2006 und 2007 immer wieder versucht wurde, diese herunterzuspielen, dass fehlerhafte Kommunikation in einem solchen Fall zu einer Verstärkung der ohnehin kritischen öffentlichen Wahrnehmung beitragen kann. Das Manager Magazin attestierte Siemens „ein Kommunikationsdebakel, wie es die deutsche Wirtschaft selten erlebt hat.“[229]

Neben Fällen ethisch-moralischen Fehlverhaltens sind es häufig von öffentlichkeitswirksamen Streiks begleitete Tarifauseinandersetzungen, welche Unternehmen vor kommunikative Herausforderungen stellen. Man denke hier nur an die umfangreichen Arbeitsniederlegungen bei Telekom und Bahn im Jahr 2007.

Allein diese Beispiele zeigen, wie verschiedenartig endogene Auslöser kritischer Situationen sein können. Zu ihrer systematischen Betrachtung sind Aspekte der Mitarbeiter-Führung und Compliance-Regelungen[230] ebenso so zu berücksichtigen wie eine funktionierende interne Kommunikation, welche Unzufriedenheiten oder Gerüchten entgegenwirkt. Eine umfassende Darstellung wird in der Arbeit nicht zu erreichen sein. Der Schwerpunkt liegt vielmehr auf der Beschreibung externer kommunikativer Konsequenzen dieser Sachverhalte. Organisatorische, rechtliche und moralische Aspekte der Bewältigung endogener Krisenauslöser werden in Kapitel sechs, wenn es um die Identifikations- und Behandlungsmöglichkeiten kommunikativer Risiken geht, nur am Rande erwähnt.

Die folgende Abbildung gibt einen zusammenfassenden Überblick zu allen in den letzten Abschnitten vorgestellten Arten kommunikativer Risiken.

---

[229] Noé/Schwarzer 2007, 41

[230] Unter dem Begriff „Compliance“ werden im Zusammenhang mit Unternehmensführung alle verantwortungsbewussten Maßnahmen zusammengefasst, die darauf abzielen, dass im Unternehmen gesetzlich auferlegte oder freiwillig eingegangene normative oder moralisch-ethische Verpflichtungen eingehalten werden. (vgl. beispielhaft „Programm für gesetzmäßiges und verantwortungsbewusstes Handeln“ der Bayer AG, Bayer AG 2004)

Abbildung 6: Zusammenfassung: Arten kommunikativer Risiken

4.3 Kommunikative Risiken in der Unternehmenspraxis

Abschließend soll zur Beschreibung kommunikativer Risiken auf die Sicht der Praxis eingegangen werden, wie sie sich in den Leitfadengesprächen gezeigt hat.

Die Problematik kommunikativer Risiken stößt in der Praxis durchaus auf Interesse und wird von den Kommunikationsverantwortlichen als wichtig eingeschätzt. Zugleich zeigt sich aber bereits im primären Begriffsverständnis die volle Komplexität des Themas, wie einige Zitate verdeutlichen:

> „Kommunikative Risiken sind Risiken, die für das Unternehmen oder den Unternehmenswert oder den Wert der Marken, die wir haben, entstehen durch mögliches kommunikatives Fehlverhalten oder kommunikatives Nichtverhalten, also Nichtreagieren."[231]

> „Ein kommunikatives Risiko ist für mich ein Thema, das entweder über gesellschaftliche Entwicklungen oder wissenschaftliche Forschungen entsteht, das den Geschäftstätigkeiten eines Unternehmens konträr läuft und unter Umständen zu einer Problematik werden könnte."[232]

> „Rein von der Semantik des Wortes her kann man das sicherlich zweiteilen. Es muss zum einen etwas mit Kommunikation zu tun haben [...] und es muss etwas mit einem Risiko zu tun haben. Es ist also etwas, das eine unsichere Eintrittswahrscheinlichkeit hat. [...] Das ganze Thema ist sicherlich dann auch noch mit der Menge von Menschen in Ein-

[231] telefonisches Leitfadengespräch mit einem Kommunikationsverantwortlichen eines Unternehmens aus dem Bereich Konsumgüter am 01.06.2007, vgl. sinngemäß auch telefonisches Leitfadengespräch mit einem Kommunikationsverantwortlichen eines Unternehmens aus dem Bereich Kommunikationstechnik am 30.05.2007, vgl. sinngemäß ebenfalls telefonisches Leitfadengespräch mit einem Kommunikationsverantwortlichen eines Unternehmens aus dem Bereich der Automobilindustrie am 31.05.2007

[232] telefonisches Leitfadengespräch mit einem Kommunikationsverantwortlichen eines Unternehmens aus dem Bereich Telekommunikation (Dienstleistung) am 06.06.2007

> klang zu bringen. Das heißt, man muss sich fragen: Gibt es ein einzelnes kommunikatives Risiko um eine konkrete Person oder entsteht dieses um ein ganzes Team […]?“[233]

Daneben wird kommunikatives Risiko in der Praxis auch als der Gegenpart einer kommunikativen Chance verstanden, vor allem in dem Sinne, dass es für ein Unternehmen mit Risiken und Chancen verbunden sein kann, sich in einer öffentlichen Debatte zu Wort zu melden.[234]

Obwohl alle Befragten mit dem Begriff des kommunikativen Risikos umzugehen wussten, konnte jedoch auch festgestellt werden, dass die Betrachtung in den Unternehmen selten direkt unter diesem Begriff erfolgt. Viel gängiger sind Formulierungen wie „kritisches Issue“ oder „potenzielle Krise“. Allgemein, so der Eindruck, wird der theoretischen Abgrenzung einzelner Begriffe in der Praxis wenig Bedeutung zugemessen. Da dieser Umstand jedoch auch während der Gespräche zu Missverständnissen führte und nicht auszuschließen ist, dass es auch innerhalb des Unternehmens zu diesbezüglichen Verständigungsproblemen kommen könnte, scheint es angemessen, auch in der Praxis eine schärfere Angrenzung und Systematisierung der Begriffe durchzusetzen.

Wie bereits angedeutet, muss zumindest bei den Kommunikationsverantwortlichen keine Überzeugungsarbeit mehr geleistet werden hinsichtlich der Relevanz kommunikativer Risiken. In Unternehmen, die sich wesentlich über ihre Marken definieren und einer wertorientierten Unternehmensführung folgen, ist die bedeutende Rolle der Kommunikation und die Gefahr kommunikativer Risiken für den Unternehmenserfolg weitgehend anerkannt. Der Markenwert wird als vom Image und von der Reputation abhängige Größe gesehen, sodass sich ein Image- oder ein Reputationsschaden immer entsprechend auf den Markenwert auswirke. Daneben sehen alle Befragten, wie die folgende Aussage stellvertretend zeigen soll, einen Absatzrückgang oder einen Produkt-Boykott als die größte Gefahr, die von einem eingetretenen kommunikativen Risiko ausgehen kann:

> „Ein Kommunikationsproblem […] kann automatisch zu einem Imageproblem für ein Unternehmen werden. Das Image eines Unternehmens ist wiederum wichtig für den Produktabsatz […]. Je nachdem wie groß das Kommunikationsproblem ist und wie groß der nachhaltige Schaden für das Image bzw. den Ruf des Unternehmens ist, können die Folgen bis zu einem Produkt-Boykott oder einer ethischen Diskussion über die Aktivitäten des Unternehmens reichen.“[235]

Als äußerste Auswirkung eines kommunikativen Risikos wird sogar auf die Möglichkeit einer Bestandsgefährdung des Unternehmens hingewiesen:

---

[233] telefonisches Leitfadengespräch mit einem Kommunikationsverantwortlichen eines Unternehmens aus dem Bereich Maschinenbau am 05.06.2007

[234] vgl. telefonisches Leitfadengespräch mit einem Kommunikationsverantwortlichen eines Unternehmens aus dem Bereich Konsumgüter am 25.05.2007

[235] telefonisches Leitfadengespräch mit einem Kommunikationsverantwortlichen eines Unternehmens aus dem Bereich der Telekommunikation (Dienstleistung) am 06.06.2007

> „Das sind Dinge, die das Image bzw. die Reputation bis hin zum Bestand eines Unternehmens gefährden können – und zwar in kurzer Zeit sehr massiv.“[236]

Das Bewusstsein für die Bedeutung von Image und Reputation ist im Übrigen auch in jenen befragten Unternehmen ausgeprägt, die primär im Bereich Business-to-Business tätig sind.[237] Hier wurde jedoch verstärkt auch auf die Bedeutung der Kapitalmarktkommunikation hingewiesen.

Der erfolgreiche und effiziente Umgang mit Kommunikation und kommunikativen Risiken ist nicht von den Kommunikationsfachleuten allein zu verantworten. Vielmehr scheint es den Befragten wichtig, dass diese Aufgabe vom alles Unternehmensangehörigen anerkannt und mitgetragen wird:

> „Der [Umgang mit kommunikativen Risiken, Anm. d. Verf.] hängt von der jeweiligen Sensibilität leitender Manager ab. Es gibt welche, die sind da, auch, weil sie bisher mit so etwas noch keine Erfahrung haben, eher unsensibel. Wenn sie das erste Mal eine solche Erfahrung machen, dann werden sie komplett sensibel sein. Das hängt oft von der Unternehmensleitung ab [...]. Aber das ist bei uns schon relativ hoch aufgehängt und es gibt bei einem Automobilhersteller eine sehr große Sensibilität in der Richtung.“[238]

Ein anderer Kommunikationsexperte sieht konkrete Probleme, die sich auf Gesamtunternehmensebene daraus ergeben, dass diese Sensibilität eben nicht in allen Bereichen gleich stark ausgeprägt ist:

> „Wir haben damit zu kämpfen, dass teilweise die Nicht-Kommunikationsfachleute schwer einschätzen können, wie es funktioniert, dass von jetzt auf gleich ein Imageschaden entsteht. [...] Während die Juristen eher sagen: ‚richtig oder falsch‘, ‚schwarz oder weiß‘ oder ‚wir haben recht‘ oder ‚der Konsument hat recht‘, haben wir natürlich immer eine andere Sichtweise. In der Kommunikation gibt es in den seltensten Fällen schwarz und weiß, sondern es gibt oftmals einen Mittelweg bzw. man muss einen Konsens finden. Auch wenn man im Recht ist, kann man möglicherweise Risiken nicht ausschließen, dass Medien sich eher auf eine schöne Geschichte stürzen und nicht auf die Tatsche, war sie richtig oder falsch. Möglicherweise ist ‚richtig‘ ja nicht die schöne Geschichte.“[239]

Die weitere Auswertung der Leitfadengespräche, vor allem hinsichtlich der Erkenntnisse zum konkreten organisatorischen und inhaltlichen Umgang mit kommunikativen Risiken in den Unternehmen, erfolgt im Abschnitt 5.7.

---

[236] vgl. telefonisches Leitfadengespräch mit einem Kommunikationsverantwortlichen eines Unternehmens aus dem Bereich Chemie am 15.06.2007

[237] vgl. telefonisches Leitfadengespräch mit einem Kommunikationsverantwortlichen eines Unternehmens aus dem Bereich Kommunikationstechnik am 30.05.2007 und vgl. telefonisches Leitfadengespräch mit einem Kommunikationsverantwortlichen eines Unternehmens aus dem Bereich Maschinenbau am 05.06.2007

[238] telefonisches Leitfadengespräch mit einem Kommunikationsverantwortlichen eines Unternehmens aus dem Bereich der Automobilindustrie am 31.05.2007

[239] telefonisches Leitfadengespräch mit einem Kommunikationsverantwortlichen eines Unternehmens aus dem Bereich Konsumgüter am 01.06.2007

4.4 Zwischenfazit: Kommunikation in der Risikobetrachtung

Bevor näher auf die „Werkzeuge“ zum Umgang mit Risiken und Krisen eingegangen wird, werden die wesentlichen Erkenntnisse der ersten vier Kapitel zusammengefasst:

Im Mittelpunkt standen zunächst die Definition und Systematisierung der Begriffe „Risiko“ und „Krise“, wobei realisierte Risiken als Ursachen für Krisen verstanden wurden. Anschließend wurden beide Begriffe auf den Sachverhalt der Kommunikation übertragen. Dabei konnte festgestellt werden, dass Kommunikation in zwei Dimensionen in die Risikobetrachtung Eingang finden muss: Sie kann im Falle ihrer fehlerhaften Ausführung ursächlich für die Auslösung einer Krise sein, selbst, wenn der Gegenstand der Kommunikation ursprünglich nicht kritisch ist. Kommunikation ist jedoch auch in der Metabetrachtung einer Krisenursache relevant, und zwar dann, wenn ihre fehlerhafte Ausführung dazu führt, dass für das Unternehmen ohnehin kritische Sachverhalte in ihrer negativen öffentlichen Wirkung verstärkt werden.

Im Rahmen einer Schilderung der ökonomischen und gesellschaftlichen Rahmenbedingungen wurde im Weiteren deutlich, dass kommunikative Vorgänge und damit verbundene Risiken für Unternehmen heute vor dem Hintergrund einer wachsenden gesellschaftlichen Erwartungshaltung und einem gestiegenen Legitimationsdruck von entscheidender Bedeutung sind.

Unter Zuhilfenahme der erläuterten Dimensionen wurden daraufhin verschiedene Arten kommunikativer Risiken erarbeitet. Im Wesentlichen ist in der ursachenbezogenen Betrachtung zu unterscheiden zwischen strukturell-kulturell und individuell bedingten kommunikativen Handlungsrisiken. In der wirkungsbezogenen Betrachtung, also im Sinne einer Verschärfung der öffentlich negativen Wirkung, treten kommunikative Risiken auf im Zusammenhang mit:

- Sicherheitsrisiken,
- Unternehmensentscheidungen (entscheidungsbezogene kommunikative Risiken),
- externen Entwicklungen und Thematisierungen (exogene kommunikative Risiken) und
- internen Konflikten und Vorgängen (endogene kommunikative Risiken).

Ein Blick auf die Praxis hat gezeigt, dass Kommunikationsverantwortliche zwar mit dem Begriff des kommunikativen Risikos umzugehen wissen und die zugrunde liegenden Sachverhalte als äußerst relevant empfinden, es jedoch an einer klaren Systematisierung und Abgrenzung fehlt. In diesem Sinne kann die hier vorgestellte Einteilung und Definition kommunikativer Risiken als erster Schritt einer Fortentwicklung verstanden werden.

Aufgabe der weiteren Arbeit wird es sein, die erarbeiteten Formen kommunikativer Risiken in die systematische unternehmerische Risikobetrachtung zu integrieren.

5 Das Werkzeug: Unternehmerisches Risiko- und Krisenmanagement

In diesem Kapitel werden mit Risiko- und Krisenmanagementsystemen die „Werkzeuge" zur systematischen Beobachtung und Behandlung von Risiken und Krisen vorgestellt. Ziel ist es auch, Schnittstellen zwischen Risiko- und Krisenmanagementsystemen aufzuzeigen und für eine systematische Betrachtung kommunikativer Risiken zu instrumentalisieren.

5.1 KonTraG – der rechtliche Rahmen

Die wesentlichen Impulse für die Einrichtung eines unternehmerischen Risikomanagements in deutschen Unternehmen gehen vom Gesetz zur Kontrolle und Transparenz im Unternehmensbereich, kurz KonTraG, aus. Das Gesetz trat am 1. Mai 1998 in Kraft.[240]

Wie es in der Begründung zum Gesetzentwurf heißt, will man mit dem Gesetz auf die Internationalisierung des Kapitalmarktes und die zunehmende Ausrichtung der Unternehmensstrategien an den Anlegern reagieren.[241] Konkret sieht das Gesetz dafür Änderungen im Aktien-, Handels-, Publizitäts- und Genossenschaftsgesetz vor. Wesentlich im Sinne dieser Arbeit sind jedoch nur die Inhalte, die sich auf die Kontrolle und die Transparenz von unternehmerischen Risiken beziehen. Die dafür wichtigste Regelung findet sich im Art. 1 Abs. 9.c KonTraG. Dieser Absatz ergänzt den Wortlaut des § 91 AktG um folgenden Passus:

> „Der Vorstand hat geeignete Maßnahmen zu treffen, insbesondere ein Überwachungssystem einzurichten, damit den Fortbestand der Gesellschaft gefährdende Entwicklungen früh erkannt werden."

Mit der Veröffentlichung des Gesetzes ist eine Diskussion darüber entbrannt, ob mit dieser Forderung nach einem „Überwachungssystem" tatsächlich ein Risikomanagementsystem gemeint ist oder ob es sich vielmehr nur um die Forderung nach der Einrichtung eines Frühwarnsystems handelt. Aus dem Wortlaut der Gesetzesbegründung, in welcher im Unterschied zum eigentlichen Gesetzestext eindeutig von „Risikomanagement"[242] die Rede ist, kann jedoch abgeleitet werden, dass der Vorstand nicht nur ein Früherkennungssystem einzurichten hat, sondern tatsächlich auch verpflichtet wird die entsprechenden risikobewältigenden Maßnahmen zu treffen.[243] Die konkrete Ausgestaltung des entsprechenden Systems überlässt der

---

[240] vgl. Weber/Weißenberger/Liekweg 1999, 9, vgl. Wolf/Runzheimer 2003, 21, Veröffentlichung im Bundesgesetzblatt Teil I, Nr. 24 vom 30. April 1998, S. 786–794

[241] vgl. Gesetzentwurf der Bundesregierung vom 07.11.1997, 24 In der Literatur wird auch davon ausgegangen, dass mit dem Gesetz auf eine steigende Zahl von Unternehmenskrisen reagiert werden soll. (vgl. Wolf/Runzheimer 2003, 21, vgl. Brühwiler 2007, 39)

[242] Gesetzentwurf der Bundesregierung vom 07.11.1997, 36 Es wird in diesem Zusammenhang auch auf die allgemeine Leitungsaufgabe des Vorstandes aus §76 AktG verwiesen.

[243] Gaenslen 2006, 61

Gesetzgeber allerdings, um nicht zu tief in die unternehmerische Freiheit einzugreifen, bewusst den Unternehmen.[244]

In der Literatur wird außerdem davon ausgegangen, dass innerhalb dieses Risikomanagementsystems nicht – wie sich aus der Formulierung des § 91 Abs. 2 AktG zunächst vermuten lässt – nur bestandsgefährdende Risiken erfasst und behandelt werden müssen, sondern eine systematische Risikobehandlung vielmehr die Identifikation sämtlicher Risiken im Unternehmen voraussetzt.[245]

Weitere Diskussionen resultieren aus der Frage, ob es ein solches System nur für Aktiengesellschaften einzurichten gilt oder ob auch andere Unternehmensformen davon betroffen sind. Hier kann aus der Begründung zum Gesetzentwurf geschlossen werden, dass der Gesetzgeber davon ausgeht, dass das KonTraG auf GmbHs mit entsprechender Größe Ausstrahlungswirkung haben wird, auch wenn diese im Gesetzestext nicht explizit erfasst sind.[246]

Neben der Verpflichtung zur Einrichtung eines Risikomanagementsystems enthält das KonTraG weitere Regelungen, die sich auf den Umgang mit unternehmerischen Risiken beziehen. So ist im Rahmen der Abschlussprüfung durch den Abschlussprüfer die Existenz eines entsprechenden Systems festzustellen und im Bestätigungsvermerk auf dessen Eignung zur Erfüllung der gestellten Anforderungen einzugehen.[247] Weiterhin müssen die erfassten Risiken im Konzernlagebericht veröffentlicht werden.[248] Der Abschlussprüfer muss dabei die zutreffende Darstellung ebenfalls prüfen.[249]

Das Gesetz zur Kontrolle und Transparenz im Unternehmensbereich reiht sich in eine Reihe von Vorschriften ein, die in Deutschland im Zuge der Verbesserung der Corporate Governance Regelungen getroffen wurden. Es hat dazu beigetragen, dass Risikomanagement und Früherkennung in der Fachöffentlichkeit intensiv diskutiert werden. Zahlreiche Veröffentlichungen im unmittelbaren Anschluss an die Verabschiedung zeugen von einer großen Resonanz. Da das Gesetz in seiner Formulierung jedoch wenig konkret ist und den Unternehmen großen Spielraum hinsichtlich der Ausgestaltung des Risikomanagements lässt, ist davon auszugehen, dass in vielen Unternehmen nur die Mindestanforderungen umgesetzt wurden und an einigen Stellen durchaus noch Nachbesserungen nötig sind. Zu diesem Ergebnis kommen auch verschiedene zum Thema durchgeführte Studien.[250] So resümiert etwa der Betriebswirtschaftler Philipp Gaenslen nach einer im Rahmen seiner Dissertation vorgenommenen Befra-

---

[244] vgl. Wolf/Runzheimer 2003, 24, vgl. Gaenslen 2006, 62
[245] vgl. Gaenslen 2006, 61
[246] vgl. Gesetzentwurf der Bundesregierung vom 07.11.1997, 37, vgl. Reichling 2003, 112
[247] Dies ergibt sich aus der in Art. 2 KonTraG unter 6. beschriebenen Änderung des § 317 Abs. 4 HGB.
[248] Dies ergibt sich aus der in Art. 2 KonTraG unter 3. beschriebenen Änderung des § 289 Abs. 1 HGB sowie der in Art. 2 KonTraG unter 5. beschriebenen Änderung des § 315 Abs. 1 HGB
[249] Dies ergibt sich aus der in Art. 2 KonTraG unter 6. beschriebenen Änderung des § 317 Abs. 2 HGB
[250] vgl. Gaenslen 2006, 69ff, vgl. Baumann/Universität Mannheim 2004, vgl. Gleißner/Berger/Rinne et al. 2005, 343 ff.

gung von Vorständen, Aufsichtsräten und Abschlussprüfern der HDAX-Unternehmen:[251] „Erhebliche Optimierungspotenziale bei der Umsetzung des § 91 Abs. 2 AktG bestehen auch noch über fünf Jahre nach Inkrafttreten des KonTraG."[252]

Da im Gesetzestext keine konkreten Aussagen zu Risikoarten oder Ähnlichem getroffen werden, kann aus dem Gesetz auch nicht zwangsläufig die Aufforderung zu einer systematischen Betrachtung kommunikativer Risiken abgeleitet werden. Fest steht jedoch, dass diese, wie schon gezeigt wurde, äußerst relevant sind und im äußersten Fall sogar in einer Bestandsgefährdung münden können. Daher scheint eine Einbeziehung in das unternehmerische Risikomanagement erforderlich und wird im Rahmen dieser Arbeit angestrebt.[253] Zunächst sollen jedoch die Grundlagen für das organisatorische und funktionale Verständnis von unternehmerischem Risikomanagement erläutert werden.

5.2 Unternehmerische Risikomanagementsysteme

Der Gedanke eines innerbetrieblichen Risikomanagements steht in engem Zusammenhang mit der Entwicklung und Etablierung des Versicherungsgedankens. Ende des 19. Jahrhunderts begannen erste amerikanische Unternehmen sich gegen Finanzierungsrisiken und andere Schäden abzusichern. Um nicht gänzlich den mächtigen Versicherungsgesellschaften ausgeliefert zu sein, richteten in den 30er Jahren des 20. Jahrhunderts zahlreiche amerikanische Unternehmen so genannte „Insurance Management" - Abteilungen ein.[254] Neben der Optimierung und Abstimmung der Versicherungssituation des Unternehmens waren diese Abteilungen auch damit betraut, unternehmensinterne Sicherungsmaßnahmen zu entwickeln. Damit war der Grundstein für das heutige Risikomanagement gelegt. In Europa hat dieses Konzept in den 70er Jahren Fuß gefasst.[255]

Im betriebswirtschaftlichen Sinne bedeutet Risikomanagement „die Entwicklung ausgefeilter Strategien zur Verbesserung des Verhältnisses von Risiken, Erfolgsaussichten und Kosten."[256] In einer etwas pragmatischeren Sichtweise kann Risikomanagement, in Anlehnung an den Risikoforscher Müller-Vivil, wie folgt beschrieben werden: „Das Konzept des Risikomanagements ist der Versuch, eine systematische Analyse und koordinierte Führung aller unternehmerischen Risiken zu ermöglichen."[257]

Generell kann unterschieden werden zwischen Risikomanagement im engeren und Risikomanagement im weiteren Sinne.[258] Risikomanagement im engeren Sinne wird verstanden als

---

[251] Der HDAX ist ein Aktienindex der Deutschen Börse, welcher alle im DAX, im MDAX und im TecDAX gelisteten Unternehmen in einem Index zusammenfasst. 110 Unternehmen sind darin vertreten.
[252] Gaenslen 2006, 69
[253] Forderungen zur Berücksichtigung von kommunikativen Risiken im Rahmen des KonTraG finden sich auch bei Zerfaß 2005, 397 und Piwinger/Porák 2005, 44.
[254] vgl. Beinert 2003, 25
[255] vgl. Wolf/Runzheimer 2000, 31
[256] Finke 2005, 14
[257] Müller-Vivil 2000, 83
[258] vgl. Kratzheller 1997, 93 ff.

eine im mittleren Management angesiedelte Spezialistenfunktion, welche die „Randbedingungen der betrieblichen Aktivität“[259] sichert. Risikomanagement im weiteren Sinne hingegen bezeichnet generell eine risikobewusste Unternehmensführung, die alle Bereiche des Unternehmens umfasst.[260] Sie ist gekoppelt an eine entsprechende Unternehmenskultur und muss, um erfolgreich zu verlaufen, auf allen Ebenen des Unternehmens breite Akzeptanz finden. Auch eine Betrachtung kommunikativer Risiken innerhalb des unternehmerischen Risikomanagements, wie sie im Rahmen dieser Arbeit angestrebt wird, erfordert die Zugrundelegung der Idee von Risikomanagement im weiteren Sinne. In allen Unternehmensbereichen und auf allen Hierarchieebenen sowohl im Tagesgeschäft als auch bei strategischen Entscheidungen gilt es, ein ausgeprägtes Bewusstsein für Risiken zu entwickeln. Für kommunikative Risiken kann dieses, in Anlehnung an Werner Süss, Geschäftsführer von Vattenfall Europe Sales, auch als „kommunikative Sensibilität“[261] umschrieben werden.

Generelle Voraussetzung für ein systematisches Risikomanagement ist die Definition der eigentlichen Unternehmensziele.[262] Nur wenn Ziele und Zielgrößen eines Unternehmens(bereiches) bekannt sind, können auch mögliche Abweichungen erkannt werden. Den weiteren „Überbau“ des Risikomanagements bilden die an die Unternehmenskultur gekoppelte generelle Risikokultur und die risikopolitischen Grundsätze des Unternehmens. Diese Rahmenbedingungen werden üblicherweise in einem Risikomanagement-Handbuch festgehalten.[263] Ein solches Handbuch ist ein grundlegendes Element für die erfolgreiche Einrichtung und Durchführung des Risikomanagements. Neben den unternehmenskulturellen „Überbauten“ enthält diese Dokumentation grundlegende organisatorische Festlegungen, Angaben zu eingebundenen Ressorts und Verantwortlichkeiten sowie erforderliche Formulare und Vordrucke.

Die praktische Umsetzung des Risikomanagements erfolgt innerhalb der Unternehmen durch ein Risikomanagementsystem. Unter einem System versteht man allgemein „eine [...] Menge von Elementen, die durch Beziehungen miteinander verbunden sind.“[264] Aus dem Zusammenspiel der Beziehungen ergibt sich ein Strukturmuster, welches dazu dient, einen bestimmten Zweck zu erfüllen.[265] Im Falle des Risikomanagementsystems liegt dieser Zweck darin, Risiken begreifbar, kontrollierbar und damit kalkulierbar zu machen und so den Unternehmenserfolg und nicht zuletzt die Unternehmensexistenz zu sichern.[266] Ein Risikomanagementsystem

[259] Kratzheller 1997, 95
[260] vgl. Kratzheller 1997, 93
[261] Dr. Werner Süss (Managing Director Vattenfall Europe Sales) im Rahmen des 2. LPRS Forums „Management Means Communication“ am 20.04.2007 (LPRS steht für: Leipziger Public Relations Studenten e.V.)
[262] vgl. Kratzheller 1997, 16, vgl. Brühwiler 2007, 19
[263] vgl. Wolf/Runzheimer 2003, 173
[264] Baisch 2000, 21
[265] vgl. Baisch 2000, 36 f.
[266] vgl. Wolf/Runzheimer 2003, 32 f.

stellt auf organisatorischer, technischer, finanzieller und methodischer Ebene Ressourcen und Strukturen bereit, die zum Erreichen dieser Ziele erforderlich sind.[267]

Innerhalb des Systems läuft der Risikomanagement-Prozess in vier Phasen ab: Risikoidentifikation, Risikobewertung, Risikobehandlung und Risikokontrolle.[268] Der Risikomanagement-Prozess ist ein Kreislaufprozess.[269] Aus der Risikokontrolle gewonnene Erkenntnisse fließen in den von Neuem beginnenden Prozess ein (siehe Abbildung 7). Der Prozess kann niemals als abgeschlossen betrachtet werden, da sich ständig neue Risiken ergeben bzw. ursprüngliche Risiken nicht mehr vorhanden sind oder durch andere abgelöst werden.

Parameter und Komplexität des Risikomanagements differieren zwischen den Unternehmen. Sie werden von Kontextfaktoren wie Unternehmensgröße, Branche und der finanziellen Fähigkeit, Risiken selbst zu tragen,[270] bestimmt.

Abbildung 7: Risikomanagement-Kreislauf

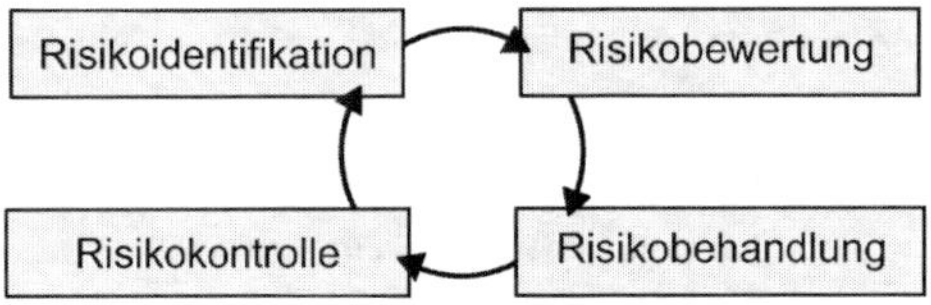

Im Folgenden werden die einzelnen Prozessschritte des Risikomanagements unter Berücksichtigung der üblichen betriebswirtschaftlichen Parameter und Methoden vorgestellt.

5.2.1 Risikoidentifikation

Der Wirtschaftswissenschaftler Brühwiler beschreibt den ersten Prozessschritt des Risikomanagements wie folgt: „Der Risikoidentifikation kommt die Aufgabe zu, mögliche Gefahren, Ereignisse, Entwicklungen, Trends und Szenarien zu erkennen, die eines oder mehrere Ziele der Organisation beeinträchtigen könnten."[271] Sie bildet damit einen „kritischen Punkt"[272] im gesamten Risikomanagement-Prozess, schließlich können Risiken, die nicht identifiziert wurden, auch keinem der weiteren Schritte unterzogen werden.

---

[267] vgl. Read 2007, 2
[268] zu den einzelnen Schritten im Risikomanagement-Prozess vgl. Wolf/Runzheimer 2003, 41 ff., vgl. Beinert 2003, 26 ff., vgl. Müller-Vivil 2000, 100 ff., vgl. Weber/Weißenberger/Liekweg 1999, 16 ff., vgl. Boutellier/Kalia 2006, 39 ff. und 52 ff., vgl. Finke 2005, 24,vgl. Reichling 2003, 116
[269] vgl. Müller-Vivil 2000, 100, vgl. Beinert 2003, 26 f.
[270] vgl. Beinert 2003, 26, vgl. Kratzheller 1997, 109, Der Hinweis auf die Abhängigkeit der Komplexität der Ausgestaltung von verschiedenen Kriterien wie Größe, Branche und Struktur des Unternehmens findet sich auch in der Gesetzesbegründung zum Regierungsentwurf des KonTraG vom 07.11.1997 (S. 36)
[271] Brühwiler 2007, 96
[272] ebenda

Die Risikoidentifikation muss laufend oder zumindest in fest definierten Abständen[273] durchgeführt werden. Eine Risikoidentifikation ist zudem anlassbezogen bei weitreichenden Unternehmensentscheidungen und für jedes Projekt separat vorzunehmen.

Im Einzelnen sind für die Identifikation unter anderem die folgenden Methoden gebräuchlich:

Checklisten

Einen recht pragmatischen Ansatz der Risikoidentifikation stellen Checklisten[274] dar. In einer Checkliste werden mögliche Umstände, die für ein Risiko in einem bestimmten Bereich sprechen, zunächst aufgelistet oder als Frage formuliert, z.B.: „Sind Veränderungen auf dem Beschaffungsmarkt zu erwarten?" Anschließend wird das Zutreffen der aufgeführten Kriterien in der jeweiligen Situation untersucht.[275] Checklisten für „Standardrisiken" sind in vorgefertigter Form bei verschiedenen Anbietern erhältlich. Diese sollten jedoch für eine Identifikation unternehmensspezifischer Risiken um eigene Kriterien erweitert werden.

Befragung von Mitarbeitern, Betriebsbesichtigungen, Organisationsanalysen

Weitere Methoden einer eher pragmatisch orientierten Identifikation, die auch als „manuelle Risikoidentifikation"[276] beschrieben wird, sind Befragungen von Mitarbeitern, Betriebsbesichtigungen und Organisationsanalysen.[277] In Mitarbeiterbefragungen können vor allem solche Risiken identifiziert werden, die sich aus dem Tagesgeschäft oder dem Arbeitsablauf ergeben. Im Rahmen von Betriebsbesichtigungen lassen sich vor allem technische und organisatorische Risiken erkennen, die beispielsweise aus der Anordnung von Maschinen oder Prozessen resultieren. Organisationsanalysen dienen dazu, Schwachstellen in der Wertschöpfungskette zu identifizieren. Dazu zählen beispielsweise Risiken, die durch den Informationsverlust an organisatorischen Schnittstellen auftreten können.

Heuristisch-prognostische Verfahren

Während sich die bisher vorgestellten Methoden eher auf die Identifikation bereits bestehender Risiken beziehen, zielen heuristisch-prognostische Verfahren darauf ab, noch nicht so offensichtliche, möglicherweise erst noch entstehende Risiken zu identifizieren. Sie finden besonders Anwendung für die Identifikation von strategischen Risiken. Hier erwähnt seien drei Methoden, die auch in anderen unternehmerischen Prozessen Anwendung finden: Brainstorming[278], Delphi-Methode[279] und Szenario-Technik.[280]

---

[273] Zu diesem Zweck gibt es in einigen Risikomanagementsystemen so genannte „Abstandsregelungen". vgl. Baisch 2000, 112

[274] vgl. Wolf/Runzheimer 2003, 44, vgl. Dahms 2003, 219, vgl. Schott/Campana/Wick 2002, 11

[275] Denkbar ist auch die umgekehrte Vorgehensweise, d.h. es werden Umstände aufgezählt, die gegen das Risiko sprechen und eine entsprechende verneinende Antwort wird als Indiz für das Vorhandensein eines Risikos gewertet.

[276] Wolf/Runzheimer 2003, 112

[277] vgl. Müller-Vivil 2000, 101

[278] vgl. Wolf/Runzheimer 2003, 46f, vgl. Müller-Vivil 2000, 101

[279] vgl. Krystek/Müller-Stewens 1993, 228f, vgl. Wolf/Runzheimer 2003, 52, vgl. Müller-Vivil 2000, 101

[280] vgl. Krystek/Müller-Stewens 1993, 216ff, vgl. Wolf/Runzheimer 2003, 47, vgl. Müller-Vivil 2000, 101

Die Kreativitätstechnik Brainstorming wird für die Identifikation von Risiken angewendet, indem in regelmäßigen Abständen Workshops mit nach bestimmten Kriterien zusammengestellten Mitarbeitergruppen abgehalten werden. Konkreten Regeln folgend sollen die Mitarbeiter dabei durch freie Assoziation mögliche zukünftige Risikosituationen entwickeln.[281]

Bei der Delphi-Methode handelt es sich um eine schriftliche Expertenbefragung. Sorgfältig ausgewählte Experten, die untereinander anonym bleiben sollten, erhalten identische Fragen bzw. die Aufforderung zu einer Prognose zugeschickt. In einer weiteren Runde werden sie mit den Aussagen ihrer Kollegen konfrontiert und gebeten diese zu kommentieren. Dieser Prozess wird über mehrere Runden fortgesetzt. Am Ende soll eine möglichst konvergente Prognose zukünftiger Risiken stehen.[282]

Die Szenariotechnik stellt eigentlich einen Verbund aus verschiedenen Methoden dar.[283] Es werden zukünftige Entwicklungen unter Zugrundelegung unterschiedlicher Rahmenbedingungen untersucht. Die Betriebswirtschaftler Ulrich Krystek und Günter Müller-Stewens definieren ein Szenario wie folgt: „Ein Szenario ist ein unter bestimmten Annahmen gültiges, in sich möglichst konsistentes Bild der Zukunft."[284] „Was-wäre-wenn-Szenarien" untersuchen die Auswirkungen bestimmter Ereignisse auf verschiedene Unternehmensziele. „Was-muss-geschehen-dass-Szenarien" gehen von den Zielen aus und fragen nach Ereignissen und Umständen, die diese beeinträchtigen können.[285]

Fehlerbaumanalysen und Flow-Chart-Analysen

Neben den heuristischen Methoden der Risikoidentifikation sind vor allem mathematisch-analytische Methoden weit verbreitet. Sie dominieren im traditionellen betriebswirtschaftlichen Risikomanagement.

Ein solches Verfahren ist die Fehlerbaum-Analyse.[286] Sie wird schwerpunktmäßig angewendet, um die Sicherheit technischer Systeme zu untersuchen. Ein unerwünschter Umstand wird mittels eines Fehlerbaums „auf seine Ursachen und gegenseitigen Abhängigkeiten"[287] untersucht. Auf diese Weise kann die Ausfallwahrscheinlichkeit eines Systems berechnet werden. Das progressive Gegenstück zur Fehlerbaumanalyse bildet die so genannte Flow-Chart-Analyse.[288] Die Analyse legt offen, wie sich ein in einem bestimmten Bereich aufgetretener Fehler fortpflanzt und auf das Gesamtsystem auswirkt.

---

[281] vgl. Wolf/Runzheimer 2003, 46 f.
[282] vgl. Krytek/Müller-Stewens 1993, 228
[283] vgl. Krystek/Müller-Stewens 1993, 220
[284] Krystek/Müller-Stewens 1993, 216
[285] vgl. ebenda
[286] vgl. Wolf/Runzheimer 2003, 44 f.
[287] Wolf/Runzheimer 2003, 44
[288] vgl. Wolf/Runzheimer 2003, 45

Trendextrapolation

Im Rahmen einer Trendextrapolation[289] werden bereits statistisch erfasste Entwicklungen, so genannte Trends, mittels statistischer und mathematischer Verfahren in ihrer zukünftigen Entwicklung fortgeschrieben. Es handelt sich dabei um eine Art der Prognose, denn es werden Risiken identifiziert, die sich durch eine mögliche Entwicklung erst noch ergeben können. Die Methode findet vor allem für die Identifikation von Risiken am Finanzmarkt Anwendung, da viele wirtschaftliche Entwicklungen heute gut mit statistischen Daten unterlegt sind und zudem häufig auf zyklischen Prozessen basieren.

Risikoidentifikation durch Frühaufklärung

In den Bereich der Prognosemethoden können auch die Verfahren der betriebswirtschaftlichen Frühaufklärung eingeordnet werden.[290] Sie verfolgen das Ziel, zukünftig relevante Entwicklungen in der Unternehmensumwelt und damit verbundene Chancen und Risiken bereits vor ihrem eigentlichen Eintreten zu antizipieren.[291] Dafür werden verschiedenste Informationsquellen, angefangen bei eigenen Geschäftsunterlagen über Veröffentlichungen verschiedener Institute und Verbände bis hin zu selbst in Auftrag gegebenen Studien, kontinuierlich ausgewertet. Neben eher qualitativen und intuitiven Methoden einer solchen Frühaufklärung, wie z.B. dem noch zu erläuternden Issues Management, sind solche Methoden im Bereich der Betriebswirtschaft häufig auch an konkreten Kennzahlen und Indikatoren ausgerichtet. Einzelne Kennzahlen werden in Kennzahlensystemen zusammengefasst und ermöglichen Fachkundigen einen schnellen Überblick über Entwicklungen und deren mögliche Fortschreibung. Indikatoren hingegen, so Krystek und Müller-Stewens, „zeigen ursprünglich gemeinte, unmittelbar aber nicht wahrnehmbare Phänomene an und sind damit Hilfsgrößen, die Vorgänge/Prozesse sichtbar machen, die an sich durch andere Maßstäbe festgestellt werden sollten.“[292] Wenn Indikatoren im Rahmen der Früherkennung angewendet werden sollen, muss es sich um Frühindikatoren und nicht etwa um gleichlaufende oder Spätindikatoren handeln.[293] Gängig ist beispielsweise der Auftragseingang als Indikator für die wirtschaftliche Lage eines Unternehmens.

5.2.2 Risikobewertung

Auf die Identifikation eines Risikos folgt als zweiter Prozessschritt dessen Bewertung hinsichtlich der Auswirkungen auf unternehmerische Ziele. Die Risikobewertung gilt neben der Identifikation als die schwierigste Aufgabe innerhalb des Risikomanagement-Prozesses.[294]

In vielen rein betriebswirtschaftlich orientierten Auseinandersetzungen wird der Prozess der Risikobewertung gleichgesetzt mit einer Quantifizierung, also mit der Beschreibung von Ri-

---

[289] vgl. Müller-Vivil 2000, 102
[290] vgl. Wolf/Runzheimer 2003, 52 ff., vgl. Müller-Vivil 2000, 102
[291] vgl. Krystek/Müller-Stewens 1993, 5
[292] Krystek/Müller-Stewens 1993, 76
[293] vgl. Krystek/Müller-Stewens 1993, 79
[294] vgl. Kratzheller 1997, 108

siken durch einen Zahlenwert.[295] Die zugrunde liegenden Parameter sind dabei, wie im Abschnitt 2.2.2 beschrieben, Eintrittswahrscheinlichkeit und mögliche Schadenshöhe. Häufig Anwendung findet die so genannte Risikoformel. Diese lautet: Risikowert = Eintrittswahrscheinlichkeit x Schadenshöhe.[296] Die Wahrscheinlichkeit wird dabei als Prozentsatz angegeben, die Schadenshöhe als monetäre Größe. Aus dem auf diese Weise ermittelten Umfang der Einzelrisiken kann das Gesamtrisiko bestimmt werden, welches Aufschluss über die allgemeine Risikolage eines Unternehmens gibt.[297] Da zwischen den Einzelrisiken wechselseitige Abhängigkeiten bestehen, kann das Gesamtrisiko in der Regel nicht als die bloße Summe der Einzelrisiken ermittelt werden, sondern unterliegt komplizierten Berechnungsverfahren.[298]

Ein in der Literatur zu findender Kritikpunkt, der sich gegen die Risikoformel als Mittel der Risikobewertung richtet, ist die Vernachlässigung hypothetischer und uneindeutiger Risiken.[299] Diese Kritik richtet sich jedoch nicht nur gegen die Risikoformel, sondern kann in ihrer grundlegenden Aussage generell auf die Quantifizierung von Risiken als Form der Risikobewertung übertragen werden. In der Literatur herrscht eine rege Diskussion darüber, inwieweit die Quantifizierung die richtige Methode zur Bewertung von Risiken ist, schließt sie doch in ihrer konsequentesten Form nicht eindeutig in Zahlenwerten zu beschreibende Risiken von der Betrachtung aus. Dabei wird nicht in Abrede gestellt, dass eine Quantifizierung von bestimmten Risikoarten sinnvoll und unverzichtbar ist, schließlich basieren etwa im Versicherungs- oder Finanzbereich ganze Systeme auf diesen Risikozahlen. Vielmehr stellt sich die Frage, ob ausnahmslos alle Risiken zwangsläufig in Zahlen umschrieben werden können und müssen. So wird die Quantifizierung von Risiken beispielsweise von Obermeier und der Kommunikationswissenschaftlerin Lucie Hribal generell als relativierbar bezeichnet.[300] Schließlich sei ein grundlegendes Charakteristikum von Risiken eben ihre Unsicherheit und Zukunft sei nun einmal generell nicht antizipierbar.[301] In der Konsequenz bedeutet dies, dass der Anspruch einer objektiven Risikobewertung damit selbst bei der Anwendung standardisierter statistischer Verfahren nur schwer zu erfüllen ist. Hribal stellt dazu fest: „Die Methoden zur Sammlung und Interpretation von statistischem Datenmaterial unterliegen teilweise ebenfalls subjektiven Annahmen der Experten."[302]

Daneben gibt es auch eine nicht zu unterschätzende Anzahl von Risiken, darunter zählen unter anderem auch die kommunikativen Risiken, zu denen aufgrund ihrer weitgehenden Einmaligkeit überhaupt keine brauchbare Datenbasis vorliegt, um Eintrittswahrscheinlichkeit oder

[295] vgl. DeMarco/Lister 2003, 16, vgl. Wolf/Runzheimer 2003, 57
[296] vgl. Boutellier/Kalia 2006, 37, vgl. DeMarco/Lister 2003, 66 f., vgl. Obermeier 1999, 37 f., vgl. Gaenslen 2006, 80, Kritik an der Risikoformel vgl. Obermeier 1999, 37 f.
[297] vgl. Müller-Vivil 2000, 89, vgl. De Marco/Lister 2003, 89
[298] vgl. Müller-Vivil 2000, 89
[299] vgl. Hribal 1999, 36
[300] vgl. Hribal 1999, 46, vgl. Obermeier 1999, 42
[301] vgl. Obermeier 1999, 42, vgl. Hribal 1999, 49
[302] Hribal 1999, 53

Schadenshöhe einschätzen zu können.[303] Letztendlich kommt daher selbst der Wirtschaftswissenschaftler Bruno Brühwiler, der sich für eine Standardisierung von Risikomanagement-Prozessen einsetzt, zu dem Schluss, dass quantitative Bewertungsmethoden keinesfalls unfehlbar sind:

> „Risikomanagement ist keine exakte Wissenschaft in dem Sinn, dass die Risikoanalyse zu genauen, quantitativen Resultaten führt. Selbst bei den Methoden der Risikoanalyse, die naturwissenschaftlich exakt anmuten, gibt es für die Risikoeinschätzung immer einen beachtlichen Spielraum und viel Unsicherheit."[304]

Neben dem Einsatz von quantitativen Bewertungsinstrumenten scheint es daher sinnvoll, auch auf qualitative Methoden der Risikobewertung zurückzugreifen. So stellt etwa Müller-Vivil fest, dass es zweckmäßig sei „die Risikoanalysen zunächst in der qualitativen Dimension zu erstellen und nur in besonderen Fällen eine quantitative Bewertung durchzuführen."[305] Die qualitative Bewertung von Risiken kann etwa in Form von verbalen Kategorien wie „sehr wahrscheinlich", „wahrscheinlich" sowie „unwahrscheinlich"[306] oder in Bezug auf die Schadenshöhe in Kategorien wie „gering", „spürbar", „kritisch" oder „katastrophal" erfolgen.[307] Gängig ist auch eine Bewertung durch Punkte-Skalen – etwa die Einschätzung der Schadenshöhe auf einer Skala von eins bis zehn.[308] Die qualitative Umschreibung der Risiken kann dabei auch über die verbale Beschreibung der Parameter Schadenshöhe und Eintrittswahrscheinlichkeit hinausgehen und etwa ökologische oder kommunikative Parameter einbeziehen.

Im Rahmen der Arbeit sollen qualitative Bewertungsmethoden im Mittelpunkt stehen. Sie werden auch als „manuelle" oder „visuelle" Verfahren bezeichnet.[309] Rein quantitative Verfahren der Risikobewertung sollen an dieser Stelle nicht umfassend erläutert werden, da sie teilweise sehr komplex sind und umfassende Statistik-Kenntnisse erfordern. Sie sind im betrachteten Zusammenhang nicht weiterführend. Für eine genaue Erläuterung solcher Methoden wie etwa Value-at-Risk oder Sensitivitätsanalysen sei auf die entsprechende Fachliteratur verwiesen.[310]

Die qualitativen Ansätze unterscheiden sich nicht wesentlich im Wesen der Bewertung, sondern vielmehr in der Art und Weise der Darstellung und in der Klassifizierung der Risiken. Nachfolgend werden drei Methoden der qualitativen Risikoaufbereitung und -bewertung vorgestellt.

---

[303] vgl. Brühwiler 2007, 100 f.
[304] Brühwiler 2007, 101
[305] Müller-Vivil 2000, 104
[306] für eine Übersicht zu englischen Quantilen für qualitative Wahrscheinlichkeitsbegriffe siehe Liebl 1996, 50
[307] vgl. Brühwiler 2007, 101
[308] vgl. Brühwiler 2007, 94
[309] vgl. ebenda
[310] siehe u.a. Finke 2005, zum Value-at-Risk siehe Beinert 2003, 27 und Reichling 2003, 116

Die Risikoliste

Die einfachste Form der qualitativen Erfassung und systematischen Einschätzung von Risiken ist die Risikoliste[311] (siehe Tabelle 2). Sie enthält eine Beschreibung der Risiken und ihrer Ursachen, eine Einschätzung hinsichtlich des Einflusses des Risikos auf verschiedene Zielgrößen, Vorschläge zur Behandlung und die Festlegung des so genannten Risk-Owners, also des für die weitere Beobachtung und Behandlung des Risikos verantwortlichen Mitarbeiters. Je nach der gewünschten Risikoparametrisierung besteht die Möglichkeit, die Liste um weitere Kategorien wie etwa „kommunikative Bedeutung“ oder „ökologische Auswirkung“ zu ergänzen. Eine solche Liste oder Tabelle kann beispielsweise in Form einer einfachen Excel-Tabelle oder etwas professioneller durch eigens dafür konzipierte Datenbanksysteme umgesetzt werden. Gängig sind Risikolisten vor allem für die Bewertung von Risiken einzelner Projekte. Aber auch für die Erfassung und Bewertung sämtlicher unternehmerischer Risiken kann ein solches System, dann jedoch in wesentlich detaillierterer und komplexerer Form als unten dargestellt, Anwendung finden.

Tabelle 2: Grundschema einer Risikoliste zur qualitativen Bewertung von Risiken (H = hoch, M = mittel, G = gering) (in Anlehnung an: Schott /Campana/Wick 2002, 12)

	Risikobeschreibung	**Ursachen**	**Einfluss auf**									**Maßnahmen**	**verantwortlich**
			Kosten			**Termine**			**Qualität**				
1													
2													
3													
4													
…													

Die Risk-Map

Eine eher visuell orientierte Möglichkeit der qualitativen Einordnung und Bewertung von Risiken ist die „Risk-Map“[312] (auch „Risikomatrix“ [313] oder „Risikoportfolio“[314]). Risiken werden in ein Diagramm mit den Größen Eintrittswahrscheinlichkeit und Schadenshöhe eingetragen. Die Achsen werden für eine qualitative Risikobewertung nicht mit Zahlenwerten, sondern mit verbalen Kategorien beschriftet. Es entsteht eine Art Matrix. In jedem Matrixfeld sind Risiken mit einer bestimmten Ausprägung vereint. Eine solche Ausprägung wäre beispielsweise: „geringe Schadenshöhe“ und „hohe Eintrittswahrscheinlichkeit“. Diese Methode der Klassifikation bietet damit gute Anknüpfungspunkte für die nachfolgende Risikobehandlung, da Risiken, die sich in den gleichen Bereichen wieder finden in der Regel einer ähnli-

[311] vgl. Schott/Campana/Wick 2002, 12
[312] vgl. Dahms 2003, 226
[313] vgl. Wolf/Runzheimer 2003, 82
[314] vgl. Schott/Campana/Wick 2002, 14 f.

chen Behandlung bedürfen. Innerhalb der Risiko-Matrix kann auch eine so genannte Risikotoleranz- oder Wesentlichkeitsgrenze festgelegt werden, die verdeutlicht bis zu welchem Bereich Risiken akzeptiert werden können und ab wann eine Behandlung erforderlich wird.[315] Die Festlegung dieser Grenze muss, wie auch die Definition der Achsen, unternehmensindividuell erfolgen. Mit ihr einher geht häufig auch die Vereinbarung von Meldepflichten. So müssen Risiken vom entsprechenden Risk-Owner in der Regel erst ab einem gewissen Schadensausmaß der nächsthöheren Ebene oder der Unternehmensleitung mitgeteilt werden.[316] In Abbildung 8 sind sowohl die einzelnen Risiko-Bereiche als auch eine fiktive Risikotoleranzgrenze eingezeichnet.

Abbildung 8: Grundaufbau einer Risk-Map (eigene Darstellung in Anlehnung an Dahms 2003, 227 und Schott/Campana/Wick 2002, 15) (R steht für Risiko)

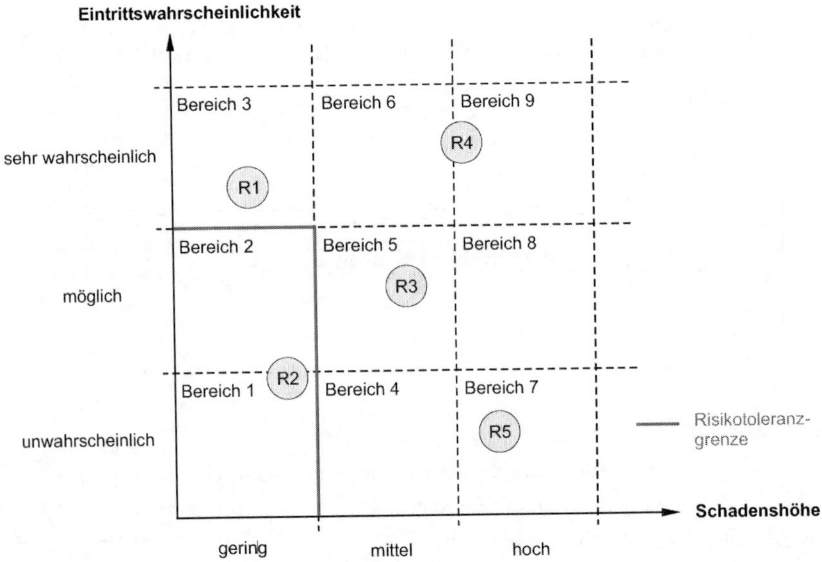

Die ABC-Analyse

Abschließend soll die Methodik der so genannten ABC-Analyse[317] vorgestellt werden. Bei dieser Art der qualitativen Risikobewertung werden Risiken in drei Kategorien eingeteilt. Ein-

[315] vgl. Brühwiler 2007, 93, vgl. Dahms 2003, 227, vgl. Weber/Weißenberger/Liekweg 1999, 17
[316] vgl. Weber/Weißenberger/Liekweg 1999, 17 f.
[317] vgl. Schott/Campana/Wick 2002, 15 ff.

teilungskriterium ist dabei die erforderliche Priorität in der Behandlung. Risiken der Gruppe A sind als besonders beobachtungs- und behandlungswürdig eingestuft. B-Risiken sind hinsichtlich ihrer Beobachtung und Behandlung zunächst weniger wichtig. Risiken der Gruppe C bedürfen keiner eigenen Behandlung.

5.2.3 Risikobehandlung

Im Prozessschritt der Risikobehandlung (auch: Risikosteuerung, Risikohandhabung oder Risikomaßnahmenplanung) wird untersucht, wie mit den einzelnen zuvor identifizierten und quantitativ oder qualitativ bewerteten Risiken umzugehen ist, das heißt, „welche Alternativen sich zur Abwendung oder zur Abdeckung der aufgezeigten Risiken anbieten.“[318]

Nicht alle identifizierten Risiken bedürfen einer Behandlung. Dies würde den Umfang des Risikomanagements in unzulässiger Weise aufblähen und könnte Effektivitätsanforderungen nicht gerecht werden. Daher erfolgt die Festlegung der im letzten Abschnitt beschriebenen Risikotoleranz- oder Wesentlichkeitsgrenzen.[319] Diese wirken als Filter. Im Übergang von der Bewertung zur Risikobehandlung werden diejenigen Risiken aussortiert, deren voraussichtliches Schadensausmaß so gering ist, dass eine weitere Behandlung nicht erforderlich oder in der Gegenüberstellung von Aufwand und Nutzen nicht lohnenswert ist. Legt man die Einteilung entsprechend der ABC-Analyse zugrunde, werden also C-Risiken ausgesondert. Sie sollten jedoch im Rahmen der Risikoidentifikation weiter beobachtet werden, da sie sich zu schadensintensiveren Risiken ausweiten können.

Generell sind in der Risikobehandlung entsprechend der aufgezeigten Charakteristika von Risiken ursachen- und wirkungsbezogene Maßnahmen zu unterscheiden.[320] Ursachenbezogene Maßnahmen versuchen die Eintrittswahrscheinlichkeit von Risiken zu minimieren, indem sie diese an ihren Ursachen angehen. Wirkungsbezogene Maßnahmen setzen hingegen bei den Risikofolgen an, versuchen also das Schadensausmaß zu reduzieren. Im Bereich der ursachenbezogenen Maßnahmen werden drei Methoden unterschieden:

Risikovermeidung

Die Risikovermeidung als defensive Methode der Risikobehandlung kommt nur für solche Risiken infrage, die an eine Unternehmensentscheidung oder -handlung gekoppelt sind, also für Risiken, die das Unternehmen „selbst in der Hand hat“. Risikovermeidung bedeutet in diesem Fall den vollkommenen Verzicht auf die Entscheidung oder Handlung, durch welche das Risiko entsteht.[321]

---

[318] Kratzheller 1997, 108
[319] vgl. Brühwiler 2007, 93, vgl. Dahms 2003, 227, vgl. Weber/Weißenberger/Liekweg 1999, 17, vgl. Wolf/Runzheimer 2003, 28
[320] vgl. Wolf/Runzheimer 2003, 87, vgl. Müller-Vivil 2000, 105, vgl. Beinert 2003, 28
[321] vgl. Wolf/Runzheimer 2003, 90, vgl. DeMarco/Lister 2003, 63, vgl. Müller-Vivil 2000, 111

Risikoverminderung

Für ein breiteres Feld unternehmerischer Risiken eignet sich hingegen die ursachenbezogene Möglichkeit der Risikoverminderung.[322] Wie der Name schon vermuten lässt, werden dabei die einem Risiko zugrunde liegenden Ursachen nicht gänzlich ausgeräumt, sondern durch verschiedene Maßnahmen lediglich verringert. So kann etwa im Bereich der Produktion durch technische Maßnahmen wie veränderte Produktionsmechanismen, personelle Maßnahmen wie Schulungen oder organisatorische Maßnahmen wie Qualitätskontrollen das Risiko von Fehlern vermindert werden.[323] Die Methode der Risikoverminderung findet immer dann Anwendung, wenn eine vollkommene Ausschaltung aus finanziellen oder organisatorischen Gründen nicht möglich oder nicht gewünscht ist.

Risikostreuung /Risikozerlegung

Eine letzte ursachenbezogene Variante der Risikobehandlung ist die Risikostreuung oder Risikozerlegung. Dabei wird versucht Risiken zu vermindern, indem mögliche Risikoursachen gestreut werden. Eine solche Streuung kann lokal, temporal oder personell erfolgen.[324] Eine personelle Risikostreuung würde zum Beispiel bedeuten, dass man Schlüsselpositionen doppelt besetzt, um das Risiko eines Personalausfalls zu vermindern.

Neben den erläuterten ursachenbezogenen Maßnahmen besteht, wie oben beschrieben, in der Risikobehandlung auch die Möglichkeit, bei den möglichen Wirkungen anzusetzen. Folgende wirkungsbezogene Maßnahmen kommen hierfür infrage:

Risikoüberwälzung

Bei der Risikoüberwälzung bleibt das Risiko an sich bestehen. Es wechselt nur der Risikoträger, indem der bei Risikoeintritt auftretende Schaden durch einen Dritten abgegolten wird.[325] Die gängigste Form der Risikoüberwälzung ist die Versicherung. Möglich sind aber auch andere Formen wie etwa Factoring oder Leasing. Die Risikoüberwälzung als Methode der Risikobehandlung kommt nur für Risiken infrage, die im Falle eines Eintritts tatsächlich finanzielle Schäden verursachen und die von ihrer Natur her auch versicherbar sind. Darunter fallen im Wesentlichen Bedingungsrisiken, also Risiken, die von den Unternehmen nicht oder kaum zu beeinflussen sind.[326]

Risikoübernahme

Bei einer Risikoübernahme[327] wird das Risiko unter Kenntnis seiner Wirkungen bewusst eingegangen, etwa weil ihm ebenso große Chancen gegenüberstehen oder eine Behandlung unter Effizienzgesichtspunkten als zu aufwändig empfunden wird. Wenn nach gründlicher Abwä-

---

[322] vgl. Wolf/Runzheimer 2003, 90, vgl. Müller-Vivil 2000, 112 f.
[323] vgl. Müller-Vivil 2000, 112 f.
[324] vgl. Müller-Vivil 2000, 113
[325] vgl. Wolf/Runzheimer 2003, 93 und 95 f., vgl. Müller-Vivil 2000, 116 f.
[326] vgl. Haller 2004, 159, vgl. Kratzheller 1997, 20, vgl. Hribal 1999, 42, vgl. Beinert 2003, 27, vgl. Wolf/Runzheimer 2003, 42 f.
[327] vgl. Wolf/Runzheimer 2003, 94

gung die Entscheidung für eine Risikoübernahme fällt, müssen Vorkehrungen für den möglichen Risikoeintritt getroffen werden. Dies kann in finanzieller Hinsicht geschehen durch die Bildung von Rückstellungen und Reserven oder durch kalkulatorische Wagniszuschläge auf Preise. Daneben gilt es aber auch in organisatorischer Hinsicht, etwa durch Krisen- oder Störfallpläne, auf den Risikoeintritt vorbereitet zu sein.

Es ist generell nicht davon auszugehen, dass sich durch die Risikobehandlung tatsächlich alle Risiken ausräumen lassen. Konkret sind drei Arten von Rest-Risiken zu unterscheiden, mit denen ein Unternehmen leben muss:[328] Zum einen sind das natürlich Risiken, die im Rahmen der Risikoidentifikation nicht entdeckt wurden. Weiterhin sind das aber auch solche Risiken, die zwar durch ursachenbezogene Maßnahmen vermindert, jedoch nicht gänzlich ausgeräumt werden konnten. Solche verminderten Risiken können sich immer noch erheblich auf die Ziele des Unternehmens auswirken. Zum Dritten sind es Risiken, die zwar wesentlich über der Risikotoleranzgrenze liegen, „aber aus technischen, wirtschaftlichen und praktischen Gründen nicht reduziert werden können."[329] Damit wird deutlich, dass selbst ein funktionierendes Risikomanagement Krisenmanagement nicht ausschließt. Es bleiben immer Risiken bestehen, die im Falle ihres Eintritts eine Krise nach sich ziehen können.

5.2.4 Risikokontrolle

Der vierte Schritt im Risikomanagement-Prozess ist die Risikokontrolle. Sie liegt meist in der Verantwortung der Controlling-Abteilung oder der internen Revision. Hier wird die Funktionsweise des Risikomanagements überwacht und umfassend dokumentiert.[330] Dies schließt eine ständige Kontrolle der einzelnen Prozessschritte ebenso ein wie die Kontrolle der Erfüllung gesetzlicher Anforderungen. Überprüft werden konkret die Vollständigkeit der Identifikation und die Richtigkeit der Risikobewertung[331] sowie die Wirksamkeit der eingeleiteten Maßnahmen.[332] Insgesamt werden alle Risiken kontrollierend gemessen und zusammenhängend überwacht[333], sodass dieser Schritt auch als „Klammer" verstanden werden kann, der den Kreislaufprozess des Risikomanagements zusammenhält. Mit den Worten von Bruno Brühwiler lässt sich dies wie folgt zusammenfassen:

> „Die Beobachtung von einzelnen Risiken bzw. ‚der Risikolandschaft' schließt sozusagen den Risikomanagement-Prozess ab und führt ihn an den Anfang zurück, wo es darum geht, den Gesamtzusammenhang erneut herzustellen und den Risikomanagement-Prozess von Neuem zu initiieren."[334]

---

[328] vgl. Brühwiler 2007, 115
[329] ebenda
[330] Auf die Bedeutung der adäquaten Dokumentation weist unter anderem das Landgericht München in einem Urteil vom 07.04.2007 hin (Aktenzeichen: 5 HK O 15964/06)
[331] vgl. Gaenslen 2006, 88
[332] vgl. Reichling 2003, 117, vgl. Beinert 2003, 29, vgl. Brühwiler 2007, 119
[333] vgl. Wolf/Runzheimer 2003, 98
[334] Brühwiler 2007, 119

5.3 Organisatorische Einbindung des Risikomanagements im Unternehmen

Nach der funktionalen Betrachtung des Risikomanagements sollen nun die aufbauorganisatorischen Aspekte im Mittelpunkt stehen.

Grundsätzlich bestehen zwei Alternativen der Einbindung des Risikomanagements in die Unternehmensstruktur: Das Risikomanagement kann nach dem Prinzip der Zentralisation einer einzelnen Stelle anvertraut werden, dann spricht man auch von einer „adaptive[n]"[335] Risikomanagement-Lösung oder dem so genannten „Separationsprinzip".[336] Die zweite Möglichkeit besteht in der Wahrnehmung der Risikomanagementaufgaben durch dezentrale Einheiten.[337] Bei einer solchen Lösung ist das Risikomanagement in die Linienorganisation des Unternehmens integriert. Man findet daher auch die Bezeichnung „integratives Risk Management System"[338] bzw. „Integrationsprinzip".[339]

Generell stellt die Einbindung des Risikomanagements in die Unternehmensorganisation die Unternehmen vor eine große Herausforderung. Risikomanagement ist, wie der Betriebswirtschaftler Johannes Kratzheller, der sich eingehend mit dem Risikomanagement aus organisationswissenschaftlicher Perspektive befasst hat, feststellt, eine „Querschnittsfunktion [...], die Beziehungen mit allen Teilbereichen des Betriebes hat."[340]

Eine weitere Besonderheit des Risikomanagements ist, dass das zur Durchführung erforderliche Fachwissen nicht wie bei anderen Querschnittsfunktionen, beispielsweise dem Personalmanagement, konzentriert an einer Stelle gebündelt werden kann, sondern dass vielmehr „eine sehr spezifische Kenntnis der jeweiligen bereichsspezifischen Sachprobleme erforderlich"[341] ist. Das Risikomanagement befindet sich damit in einem „Spannungsfeld zwischen der Notwendigkeit der Dezentralisation der Entscheidungskompetenzen, um eine weitgehende Wissensintegration zu erreichen einerseits und der Notwendigkeit zu ihrer Zentralisation, um eine gewisse Koordination der Risikopolitik zu gewähren andererseits."[342]

Das Separationsprinzip bietet die Vorteile des Aufbaus von Spezialwissen, einer hohen Systematisierung im Ablauf und einer sehr intensiven Betrachtung von Risiken. Nachteile liegen allerdings in der Distanz zum Tagesgeschäft,[343] welche die Gefahr birgt, Risikomanagement nur im engeren Sinne, also als begrenzte Spezialfunktion, zu betrachten.

Beim Integrationsprinzip hingegen erfolgt die Risikobetrachtung unmittelbar in den einzelnen Bereichen, sodass eine große Nähe zu tatsächlichen Entwicklungen und Abläufen gegeben ist.

---

[335] Kratzheller 1997, 122 f.
[336] Wolf/Runzheimer 2003, 156
[337] vgl. Wolf/Runzheimer 2003, 104
[338] Kratzheller 1997, 122 f.
[339] Wolf/Runzheimer 2003, 156
[340] Kratzheller 1997, 105
[341] ebenda
[342] ebenda
[343] vgl. Kratzheller 1997, 113

Die Gefahr dieses Systems besteht jedoch darin, dass das Risikomanagement als Nebenaufgabe im Tagesgeschäft untergeht.[344]

Sinnvoll erscheint eine Mischform aus beiden Systemen,[345] etwa in Form der Koordination durch eine zentrale Stelle und der Zuarbeitung durch dezentrale Einheiten. Möglich sind auch sekundärorganisatorische Lösungen[346] in Form von temporären Sonder- oder Zusatzorganisationen, beispielsweise einer Arbeitsgruppe, die sich regelmäßig trifft.

Die konkrete organisatorische Ausgestaltung des Risikomanagements kann verschiedene Formen annehmen. Sie ist unter anderem abhängig von der Unternehmensgröße, der Branche, der sonstigen Unternehmensorganisation und auch vom Umfang der Bereitschaft, Ressourcen für das Risikomanagement bereitzustellen. In jedem Fall sollte der organisatorischen Gestaltung eine entscheidende Bedeutung zugemessen werden, da von ihr die effektive Gestaltung etwaiger Schnittstellen und damit die reibungslose Informationsweiterleitung als wesentlicher Erfolgsfaktor des gesamten Systems abhängt.

5.4 Risikokommunikation – Kommunikation über Risiken

In einigen Unternehmen weist das Risikomanagement einen zusätzlichen Bestandteil auf: die Risikokommunikation. Sie ist nach Müller-Vivil definiert als

> „der abgeschlossene Prozess der Bedeutungsvermittlung zwischen den Akteuren des Risikomanagements als Kommunikatoren und den sozialen Akteuren als Rezipienten im Unternehmen und/oder seinem Umfeld […], dessen Thema die unternehmerischen Risiken sind."[347]

Risikokommunikation bezieht sich vor allem auf Sicherheitsrisiken, also auf Risiken, die nicht nur das Unternehmen betreffen, sondern womöglich Auswirkungen auf Mensch und Natur haben. Für diese Risiken muss die Risikokommunikation als weiterer Bestandteil in das Risikomanagement einbezogen werden.[348] Dies gilt insbesondere für Industrieunternehmen, die mit risikoreichen Technologien bzw. Materialien arbeiten. Neben die Bewältigung des Risikos klassischer Form tritt hier das Problem der Kommunikation über das Risiko. Solche Gesundheits- oder Umweltrisiken sind schließlich keine unternehmensinterne Angelegenheit, sondern Stakeholder wie Kunden, Anwohner oder Mitarbeiter sowie die ökologische Umwelt sind unmittelbar von diesem Risiko betroffen. Damit wird das Risiko zu einer gesellschaftlichen und somit auch öffentlichen Angelegenheit. Das Unternehmen als Risikoproduzent muss

---

[344] Eine ausführliche Übersicht zu den Vor- und Nachteilen einer adaptiven und integrierten Lösung findet sich bei Kratzheller 1997, 124.
[345] vgl. Wolf/Runzheimer 2003, 156
[346] vgl. Baisch 2000, 107
[347] Müller-Vivil 2000, 235
[348] vgl. Müller-Vivil 2000, 117 f., vgl. Kratzheller 1997, 98 f.

sich, um seine Reputation zu wahren, mit dieser öffentlichen Dimension des Risikos und den dahinter stehenden Anspruchsgruppen kommunikativ auseinandersetzen.[349]

Wie kontinuierlich und offen Risikokommunikation betrieben wird, hängt vor allem von der im Unternehmen vorherrschenden Kommunikationskultur ab.[350] Anzustreben ist, um Konflikte zu verhindern, eine transparente und verständnisvoll auf etwaige Ängste eingehende Risikokommunikation.

Risikokommunikation fungiert als Oberbegriff für die folgenden Kommunikationsdisziplinen:[351]

- Aufklärungs- und Vorsorgekommunikation,
- Legitimationskommunikation und
- Krisen- und Störfallkommunikation.

Im Rahmen von Aufklärungs- und Vorsorgekommunikation werden die vom Risiko betroffenen Teilöffentlichkeiten über bestehende Risiken informiert. Dies kann beispielsweise durch Informationsbroschüren, Betriebsbesichtigungen oder Vorträge geschehen.

Unter der Legitimationskommunikation können sämtliche Bemühungen des Unternehmens zusammengefasst werden, die das Ziel verfolgen, das Eingehen der jeweiligen Risiken gegenüber dem gesellschaftspolitischen Umfeld vertrauensvoll zu rechtfertigen.[352] Nur wenn dies gelingt, kann verhindert werden, dass solche Risiken negativ auf die Reputation des Unternehmens zurückwirken.[353] Das grundlegende Problem der Risikokommunikation liegt dabei in der Risikowahrnehmung durch Laien, die sich erheblich von der wissenschaftlichen unterscheidet. Laien nehmen Risiken vor allem intuitiv wahr.[354] Rein rationale Argumente, womöglich noch – wie in der BWL üblich – in der quantitativen Form von Eintrittswahrscheinlichkeit und Schadenshöhe, können daher kaum zu einer Vertrauensbildung beitragen.[355] Entscheidende Parameter eines Risikos, welche die subjektive Einschätzung unter Laien bestimmen, sind vielmehr qualitativer Natur. Dazu zählen beispielsweise die Vorstellbarkeit des Schadens, Auswirkungen auf Kinder, die Freiwilligkeit des Eingehens und das Katastrophenpotenzial.[356] Unternehmen müssen für eine Vertrauensbildung in der Kommunikation gezielt auf eben diese bekannten und darüber hinaus im Dialog zu erfahrenden Einschätzungen und Ängste eingehen.[357]

---

[349] vgl. Hribal 1999, 103
[350] vgl. Hribal 1999, 142
[351] vgl. Obermeier 1999, 40, vgl. Barth/Breunlein/Mihm 2004, 17
[352] vgl. Müller-Vivil 2000, 240
[353] vgl. ebenda
[354] vgl. Obermeier 1999, 73, vgl. Müller-Vivil 2000, 175 und 192, vgl. Hribal 1999, 35
[355] vgl. Hribal 1999, 56
[356] vgl. Obermeier 1999, 83, vgl. Müller-Vivil 2000, 185
[357] Die so genannte Akzeptanzforschung ist eine eigenständige Disziplin der Risikoforschung. Sie befasst sich „mit den sozialen Definitions- und Kommunikationsprozessen, welche der Risikowahrnehmung zugrunde liegen." (Hribal 1999, 61)

Die dritte Disziplin der Risikokommunikation ist die Krisen- und Störfallkommunikation. Diese kann nach dem in diesem Zusammenhang häufig zitierten Wirtschaftswissenschaftler Armin Töpfer wie folgt definiert werden:

> „Unter Krisenkommunikation wird [...] die gezielte Unterrichtung von Adressaten verstanden, nachdem eine Krise eingetreten ist, bestimmte Personen darüber Wissen erlangt haben und das Unternehmen – auf Basis einer definierten Kommunikationsstrategie – weitere Details der Öffentlichkeit bewusst vermitteln oder auch nicht vermitteln will.“[358]

Die Krisenkommunikation sollte ein integraler Bestandteil des Krisenmanagements sein und als solcher bereits in „krisenfreien“ Zeiten vorbereitet werden. Das Krisenmanagement und speziell seine Beziehung zum Risikomanagement stehen im Mittelpunkt des folgenden Abschnitts. Dabei soll es nicht nur um eingetretene Sicherheitsrisiken, sondern im Allgemeinen um die Vorbereitung des Unternehmens auf krisenhafte Situationen gehen. Wie bereits dargelegt wurde, können solche auch durch endogene Vorgänge, durch Entscheidungen des Unternehmens oder durch von außen an das Unternehmen herangetragene kritische Themen ausgelöst werden.

5.5 Unternehmerisches Krisenmanagement

Während es im Risikomanagement darum geht, unternehmerische Risiken systematisch zu erfassen, zu bewerten, zu behandeln und zu kontrollieren, bezeichnet Krisenmanagement die Gesamtheit aller Maßnahmen des systematischen Umgangs mit solchen Risiken, die sich aus verschiedenen Gründen aus der Phase der Latenz weiterentwickelt haben bzw. im Sinne eines weiteren Begriffsverständnisses weiterentwickeln könnten zu einer manifesten Krise.[359]

5.5.1 Ausprägungen und Elemente des Krisenmanagements

Für eine genauere Abgrenzung soll an dieser Stelle, in Anlehnung an die Betriebswirtschaftler Krystek und Müller-Stewens, unterschieden werden zwischen dem „klassischen“ oder „traditionellem“ und dem so genannten „aktiven Krisenmanagement“.[360]

Klassisches Krisenmanagement konzentriert sich auf die Bewältigung einer ausgebrochenen, also akuten Krise.[361] Es „entspricht dem Ansatz eines Crash-Managements, einem ‚After-Fact-Approach' mit deutlich reaktiven Zügen.“[362] In der Literatur findet sich daher auch die Bezeichnung „reaktives Krisenmanagement“.[363] Da es aber auf der Hand liegt, dass in einer ohnehin als stressig empfundenen Krisensituation nicht in jedem Fall der erforderliche „kühle Kopf“ für organisatorische Fragen bewahrt werden kann und die Akteure zudem unter einem enormen Zeitdruck stehen, umfassen solche klassischen Systeme auch Maßnahmen der orga-

---

[358] Töpfer 2006, 365
[359] vgl. Brühwiler 2007, 113
[360] vgl. Krystek/Müller-Stewens 1993, 30
[361] vgl. ebenda, vgl. Baisch 2000, 147
[362] Krystek/Müller-Stewens 1993, 30
[363] vgl. Müller-Vivil 2000, 100

nisatorischen Vorbereitung auf den Krisenfall. Das heißt, in „sonnigen" Zeiten werden Maßnahmen geplant, die wirksam werden, wenn eine Krise eintritt. Es erleichtert den Umgang mit Krisen, wenn die gesamte Energie und Aufmerksamkeit der Bewältigung gewidmet werden kann und die organisatorischen Rahmenbedingungen bereits vorher definiert sind. Zu den Bestandteilen eines solchen vorbereitenden Krisenmanagements, das häufig im Rahmen von Krisen- und Notfallplänen dokumentiert wird, zählen ohne Anspruch auf Vollständigkeit:

- die Festlegung von Verantwortlichkeiten innerhalb des Managements,
- die Zusammensetzung eines (jeweils themenbezogenen) Krisenstabes, der seine Informationen zum einen aus zuvor erarbeiteten Plänen und Datengrundlagen bezieht, zum anderen auch operativ mit den betroffenen Unternehmensbereichen zusammenarbeitet,
- die Festlegung von Informationsreihenfolgen und Kommunikationswegen innerhalb des Unternehmens,
- die Vorbereitung der Krisenkommunikation, etwa durch die Bestimmung von Kommunikatoren und Kommunikationskanälen sowie die Vorbereitung von Dark-Sites[364], Textbausteinen oder Frage-Antwort-Katalogen, die Einrichtung von Hotlines für externe Anfragen und die Planung weiterer spezieller Kommunikationsmaßnahmen,
- die Durchführung von regelmäßigen Schulungen (z.B. Medientrainings für Interview- oder Studiosituationen) und das „Durchspielen" von verschiedenen Krisen-Szenarien sowie
- evtl. die Einrichtung eines Krisenraumes mit spezieller Ausstattung (Konferenzsysteme, TV, Radio, Internetzugang usw.).

Wie aus dieser kurzen Auflistung deutlich wird, kommt der Kommunikation bzw. den Public Relations im Krisenmanagement eine entscheidende Bedeutung zu. Diese zeigt sich zum Beispiel in der weitreichenden organisatorischen Integration der entsprechenden Kommunikationsverantwortlichen in den Krisenmanagementprozess, die auch im Zuge der Leitfadengespräche bestätigt werden konnte. Mit der Krisenkommunikation bzw. der Krisen-PR haben sich innerhalb der PR eigenständige Disziplinen entwickelt. Ausgehend von der krisenverstärkenden Wirkung von fehlerhafter oder unangemessener Kommunikation kann die Bedeutung der Krisenkommunikation mit den Worten von Armin Töpfer wie folgt verdeutlicht werden: „Die Krisenkommunikation ist […] neben allen physischen Maßnahmen zur Krisenbewältigung und Problembeseitigung ein zentraler Bestandteil des Krisenmanagements."[365] Sie dient der gezielten Unterrichtung und vertrauensfördernden Auseinandersetzung mit der Öffentlichkeit nach dem Bekanntwerden einer Krise und muss ebenso gut vorbereitet werden wie die organisatorischen und technischen Maßnahmen zur Krisenbewältigung.

[364] Dark-Sites können im Krisenfall die Startseite des Internetauftritts ersetzen. Sie enthalten Informationen und Botschaften, die im jeweiligen Krisenfall relevant sind (Hotlines, Ansprechpartner usw.).
[365] Töpfer 2006, 359

Vom bisher beschriebenen klassischen Krisenmanagement, also der Vorbereitung auf den Eintritt der Krise und der angemessenen Reaktion im Krisenfall, abzugrenzen ist das so genannte „aktive Krisenmanagement“.[366] Dieses weist deutlich antizipative und präventive Elemente auf und zielt darauf ab, nicht nur auf den Krisenfall vorbereitet zu sein, sondern eine sich anbahnende Krise möglichst früh zu erkennen und im besten Fall deren Eintritt durch geeignete Maßnahmen auch noch zu verhindern.[367] Entsprechend den vorgestellten vier Krisenphasen können vier Phasen eines aktiven Krisenmanagements unterschieden werden:

Tabelle 3: Phasen des aktiven Krisenmanagements (in Anlehnung an Roselieb 1999, 10)

	Krisenphase	**Phase des aktiven Krisenmanagements**
1.	Potenzielle Krisenphase	Antizipatives Krisenmanagement (Krisenvermeidung)
2.	Latente Krisenphase	Präventives Krisenmanagement (Krisenerkennung und Krisenvermeidung)
3.	Akute Krisenphase	Reaktives Krisenmanagement (Krisenbewältigung)
4.	Nach-Krisenphase	Regeneratives Krisenmanagement (Krisennachbereitung)

Im nächsten Abschnitt erfolgt zunächst eine nähere Betrachtung des antizipativen und präventiven Krisenmanagements in Gestalt von Frühaufklärungssystemen.

5.5.2 Krisenprävention durch Frühaufklärungssysteme

5.5.2.1 Zum Wesen der Frühaufklärung

Hinter der Funktion Frühaufklärung verbirgt sich die Intention, relevante Entwicklungen in der Unternehmensumwelt möglichst frühzeitig, also am besten schon vor ihrem offensichtlichen Auftreten, zu erkennen.[368] Damit setzt Frühaufklärung am Wettbewerbsfaktor Zeit an, dem heute in vielen unternehmerischen Prozessen eine entscheidende Bedeutung zukommt.[369] Durch Frühaufklärung kann sich das Unternehmen in seiner Planung einen Zeitvorsprung gegenüber anderen Marktteilnehmern verschaffen.

[366] Krystek/Müller-Stewens 1993, 30
[367] vgl. ebenda
[368] vgl. Krystek/Müller-Stewens 1993, 5
[369] vgl. ebenda

Diese Generierung von „führungsrelevante[m] Wissen“[370] ist eine überaus anspruchsvolle Aufgabe, denn Informationen gibt es heute, so Krystek und Müller-Stewens, in der Unternehmensumwelt im Überfluss, „aber (strategisch) relevante Informationen sind äußerst knapp bzw. extrem mühevoll aus dem Informationsfluss herauszufiltern.“[371]

Als Instrumente der Frühaufklärung stehen heuristisch-prognostische Verfahren wie die Delphi-Methode, verschiedene Kreativitätstechniken, das freie „Stöbern und Schmökern“[372] in verschiedenen Quellen und auch mathematisch-analytische Verfahren wie Bilanz- und Kennzahlenanalysen, Planhochrechnungen oder Indikatoren-Monitoring zur Verfügung.[373] Erkenntnisse aus der Frühaufklärung können in allen unternehmerischen Bereichen von der Entwicklung über die Produktion bis hin zum Marketing Anwendung finden.

Die so genannte operative Frühaufklärung konzentriert sich auf kurzfristige Erfolgsgrößen. Sie ist in der Regel quantitativ orientiert und läuft in den Unternehmen weitgehend institutionalisiert ab.[374] Organisatorisch ist sie meist im Controlling-Bereich angesiedelt.[375]

Grundlegend anders gestaltet sich die im vorliegenden Zusammenhang wesentlichere strategische Frühaufklärung. Diese hat ihren Schwerpunkt in der qualitativen Erhebung. Beobachtet werden sowohl ökonomische, wissenschaftliche als auch gesellschaftliche, politische und mediale Entwicklungen. Anders als die operative Frühaufklärung verlangt die strategische Frühaufklärung von den beteiligten Mitarbeitern vor allem Kreativität und die Fähigkeit zur Antizipation und zu holistischem Denken. Die gewonnenen Informationen sind in der Regel schlecht zu strukturieren und häufig subjektiv geprägt.[376]

Strategische Frühaufklärung basiert auf dem Konzept der „schwachen Signale“, welches in den 70er Jahren von dem Wirtschaftswissenschaftler und Mathematiker Igor Ansoff entwickelt wurde.[377] Ansoff geht davon aus, dass kein Ereignis plötzlich eintritt, sondern strategische Diskontinuitäten sich in Form von schwachen Signalen, Vorläuferereignissen und -meldungen ankündigen. Diese Informationen liegen zunächst nur in fragmentarischer und ambivalenter Form vor und konkretisieren sich erst im Zeitverlauf. Je mehr Zeit jedoch nach dem Erkennen der ersten Anzeichen vergeht, desto mehr wertvolle Reaktionszeit verstreicht ungenutzt.[378]

---

[370] Baisch 2000, 14
[371] Krystek/Müller-Stewens 1993, 162
[372] Baisch 2000, 79, auch „browsing“ genannt
[373] vgl. Baisch 2000, 78 ff.
[374] vgl. Krystek/Müller-Stewens 1993, 10 ff.
[375] vgl. Baisch 2000, 67
[376] vgl. Krystek/Müller-Stewens 1993, 10 ff.
[377] vgl. Ansoff 1976, 129 ff.
[378] vgl. Liebl 1996, 3 f., vgl. Baisch 2000, 70

Trotz ihres unterschiedlichen Bezugssystems sollten operative und strategische Frühaufklärung im Zusammenspiel betrachtet werden, denn sie ergänzen sich gegenseitig und verfolgen das gemeinsame Ziel, relevante Entwicklungen möglichst frühzeitig zu antizipieren.[379]

Hinsichtlich der organisatorischen Einbindung der Frühaufklärung in das Unternehmen bestehen ähnliche Möglichkeiten wie beim Risikomanagement. Die einzelnen Funktionen können einer zentralen Abteilung, sekundärorganisatorischen Einrichtungen oder dezentral einzelnen Mitarbeitern in verschiedenen Abteilungen zugewiesen werden.[380]

Früherkennungssysteme sind wie Risiko- und Krisenmanagementsysteme Teil des Managementsystems.[381] Sie bilden gewissermaßen die Vorstufe zum Risiko- und Krisenmanagement. Frühaufklärung versucht zukünftige Risiken zu antizipieren, Risikomanagement versucht vor allem bestehende Risiken systematisch zu behandeln und Krisenmanagement kommt schließlich dann zum Einsatz, wenn sich Risiken aus verschiedenen Gründen zu einer Krise ausgewachsen haben (siehe Abbildung 9). In der angloamerikanischen Diskussion zum Reputation Management heißt es dazu: „If there is a lapse of time between the onset of a potenzial problem and its arrival as a full blown crisis, then there is the possibility of managing the risk."[382]

Abbildung 9: Die Position der Frühaufklärung im Prozess der Krisenerkennung und – behandlung (eigene Darstellung in Anlehnung an Töpfer 2006, 373)

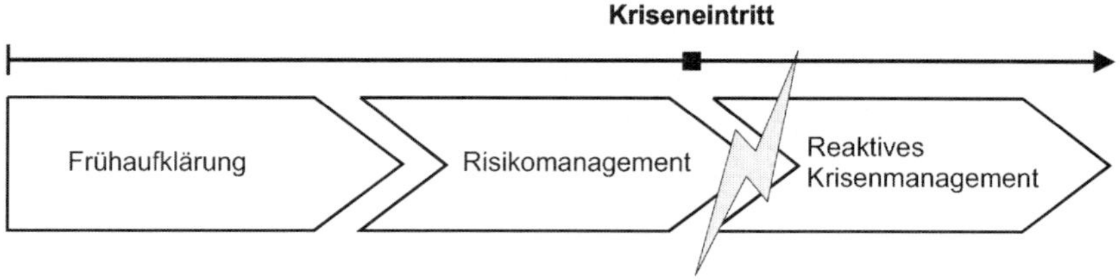

5.5.2.2 Issues Management als kommunikationsbezogene Frühaufklärung

An verschiedenen Stellen der Arbeit wurde der Begriff des Issues bereits gebraucht. Kurz zusammengefasst werden unter einem Issue öffentlich oder in einem „vor-öffentlichen" Rahmen diskutierte Themen verstanden, die das Unternehmen direkt oder indirekt betreffen und für dieses mit Chancen oder Risiken belegt sein können.[383]

---

379 vgl. Baisch 2000, 17, vgl. Krystek/Müller-Stewens 1993, 270
380 vgl. Baisch 2000, 105 ff.
381 vgl. Baisch 2000, 16
382 Green 1992, 60
383 vgl. Ingenhoff/Röttger 2006, 325, vgl. Liebl 1996, 19

Issues Management als die Methode zum systematischen Umgang mit diesen Themen ist ein Bereich der strategischen Frühaufklärung, der schwerpunktmäßig Themen der öffentlichen Diskussion beobachtet, die von Bedeutung für den Bereich der Public Relations sind oder eine solche Bedeutung entwickeln könnten. Es geht darum, gezielt auf kommunikative Chancen und Risiken zu achten und die rechtzeitige Planung und Umsetzung von Antwortstrategien zu ermöglichen.[384]

In den meisten Unternehmen, so auch der Eindruck aus den Leitfadengesprächen, ist Issues Management organisatorisch dem Bereich der Unternehmenskommunikation, speziell den Public Relations, zugeordnet. Dies bestätigt auch der Träger des PR-Preises „Goldene Brücke" in der Kategorie Issues Management aus dem Jahr 2000, Achim Kinter:

> „Prinzipiell erscheint es sinnvoll, Issues Management normativ-organisatorisch der PR (innerhalb der Unternehmenskommunikation) zuzuordnen, da dort die Strukturen, nach denen das kommunikative Vorgehen im Issues-Management-Prozess verlangt, bereits gegeben sind. In der Praxis ist dies zumeist auch der Fall."[385]

Konkret weist dieser Issues Management-Prozess idealtypisch sechs Phasen auf, die nun erläutert werden sollen, weil sie bedeutsam für den Umgang mit kommunikativen Risiken sind:[386]

1. Identifikation – Scanning und Monitoring

In einem ersten Schritt gilt es, relevante Issues zu identifizieren. Dabei erfolgt die Identifikation in zwei Schritten[387]: Mit dem so genannten „Scanning" findet zuerst eine allseitig orientierte Suche statt. Es geht dabei, so Krystek und Müller-Stewens, um ein kontinuierliches „Abtasten und Rastern des sozio-ökonomischen Umfeldes des Unternehmens".[388] Instrumente, die hierfür infrage kommen, sind z.B. Medieninhaltsanalysen, Expertengespräche oder einfach das kontinuierliche Beobachten und Durchsuchen von Datenbanken, Fachberichten und weiteren relevanten Quellen. Stößt man dabei auf ein potenzielles Issue, so wird dieses im Rahmen des so genannten „Monitorings" systematisch vertiefend beobachtet. Auf diese Weise soll sich zeigen, ob sich die Hinweise auf dessen Relevanz verdichten oder verflüchtigen.[389]

2. Analyse und Interpretation

Im zweiten Arbeitsschritt geht es darum, die identifizierten Issues, welche parallel dazu im Monitoring weiter beobachtet werden, zu interpretieren. Im Mittelpunkt steht das Erkennen und Verstehen von Erwartungshaltungen gegenüber dem Unternehmen. Es wird abgewogen,

---

[384] vgl. Eisenegger 2005, 112
[385] Kinter 2005, 62
[386] vgl. im Folgenden: Ingenhoff/Röttger 2006, 323 f.
[387] vgl. Krystek/Müller-Stewens 1993, 176, bei Eisenegger 2005, 127 ff. werden die beiden Schritte der Identifikation von Issues (Scanning, Monitoring) unter dem Namen „Induktives Issues Monitoring" und „Deduktives Issues Monitoring" geführt.
[388] Krystek/Müller-Stewens 1993, 175
[389] vgl. Krystek/Müller-Stewens 1993, 176

inwieweit das entsprechende Issue für das Unternehmen mit Chancen oder Risiken verbunden ist. Weiterhin werden Prognosen darüber aufgestellt, wie es sich weiterentwickeln könnte.

3. Priorisierung
Im Rahmen der Priorisierung werden resultierend aus den Ergebnissen der Analyse und Interpretation diejenigen Issues ausgewählt, die einer Reaktion seitens des Unternehmens bedürfen und damit eine entsprechende Handlungsentscheidung erfordern.

4. Entwicklung einer Handlungs- und Kommunikationsstrategie
Nun geht es darum, ganz konkrete Handlungs- und Kommunikationsmaßnahmen als Reaktion auf das Issue zu planen. Dafür bietet es sich in der Regel an, einen Arbeitskreis aus Vertretern der betroffenen Abteilungen zu bilden, in dem auch der Kommunikationsabteilung eine entscheidende Rolle zukommt.

5. Umsetzung der Strategie
Steht die Strategie fest, folgt die Umsetzung. Durchgeführt werden dabei sowohl konkrete Maßnahmen in den einzelnen vom Issue betroffenen Bereichen als auch begleitende kommunikative Maßnahmen. Besteht beispielsweise das Issue für einen Autohersteller darin, dass öffentlich der Todesfall eines Kindes durch elektrische Fensterheber in einem beliebigen Pkw diskutiert wird, kann eine konkrete Maßnahme darin bestehen, die eigenen Modelle auf ihre entsprechende Sicherheit zu testen und bei Bedarf Sicherungen nachzurüsten. Durch kommunikative Maßnahmen wie z.B. einer Werbekampagne und Pressearbeit kann dieser Prozess öffentlichkeitswirksam begleitet werden.

6. Ergebniskontrolle
Die Ergebniskontrolle, welche in zeitlichem Abstand zur Umsetzung der Maßnahmen durchgeführt wird, ist in sofern problematisch als dass sich, wie die Kommunikationswissenschaftlerinnen Diana Ingenhoff und Ulrike Röttger feststellen, „die erfolgreiche Issues Management Umsetzung letztendlich gerade darin zeigt, dass ein Issue nicht eskaliert und somit als solches gar nicht erst (messbar) wahrgenommen wird.“[390] Es ist schwer abzuschätzen, ob das Issue nicht eskaliert ist, weil das Unternehmen rechtzeitig reagiert hat oder ob es sich durch verschiedene andere Einflussfaktoren ohnehin nicht so stark entwickelt hätte, wie ursprünglich angenommen. Nichtsdestotrotz besteht auch für die Public Relations, in deren Aufgabenfeld Issues Management in der Regel fällt, das Erfordernis einer Erfolgsmessung. Es ergibt sich die Anforderung, durch Maßnahmen wie eine umfangreiche Dokumentation sowie die ständige Kontrolle des Issues-Management-Prozesses für Transparenz und Nachvollziehbarkeit zu sorgen.

Analog dem Risikomanagement ist auch das Issues Management ein fortschreitender Kreislaufprozess. Die Ergebnisse der Evaluation fließen in Form von konkreten Änderungen oder indirekt durch Erfahrungsgewinn in Identifikation, Analyse und Reaktion ein. Es kann gene-

[390] Ingenhoff/Röttger 2006, 324

rell festgehalten werden, dass der Issues Management-Prozess in seiner Abfolge zahlreiche Parallelen zum Risikomanagement-Prozess aufweist.

Für eine umfassende Betrachtung soll noch näher auf die Quellen eingegangen werden, auf welche sich im Rahmen des Issues Scanning und Monitoring bezogen wird. Zum einen ist es nahe liegend, für die Beobachtung öffentlicher Thematisierungsprozesse auf die Massenmedien zurückzugreifen. Diesen kommt in der Mediengesellschaft vielfach die Funktion der „issue raiser"[391], also der „Themensetzer" zu. Wie im Rahmen der Agenda-Setting-Theorie[392] hinreichend formuliert, beeinflussen Medien durch ihre Themenauswahl die öffentliche Aufmerksamkeit für bestimmte Themen. Für Unternehmen bedeutet dies, dass durch eine gezielte Beobachtung der Medienberichterstattung relevante Issues erfasst werden können. Dennoch sollte sich die Beobachtung nicht ausschließlich auf die Massenmedien und schon gar nicht auf etablierte Medien beschränken. Issues entwickeln sich langsam und nehmen ihren Anfang häufig im vormedialen Bereich oder in weniger etablierten (Fach-)Medien. Berichten die so genannten „Leitmedien" über ein Thema, kann das Unternehmen nur noch reagieren. Für proaktives Handeln ist es in der Regel zu spät.

Als Quellen für die möglichst frühzeitige Identifikation von Issues können unter anderem herangezogen werden:

- Internet-Foren und Weblogs,
- an das Unternehmen herangetragene Anfragen von Kunden und Presse,
- persönliche Kontakte und Netzwerke,
- Pressemitteilungen und sonstige Veröffentlichungen der Konkurrenz und von Geschäftspartnern,
- politische Debatten,
- Informationen von Fach- und Branchenverbänden und
- Messen, Kongresse und Foren zu relevanten Themen.

Issues Management wird häufig angeführt als Methode zur Krisenprävention im Sinne eines aktiven Krisenmanagements[393] und erfährt als solche in der Praxis weite Verbreitung.[394] Auch alle im Rahmen der Leitfadengespräche befragten Unternehmen gaben an, ein systematisches Issues Management zu betreiben. Um vorhandenes Know-how zu nutzen, liegt es daher nahe, bei der systematischen Betrachtung kommunikativer Risiken innerhalb des Risikomanagements auf die etablierten Instrumente des Issues Managements zurückzugreifen. Dafür ist es

[391] Eisenegger 2005, 117
[392] Für einen umfassenden Überblick zur Agenda-Setting-Theorie siehe Bonfadelli 2004a und Bonfadelli 2004b
[393] Issues Management als Instrument der Krisenprävention findet sich z.B. bei Töpfer 2006, 373, Roselieb 1999, 10 ff., Krystek/Müller-Stewens 1993, 30 ff.
[394] vgl. Johanssen+Kretschmer 2003, 34 (Studie „Krisen-Prävention in Deutschland") Zugleich wird in der Studie jedoch auch festgestellt, dass dieses Instrument besonders im Bereich der Integration persönlicher Kontakte sowie hinsichtlich der Einbeziehung von Hörfunk und Internet häufig Mängel aufweist.

jedoch zunächst erforderlich, konkrete Schnittstellen zwischen Risiko- und Krisenmanagement aufzuzeigen.

5.6 Schnittstellen zwischen Risiko- und Krisenmanagementsystemen als Ausgangspunkt einer Integration kommunikativer Risiken

5.6.1 Die Ausgangslage

Wie weiter oben bereits festgestellt wurde, sind gezielte Vorbereitungen auf den Krisenfall allein für einen dauerhaften Erfolg des Unternehmens nicht ausreichend. Es bedarf einer Ergänzung um Maßnahmen, die sich mit möglichen Krisenauslösern auseinandersetzen und so versuchen den Eintritt einer Krise auch noch zu verhindern. Diese Präventionsmaßnahmen fallen eigentlich für sämtliche Unternehmensfunktionen in den Bereich des Risikomanagements. Schließlich sind Risiken als latente Vorstufe von Krisen weithin anerkannt.[395] Für den Bereich der Kommunikation finden solche präventiven Betrachtungen zwar beispielsweise innerhalb des Issues Managements statt – nach einer systematischen Betrachtung kommunikativer Risiken im unternehmerischen Risikomanagement sucht man in Literatur und Praxis jedoch meist vergeblich.[396] Es wird im Krisenmanagement kommunikativen Aspekten große Bedeutung zugemessen, doch in Risikomanagementsystemen werden sie weitgehend ausgeblendet. Aus diesem Widerspruch ergibt sich, wie zu Beginn der Arbeit erläutert, die Forderung nach einer Integration von kommunikativen Risiken in das Risikomanagement.

Das Problem bei der bisherigen Betrachtung kommunikativer Risiken in den Unternehmen liegt, so auch der Eindruck aus den Leitfadengesprächen, größtenteils in einer fehlenden Stringenz und Systematik.[397] Die häufig angeführte Methode des Issues Managements dient nicht nur dazu, kommunikative Risiken zu erkennen, sondern prinzipiell die Unternehmensumwelt nach Themen abzusuchen, die das Unternehmen in verschiedener, positiver wie negativer Weise betreffen könnten. Hinzu kommt, dass gar nicht alle kommunikativen Risiken durch Issues Management erkannt und behandelt werden können. Mittels dieser Methode werden vielmehr nur solche Risiken betrachtet, die als Themen von außen an das Unternehmen herangetragen werden. Kommunikative Handlungsrisiken sowie entscheidungsbezogene Risiken werden nicht vordergründig beobachtet und behandelt. Es bedarf daher einer über Issues Management hinausgehenden Methode der systematischen Beobachtung und Behandlung kommunikativer Risiken.

In Kapitel sechs soll resultierend aus der Feststellung, dass es bisher an einer umfassenden systematischen Betrachtung fehlt, aufgezeigt werden, wie kommunikative Risiken im Rahmen des unternehmerischen Risikomanagements unter Beachtung der bisher bereits prakti-

---

395 vgl. Töpfer 2006, 353, vgl. Schulz 2001, 16, vgl. Brühwiler 2007, 113, vgl. Green 1992, 41 ff.

396 siehe dazu auch die Auswertung der Leitfadengespräche im Abschnitt 5.7

397 vgl. auch die Studie Krisen-Prävention in Deutschland (Johanssen+Kretschmer Strategische Kommunikation GmbH 2003, 15) Dort wird unter anderem festgehalten, dass eine systematische kommunikative Krisenprävention immer noch die Ausnahme darstellt.

zierten Methoden des präventiven Krisenmanagements systematisch identifiziert, bewertet und behandelt werden können. Bevor dies geschehen kann, sind zwei Schritte erforderlich: Zum einen besteht die Notwendigkeit einer klaren Definition von Schnittstellen zwischen Risikomanagement und klassischem Krisenmanagement. Dies geschieht im Abschnitt 5.6.2. Zum anderen scheint es erforderlich, das aktive, präventive Krisenmanagement systematisch in seine einzelnen Bestandteile aufzulösen, um diese anschließend mit in einen integrierten Risikomanagement-Prozess überführen zu können. Dieses Problem steht im Mittelpunkt des Abschnitts 5.6.3.

5.6.2 Das komplementäre Verhältnis von Risikomanagement und klassischem Krisenmanagement

Risikomanagement und klassisches Krisenmanagement können sich gegenseitig ergänzen und wechselseitig voneinander profitieren. Sie sind zueinander komplementär.[398] Während der Schwerpunkt des Risikomanagements auf der Verhinderung einer Krise liegt, werden im klassischen Krisenmanagement Vorkehrungen getroffen, um auf den Kriseneintritt vorbereitet zu sein. Es ist unbedingt die Existenz beider Systeme erforderlich, da Unternehmenskrisen durch Risikomanagement nicht grundsätzlich verhindert werden können, sondern Restrisiken immer bestehen bleiben.[399] Verwiesen sei an dieser Stelle auch auf plötzlich auftretende Unternehmenskrisen, die vorher nicht in Form von Risiken erkannt und behandelt wurden.[400]

In organisatorischer und funktionaler Hinsicht besteht in den Unternehmen zwischen Risiko- und Krisenmanagement eine Schnittstelle. Unter einer Schnittstelle im betriebswirtschaftlichen Sinne versteht man, in Anlehnung an den auf Organisationswissenschaft spezialisierten Betriebswirtschaftler Johannes Kratzheller, „Berührungspunkte zwischen einzelnen Entscheidungs- und Tätigkeitsbereichen innerhalb der Unternehmung, aber auch Berührungspunkte mit Umsystemen."[401] Schnittstellen entstehen in den Unternehmen durch das allgemein etablierte System der Arbeitsteilung. Sie sind insofern als problematisch einzuschätzen, als dass sie häufig mit Kommunikations- und Kompetenzproblemen verbunden sind.[402] Wenn eine Information oder eine Aufgabe von einer Funktionseinheit zur nächsten bearbeitenden Einheit weitergeleitet wird, kommt es beispielsweise häufig zu Informationsverlusten. Mit dem so genannten Schnittstellenmanagement hat sich in der Betriebswirtschaft ein Teilgebiet entwickelt, das sich mit der Optimierung solcher Schnittstellen beschäftigt.[403]

Wie ausgeprägt die Schnittstelle zwischen Risiko- und Krisenmanagement in einem Unternehmen ist, hängt auch davon ab, wo die jeweilige Funktion organisatorisch angesiedelt ist.

---

398 vgl. Krystek/Müller-Stewens 1993, 27 ff. zur Komplementarität zwischen Frühaufklärung und Krisenmanagement
399 vgl. Brühwiler 2007, 115
400 vgl. Töpfer 2006, 358 f.
401 Kratzheller 1997, 118
402 vgl. Kratzheller 1997, 120 ff.
403 siehe beispielsweise: Horváth 1991, Röder 2001

Werden beispielsweise Risiko- und Krisenmanagement jeweils für einen Bereich in der gleichen Abteilung, womöglich noch von den gleichen Mitarbeitern, durchgeführt und geplant, sind Schnittstellen weniger problematisch einzuschätzen, als wenn beide Funktionen vollkommen unabhängig voneinander in getrennten Unternehmensbereichen ausgeführt werden. Es ist ein Anliegen der Arbeit, die Schnittstelle zwischen Risiko- und Krisenmanagement effektiver zu gestalten und für eine Integration kommunikativer Risiken in das Risikomanagement zu instrumentalisieren.

5.6.3 Überschneidungen zwischen präventivem Krisenmanagement und Risikomanagement

Neben der Betrachtung der Beziehung von Risikomanagement und klassischem Krisenmanagement ist es für eine Integration kommunikativer Risiken weiterhin von Bedeutung, Überschneidungen zwischen der heute meist praktizierten erweiterten Form des präventiven Krisenmanagements und dem Risikomanagement zu verdeutlichen.

Präventive Elemente eines aktiven Krisenmanagements setzen in der potenziellen bzw. latenten Krisenphase an. Dies sind zugleich die Phasen, in denen in der Regel auch das Risikomanagement tätig wird. Aus diesem Nebeneinander von präventivem Krisenmanagement und Risikomanagement resultiert eine verwirrende Vielzahl von Begriffen und Funktionen, die unterschiedlichen Unternehmensbereichen zugeordnet werden und doch eigentlich im Kern alle damit beschäftigt sind, Unternehmenskrisen zu verhindern. Geht es primär um nichtkommunikative Belange, erfolgt die Betrachtung unter dem Namen Risikomanagement. Werden kommunikative Aspekte mitbetrachtet, spricht man in der Regel von antizipativem bzw. präventivem Krisenmanagement.

Anliegen ist es, diese Strukturen zu entwirren und die Betrachtung sämtlicher Risiken innerhalb des unternehmerischen Risikomanagements zu bündeln. Die nachfolgende Übersicht (Tabelle 4) ordnet den einzelnen Phasen des aktiven Krisenmanagements die jeweiligen Entsprechungen im Sinne der Frühaufklärung, des Risikomanagements und des klassischen Krisenmanagements zu. Abbildung 10 verdeutlicht die Parallelexistenzen und die angestrebte Zusammenführung grafisch.

Tabelle 4: Integrierte Betrachtung der einzelnen Phasen des aktiven Krisenmanagements[404]

	Krisenphase	**Phase des aktiven/präventiven Krisenmanagements**	**Entsprechungen im Sinne einer integrierten Betrachtung**
1.	Potenzielle Krisenphase	Antizipatives Krisenmanagement (Krisenvermeidung)	Frühaufklärung, Risikoidentifikation und Risikobewertung im Risikomanagement
2.	Latente Krisenphase	Präventives Krisenmanagement (Krisenerkennung und Krisenvermeidung)	Risikobehandlung und Entwicklung von Krisenkonzepten im Risikomanagement
3.	Akute Krisenphase	Reaktives Krisenmanagement (Krisenbewältigung)	Umsetzung der im Rahmen der Risikobehandlung entwickelten Strategien und klassisches Krisenmanagement
4.	Nach-Krisenphase	Regeneratives Krisenmanagement (Krisennachbereitung)	Erkenntnisse fließen ein in die Risikokontrolle des Risikomanagements

[404] Die Benennung der Krisenphasen und der Phasen des aktiven Krisenmanagements erfolgt, wie in den anderen Abschnitten, in Anlehnung an Roselieb 1999, 10.

Abbildung 10: Parallelexistenz von Risikomanagement und präventivem Krisenmanagement und integrierte Betrachtung

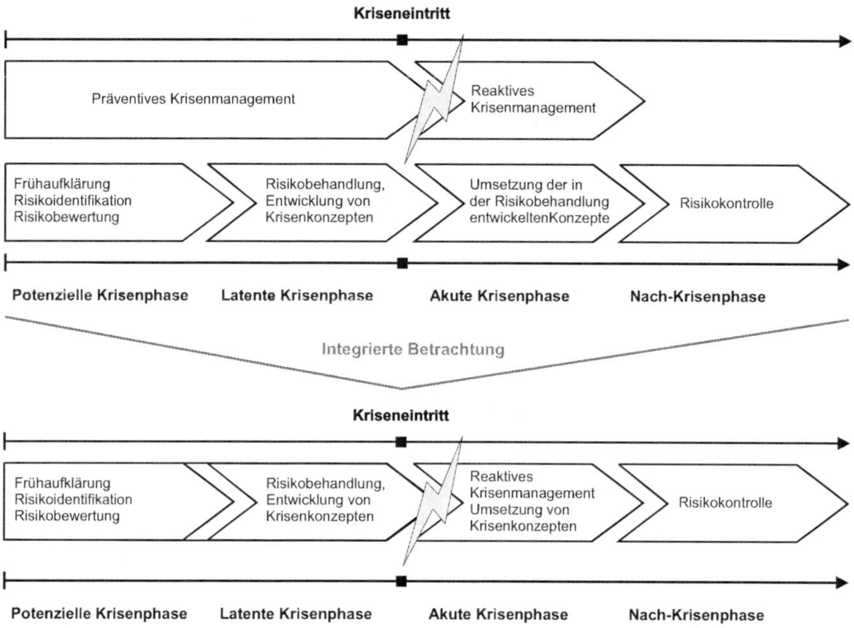

Wie kommunikative Risiken unter Beachtung der dargelegten Überschneidungen funktional und organisatorisch in das unternehmerische Risikomanagement eingebunden werden können, wird im folgenden Kapitel erörtert. Davor sollen jedoch die Leitfadengespräche in Bezug auf das Verhältnis zwischen Risiko- und Krisenmanagement zusammenfassend ausgewertet werden.

5.7 Das Management kommunikativer Risiken in der Praxis

Generell kann festgehalten werden, dass kommunikative Risiken in allen befragten Unternehmen in irgendeiner Weise beobachtet und behandelt werden. Diese Beobachtung und Behandlung erfolgt jedoch unterschiedlich systematisch und ist verschieden umfangreich ausgeprägt. Alle Kommunikationsverantwortlichen verwiesen bei der Frage nach der Betrachtung kommunikativer Risiken zunächst auf ein Issues Management System. Die Frage nach der Integration von kommunikativen Risiken in das gesamtunternehmerische Risikomanagement stellt sich damit in der Praxis in erster Linie als Frage nach der Integration des Issues Managements in das Risikomanagement. Dabei wird Risikomanagement in der Regel als ein unternehmensweiter Prozess verstanden, in dem jede Abteilung selbst die Verantwortung für den

Umgang mit den in den jeweiligen Bereichen identifizierten Risiken trägt. Vor dem Hintergrund der Veröffentlichungspflicht nach dem KonTraG werden die Risiken zwar an zentraler Stelle dokumentiert, die Identifikation und Behandlung erfolgt jedoch schwerpunktmäßig in den jeweiligen Verantwortungsbereichen. So verantwortet die Kommunikationsabteilung als Risiken in erster Linie die mittels Issues Management erkannten kritischen Themen. Die Identifikation und Behandlung solcher Themen findet meist ausschließlich hier statt.

In Bezug auf entscheidungsbezogene Risiken kann festgestellt werden, dass die Kommunikationsabteilung in der Regel in weitreichende unternehmerische Entscheidungen einbezogen wird, um die kommunikative Dimension dieser Entscheidung und etwaige Risiken zu beurteilen. Allerdings gestalten sich die tatsächlichen Einflussmöglichkeiten der Kommunikationsverantwortlichen auf die Entscheidungen unterschiedlich. Während sie bei reaktiven Handlungen, etwa in Folge einer kritischen Situation, häufig großen Einfluss haben und Entscheidungen wesentlich mit prägen, liegt ihre Aufgabe bei aktiven wirtschaftlichen Entscheidungen schwerpunktmäßig in der kommunikativen Begleitung bereits beschlossener Vorhaben. Die Betrachtung der kommunikativen Dimension von unternehmerischen Entscheidungen wird allgemein als übliche Praxis und nicht als Bestandteil des Risikomanagements betrachtet.

Insgesamt kann festgehalten werden, dass die meisten befragten Kommunikationsverantwortlichen gut über das gesamtunternehmerische Risikomanagement informiert sind, es aber größtenteils als „Etwas weit Entferntes" betrachten, das eher der Bündelung und Zusammenfassung von Risiken und weniger der konkreten Behandlung dient. Der Umgang mit kommunikativen Risiken erfolgt größtenteils im Rahmen des Tagesgeschäfts innerhalb der Kommunikationsabteilung. Üblich ist auch eine eher pragmatische Sichtweise, in der theoretische Abstufungen keine Rolle spielen. Als entscheidend wird vielfach weniger die begriffliche Abgrenzung als vielmehr eine entsprechend angemessene Reaktion gesehen.

Lediglich ein Befragter berichtete von einer selbstverständlichen systematischen Betrachtung kommunikativer Risiken innerhalb des gesamtunternehmerischen Risikomanagements.[405] Er bezog seine Äußerungen dabei nicht nur auf das Issues Management, sondern auch auf kommunikative Handlungsrisiken, für die ebenfalls regelmäßig Szenarien und systematische Bewertungen durchgeführt würden. Auch alle anderen Befragten gaben an, kommunikative Risiken zu bewerten. Allerdings bezogen sich diese Äußerungen wiederum nur auf das Issues Management. Identifizierte Issues werden hier größtenteils durch Farbcodierung wie grün-gelb-rot oder verbale Umschreibungen bewertet.

Issues Management

Das Issues Management ist in den befragten Unternehmen recht gut ausgebaut. In die Auswertung einbezogen werden nicht nur die Massenmedien, sondern auch Quellen aus dem

---

[405] vgl. telefonisches Leitfadengespräch mit einem Kommunikationsverantwortlichen eines Unternehmens aus dem Bereich Konsumgüter am 25.05.2007

vormedialen Bereich. Genannt wurden beispielsweise die gezielte Beobachtung von Internetforen, Kundenanfragen in Callcentern oder via E-Mail[406] sowie ein intensiver Austausch mit entsprechenden Fachverbänden und die aktive Beobachtung der Politik.[407] Auch Weblogs und E-Communities werden teilweise bereits in die systematische Beobachtung einbezogen.[408]

Die Kommunikationsabteilungen versuchen sich bestmöglich auf etwaige Themenentwicklungen vorzubereiten, sei es durch entsprechende Schulungen der Kommunikationsverantwortlichen oder durch die Vorbereitung von Frage-Antwort-Katalogen für bestimmte Themengebiete. Die Kommunikationsverantwortlichen weisen jedoch zugleich darauf hin, dass eine solche Vorbereitung aufgrund der Vielzahl an Themen nicht in jedem Fall möglich sei. Viele Themen würden zudem in einer Weise plötzlich auftauchen, mit der vorher nicht gerechnet werden konnte:

> „[…] das ist in der Kommunikation der Punkt: Man kann nicht alle Themenfelder, die möglicherweise aufkommen können, abdecken. Es gibt wirklich immer wieder Dinge, die in einer Weise auftreten, wie man sie vorher nicht erahnt hat.“[409]

Mit den praktizierten Systemen zum Umgang mit kommunikativen Risiken sind die Kommunikationsverantwortlichen größtenteils zufrieden. Diese subjektive Einschätzung muss jedoch angesichts der weiteren Aussagen in den Gesprächen relativiert werden. Als kritisch erweist sich besonders die Reduzierung kommunikativer Risiken auf Issues. Wie weiter oben beschrieben, kann Issues Management zwar gute Ansätze liefern, reicht aber für die systematische Betrachtung kommunikativer Risiken allein nicht aus. Dass die Behandlung kommunikativer Risiken ausschließlich in der Kommunikationsabteilung stattfindet, muss kein Widerspruch zu einer systematischen Betrachtung sein – solange sie systematisch erfolgt und eine Verbindung zum gesamtunternehmerischen Risikomanagement besteht. Gerade daran muss jedoch nach Auswertung der Leitfadengespräche gezweifelt werden. Kommunikative Risiken werden zwar in allen Fällen in irgendeiner Weise betrachtet. Es ergibt sich jedoch die Notwendigkeit einer Systematisierung hinsichtlich der Identifikation, Bewertung und Behandlung kommunikativer Risiken, die über das Issues Management hinausgeht.

---

[406] vgl. telefonisches Leitfadengespräch mit einem Kommunikationsverantwortlichen eines Unternehmens aus dem Bereich Software am 07.06.2007

[407] vgl. telefonisches Leitfadengespräch mit einem Kommunikationsverantwortlichen eines Unternehmens aus dem Bereich Konsumgüter am 01.06.2007

[408] vgl. telefonisches Leitfadengespräch mit einem Kommunikationsverantwortlichen eines Unternehmens aus dem Bereich der Automobilindustrie am 31.05.2007, vgl. telefonisches Leitfadengespräch mit einem Kommunikationsverantwortlichen eines Unternehmens aus dem Bereich Telekommunikations-Dienstleistung am 06.06.2007, vgl. telefonisches Leitfadengespräch mit einem Kommunikationsverantwortlichen eines Unternehmens aus dem Bereich Software am 07.06.2007

[409] telefonisches Leitfadengespräch mit einem Kommunikationsverantwortlichen eines Unternehmens aus dem Bereich Konsumgüter am 01.06.2007

Die Beziehung zwischen Risiko- und Krisenmanagement

In den Leitfadengesprächen wurde auch über das Verhältnis von Risiko- und Krisenmanagement gesprochen. Das sich aus der Literatur ergebende Bild der tragenden Verantwortung der Kommunikationsabteilung innerhalb des Krisenmanagements wurde dabei bestätigt:

> „Wir [die Kommunikationsabteilung, Anm. d. Verf.] sind immer betroffen, weil die meisten Krisen auch eine Öffentlichkeitswirkung haben."[410]

> „Die Kommunikationsabteilung hat im Krisenmanagement die steuernde Funktion."[411]

Neben der organisatorischen Vorbereitung auf den Krisenfall, etwa durch Krisenpläne, Schulungen und sonstige Instrumente, wird in den Unternehmen auch Krisenprävention betrieben. Diese erfolgt jedoch selten unter dem Begriff „präventives Krisenmanagement", sondern wird überwiegend dem Issues Management und allgemein einem verantwortungsvollen und nachhaltigen unternehmerischen Handeln zugewiesen. Beispielhaft sei hier der Kommunikationsverantwortliche einer Chemie-AG zitiert:

> „Den Begriff der Prävention würde ich auf die organisatorische Vorbereitung des Umgangs mit Krisen beschränken. Alles, was man tut im Sinne von Responsible Care und Sustainable Development, würde ich nicht unter das Dach ‚Verhinderung von Krisen' stellen, sondern das ist generell Vertrauensaufbau bzw. das ist langfristige Unternehmensstrategie. Das würde ich auf keinen Fall reduzieren wollen auf Krisenverhinderung."[412]

Krisenmanagement wird also eher als der konkrete Umgang mit Krisen verstanden, während Maßnahmen einer Krisenverhinderung dem allgemeinen Tagesgeschäft oder darauf spezialisierten Formen wie dem Issues Management zugewiesen werden.

Der überwiegende Teil der Befragten war zudem der Meinung, dass sich Krisen größtenteils aus Risiken ergeben, die schon vor dem akuten Ausbruch der Krise abzusehen sind:

> „Ja, ich würde sagen, die meisten Dinge sind in einem Frühstadium erkennbar und auch noch relativ gut vermeidbar. Je weiter die Skandalisierung in der Öffentlichkeit fortgeschritten ist, desto schwieriger wird es und desto höher ist der Energieaufwand, den man aufbringen muss, um mit einer Krise fertig zu werden."[413]

Da die meisten Befragten einen klaren Zusammenhang zwischen Risiken und Krisen sehen, wird in der Regel auch eine Beziehung zwischen Risiko- und Krisenmanagement bejaht. So äußerte sich ein Befragter wie folgt:

---

[410] telefonisches Leitfadengespräch mit einem Kommunikationsverantwortlichen eines Unternehmens aus dem Bereich Telekommunikation am 06.06.2007

[411] telefonisches Leitfadengespräch mit einem Kommunikationsverantwortlichen eines Unternehmens aus dem Bereich der Automobilindustrie am 31.05.2007

[412] telefonisches Leitfadengespräch mit einem Kommunikationsverantwortlichen eines Unternehmens aus dem Bereich Chemie am 15.06.2007

[413] telefonisches Leitfadengespräch mit einem Kommunikationsverantwortlichen eines Unternehmens aus dem Bereich Chemie am 15.06.2007

> „Natürlich schaut man: Welche Themen gibt es? Welche Risikofelder sind da drin? Muss ich die Auswahl der Teilnehmer, die ich in die Krisenvorbereitung einbeziehe, ändern? Muss ich Neue mit ins Boot nehmen? Reichen die Tools aus, die wir vorbereitet haben? Die Krisenvorbereitung wird ständig aktualisiert und ist im Einklang mit den Risikofeldern, die es zu behandeln gilt.“[414]

Systematisierte Formen der Zusammenarbeit können jedoch nicht angegeben werden. Auch hier folgt die Umsetzung in erster Linie einer intuitiven Pragmatik in der Form, dass beispielsweise im Rahmen des präventiven Krisenmanagements anlassbezogen auf Erkenntnisse des Risikomanagements zurückgegriffen wird.

Zusammenfassend kann für die befragten Unternehmen festgehalten werden: Kommunikative Risiken und Krisen sind für die Kommunikationsverantwortlichen kein Fremdwort. Jedes Unternehmen hat einen mehr oder weniger pragmatischen Weg für den Umgang mit ihnen gefunden. Bei genauerem Nachfragen wird jedoch deutlich, dass diese Vorgehensweisen häufig unsystematisch sind und keinesfalls geeignet, alle Facetten kommunikativer Risiken zu erfassen. Auch bestehen kaum methodische Formen der Zusammenarbeit zwischen Risiko- und Krisenmanagement. Insgesamt offenbart sich damit in den Leitfadengesprächen die Notwendigkeit der Entwicklung einer planvollen Betrachtung kommunikativer Risiken.

---

[414] telefonisches Leitfadengespräch mit einem Kommunikationsverantwortlichen eines Unternehmens aus dem Bereich Konsumgüter am 01.06.2007

6 Integration kommunikativer Risiken in das Risikomanagement

In diesem abschließenden Kapitel sollen die bisher erarbeiteten Strukturen und Zusammenhänge zur systematischen Betrachtung kommunikativer Risiken zusammengeführt werden. Anliegen ist es, für kommunikative Risiken eine methodische Betrachtung zu etablieren, wie sie für andere Arten unternehmerischer Risiken bereits üblich ist. Zu diesem Zweck sollen kommunikative Risiken unter Ausnutzung der beschriebenen Schnittstellen in das unternehmerische Risikomanagement integriert werden.

Da sich das Kapitel recht komplex gestaltet, wird ihm eine Übersicht vorangestellt, welche die Vorgehensweise und relevante Querverbindungen veranschaulicht:

Abbildung 11: Vorgehensweise Kapitel 6

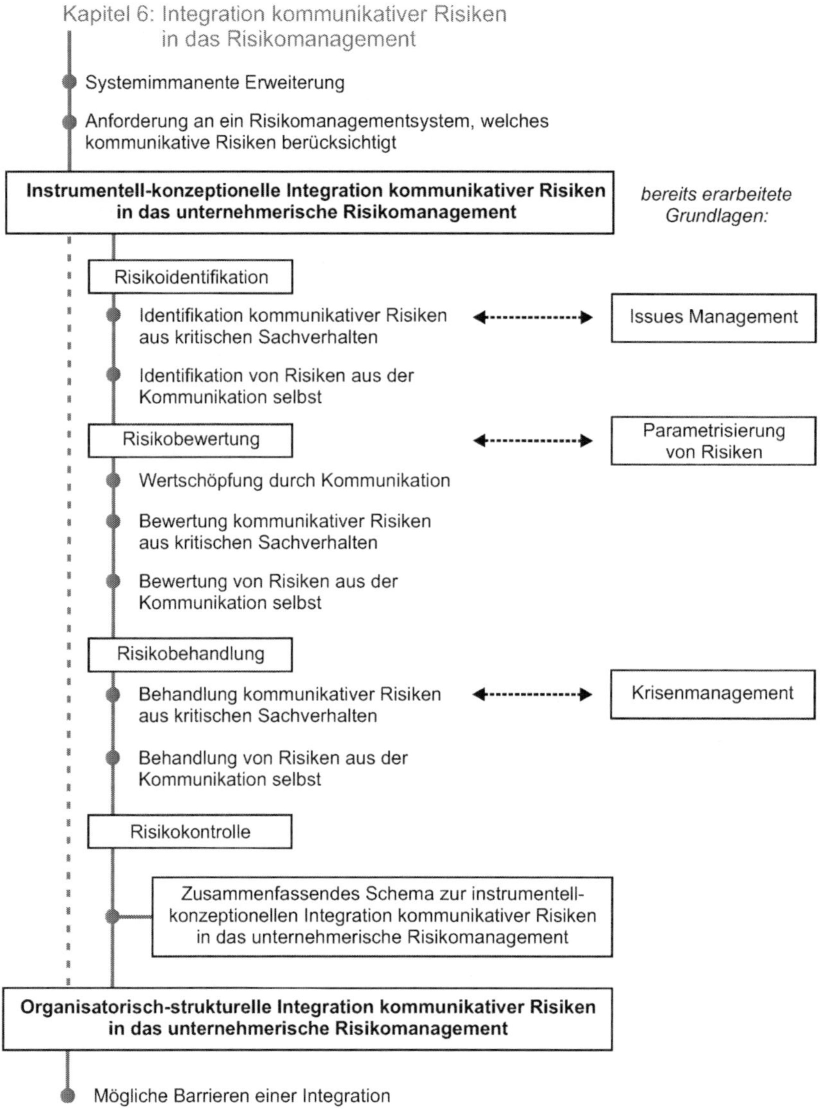

6.1 Systemimmanente Erweiterung

Die Identifikation, Bewertung, Behandlung und Kontrolle kommunikativer Risiken soll systemimmanent innerhalb des bereits bestehenden unternehmerischen Risikomanagements erfolgen. Es wird kein separates System für das Management kommunikativer Risiken eingeführt, sondern die systematische Betrachtung findet durch eine entsprechende Erweiterung der Methoden und Parameter statt. Auf diese Weise können bereits vorhandene Strukturen genutzt und übermäßige Komplexität verhindert werden.

Die Integration kommunikativer Risiken in das unternehmerische Risikomanagement ist schwerpunktmäßig für Unternehmen relevant, die im Geltungsbereich des KonTraG agieren. Bedingt durch die Börsennotierung wirken sich Reputationsschäden bei Aktiengesellschaften unmittelbarer aus als bei anderen Unternehmensformen. Hinzu kommt, dass die Wahrscheinlichkeit kommunikativer Risiken in dem Maße steigt, in dem Unternehmen international agieren und damit die Überwachung von Prozessen und Vorgängen immer schwieriger wird.[415] Eine systematische Betrachtung kommunikativer Risiken scheint folglich besonders für solche Unternehmen angebracht, die nach KonTraG und darüber hinausgehenden internationalen Vorschriften ohnehin zur Einrichtung eines Risikomanagements verpflichtet sind.

6.2 Anforderungen an ein Risikomanagementsystem, welches kommunikative Risiken berücksichtigt

Bevor konkrete Methoden und Parameter beschrieben werden, sollen zunächst Anforderungen definiert werden, denen ein um kommunikative Risiken erweitertes Risikomanagementsystem insgesamt gerecht werden muss. Dies sind:[416]

- Flexibilität und Offenheit: Es soll kein starres, für alle Zeit feststehendes System eingerichtet werden, sondern die Möglichkeit der Anpassung bestehen. Da mittels des Systems eine flexible Umwelt erfasst werden soll, muss es auch selbst flexibel sein.
- Spezifität: Das System muss sich an unternehmensspezifische Gegebenheiten und Herausforderungen anpassen können, denn Unternehmen weisen im Bereich der Kommunikation und PR verschiedene Strukturen und Ablaufmuster auf.
- Rekursivität: Es soll zurückgegriffen werden auf bekannte Verfahren. Der Prozessablauf beim Umgang mit kommunikativen Risiken soll der gleiche sein wie beim Umgang mit anderen unternehmerischen Risiken.
- Personenfokussierung: Neben der eigentlichen Ausgestaltung des Systems kommt vor allem dem Aufbau einer entsprechenden Denkhaltung und einer „kommunikativen Sensi-

[415] vgl. Herger 2004, 212 f., vgl. Green 1992, 28 f.

[416] Die Aufstellung der Kriterien erfolgt in Anlehnung an die Anforderungen an ein Früherkennungssystem nach Baisch 2000, 8 f. und an Gestaltungsprinzipien für Managementsysteme nach Schwaninger 1994, 298 ff.

bilität"[417] bei Führungskräften und Mitarbeitern entscheidende Bedeutung zu. Ohne diese ist eine Erfolg versprechende Umsetzung des Systems nicht möglich.

6.3 Instrumentell-konzeptionelle Integration kommunikativer Risiken in das unternehmerische Risikomanagement

Die Integration kommunikativer Risiken in das unternehmerische Risikomanagement soll aus zwei Perspektiven betrachtet werden: Zunächst geht es darum, die instrumentelle und funktionelle Gestaltung einer Integration vorzustellen. Dabei werden nacheinander für die Prozessschritte des Risikomanagements (Risikoidentifikation, -bewertung, -behandlung und -kontrolle) Methoden und Parameter erarbeitet, um die es bestehende Systeme zu erweitern gilt. Anschließend wird auf organisatorisch-strukturelle Aspekte der Integration eingegangen.

Weiter oben wurden zwei Dimension von Kommunikation in der Risiko- und Krisenbetrachtung erarbeitet: Kommunikation als alleiniger Auslöser einer krisenhaften Situation und Kommunikation als Verstärker der negativen Wirkung von ohnehin kritischen Sachverhalten. Beiden Dimensionen gilt es bei einer Integration Rechnung zu tragen. Mit Rücksicht auf die Kommunikation als möglichen Krisenauslöser unabhängig von einem kritischen Kommunikationsgegenstand müssen Aspekte ihrer Durchführung, etwa ihre Einheitlichkeit, unter dem Dach des Risikomanagements betrachtet werden. Weiterhin ist es erforderlich, die kommunikative Risikodimension unternehmerischer Entscheidungen sowie endogener und exogener Entwicklungen zusätzlich zu deren anderen Risikodimensionen zu erfassen, zu bewerten und zu steuern. Hier kommt Kommunikation als potenzieller Verstärker kritischer Sachverhalte zum Tragen. Sicherheitsrisiken, kritische Entscheidungen, öffentliche Thematisierungen oder interne Probleme werden innerhalb des Risikomanagements bereits unter finanziellen oder rechtlichen Aspekten beobachtet. Damit müssen diese Sachverhalte nicht vollkommen neu in das Risikomanagement eingeführt werden. Vielmehr gilt es, ihre kommunikativen Wirkungen als zusätzliche Risikodimension zu erfassen. Risiken, die rein von der Kommunikation ausgehen, im Wesentlichen kommunikative Handlungsrisiken, sind hingegen als neue Sachverhalte in die Risikobetrachtung einzubinden. Folglich ergibt sich im weiteren Vorgehen bei den einzelnen Prozessschritten auch eine Zweiteilung in der Betrachtung: Es wird jeweils das Vorgehen für die kommunikative Dimension von risikobehafteten Sachverhalten beschrieben und anschließend das Vorgehen für aus der Kommunikation selbst entstehende Risiken.

6.3.1 Identifikation kommunikativer Risiken

Der erste Schritt innerhalb des unternehmerischen Risikomanagement-Prozesses ist die Risikoidentifikation. Es werden Methoden erläutert, um die es Risikomanagementsysteme in diesem Prozessschritt zu erweitern gilt, um eine integrierte Betrachtung kommunikativer Risiken zu ermöglichen.

[417] Dr. Werner Süss (Managing Director Vattenfall Europe Sales) im Rahmen des 2. LPRS Forums „Management Means Communication" am 20.04.2007 (LPRS steht für: Leipziger Public Relations Studenten e.V.)

6.3.1.1 Identifikation kommunikativer Risiken aus kritischen Sachverhalten

Die kommunikative Risikodimension eines Sachverhaltes kann bei oberflächlicher Betrachtung leicht übersehen werden. Zu ihrer Identifikation bedarf es häufig Kreativität und Phantasie. Mitarbeiter, die mit der Identifikation betraut werden, müssen generell über die Fähigkeit verfügen, sich in das Denken anderer Personen(gruppen) hineinzuversetzen. Insgesamt sind mit Blick auf die beschriebenen Methoden der Identifikation für kommunikative Risiken eher heuristische und pragmatische Verfahren geeignet.

Bestimmendes Kriterium der Kommunikationsprozesse, mit denen sich ein Unternehmen konfrontiert sieht, ist deren Dynamik. Ein Kommunikationsverantwortlicher hat das im Rahmen eines Leitfadengespräches so ausgedrückt: „Ich komme morgens ins Büro und weiß zu 70 Prozent nicht, was der Tag bringt.“[418] Für die Identifikation kommunikativer Risiken kann daraus geschlussfolgert werden, dass diese möglichst kontinuierlich erfolgen muss und dass der Übergang zwischen den einzelnen Prozessschritten des Risikomanagements allgemein sehr schnell geschehen muss.

Bevor konkret auf das Vorgehen bei einzelnen Arten kommunikativer Risiken eingegangen wird, soll zunächst ein allgemeines Schema vorgestellt werden, mit dem die kommunikative Risikodimension sämtlicher innerhalb des Risikomanagements betrachteter Sachverhalte identifiziert werden kann.

Erste und entscheidende Frage ist dabei: Gehen vom jeweiligen Sachverhalt externe Wirkungen aus? Das heißt konkret: Wirkt er sich negativ auf die Ziele oder Erwartungen von Stakeholdern aus? Wird diese Frage mit „ja“ beantwortet, verfügt der Sachverhalt über eine kommunikative Dimension. Diese kann mittels der folgenden Fragen vertiefend beschrieben werden:

1. Welche Gruppen sind konkret betroffen bzw. könnten sich betroffen zeigen?
2. Worin bestehen die Erwartungen und Ziele dieser Gruppen?
3. Wie werden diese beeinträchtigt?
4. Wie werden die einzelnen Gruppen die Beeinträchtigung wahrnehmen?
5. Wie könnten sie sich infolgedessen verhalten?

Von einem kommunikativen Risiko kann immer dann ausgegangen werden, wenn durch die Realisierung eines Sachverhaltes die Interessen oder Erwartungen einzelner Stakeholder verletzt werden und wenn damit zu rechnen ist, dass diese Verletzung negativ auf das Unternehmen zurückwirkt.

Im Folgenden wird das beschriebene Vorgehen für jene Sachverhalte konkretisiert, die im vierten Kapitel als wesentliche Quellen kommunikativer Risiken beschrieben wurden, also

[418] telefonisches Leitfadengespräch mit einem Kommunikationsverantwortlichem eines Unternehmens aus dem Bereich Konsumgüter am 01.06.2007

Sicherheitsrisiken, unternehmerische Entscheidungen, öffentliche Thematisierungen und interne Probleme.

Identifikation der kommunikativen Dimension von Sicherheitsrisiken

Um zu verhindern, dass sich in der Sache ohnehin kritische Vorfälle wie Stör- oder Unfälle sowie Produktrückrufe durch fehlerhafte Kommunikation zu einer handfesten Krise auswachsen, müssen deren kommunikative Aspekte bereits in „ruhigen Zeiten" erfasst werden.

Große Bedeutung kommt dabei der Entwicklung von entsprechenden Szenarien zu. Im Abschnitt 5.2.1 wurde die Szenario-Technik als Methode der Identifikation von Risiken beschrieben. Sie wird bereits in Risikomanagementsystemen angewendet, jedoch eher in dem Sinne, dass etwa finanzwirtschaftliche Szenarien konstruiert werden. Kommunikative Aspekte spielen bei der Entwicklung von Szenarien, zumindest unter dem Dach des Risikomanagements, bisher keine Rolle. Sie finden vor allem im Bereich des Krisenmanagements Beachtung. Hier werden Szenarien entwickelt, um organisatorische und kommunikative Vorgehensweisen beim Eintritt eines entsprechend kritischen Vorfalls planen zu können. Für die Identifikation der kommunikativen Risikodimension von Sicherheitsrisiken können diese Szenarien instrumentalisiert werden. Die Betrachtung von kommunikativen Szenarien muss dazu im Risikomanagement als zusätzliche Methode innerhalb des Prozessschrittes der Risikoidentifikation etabliert werden. Dabei soll es nach der Identifikation eines Sicherheitsrisikos darum gehen, kritische Vorfälle und die damit verbundenen Kommunikationsmaßnahmen „gedanklich durchzuspielen". Auch wenn es nicht möglich sein wird, solche Vorfälle in ihrer Komplexität vollkommen vorweg zu nehmen, können unter Anwendung des oben vorgestellten Schemas grundsätzliche Herausforderungen für die Kommunikation erkannt werden.

Wie konkret auf diese Weise identifizierte kommunikative Risiken bewertet und eingeschränkt werden können, wird in den Abschnitten 6.3.2 und 6.3.3 deutlich werden.

Identifikation entscheidungsbezogener kommunikativer Risiken

Kommunikative Risiken können auch von Unternehmensentscheidungen ausgehen. Um solche entscheidungsbezogenen Risiken zu identifizieren, müssen Entscheidungen vor der Umsetzung bzw. öffentlichen Bekanntgabe auf ihre kommunikative Dimension untersucht werden. Ausschlaggebend dafür, wie eine Entscheidung aufgenommen wird, sind die Ziele und Erwartungshaltungen der Stakeholder. Diese zu ergründen und in Beziehung zu setzen zur jeweiligen Entscheidung ist die Aufgabe der so genannten „Stakeholder Analyse"[419] (auch „Stakeholderexploration").[420] Der zugrunde liegende Prozess soll hier in einer für Unternehmensentscheidungen relevanten Weise erläutert werden, um ihn als zusätzliche Methode der Risikoidentifikation innerhalb des Risikomanagements zu etablieren:

---

[419] Liebl 1996, 97 ff.
[420] Zerfaß 2005, 326

1. Identifikation betroffener Gruppen (Stakeholder-Scanning)

Zunächst gilt es, Anspruchsgruppen zu identifizieren, die von der Entscheidung betroffen sind bzw. sich betroffen fühlen könnten. Es sei an dieser Stelle nochmals auf die Aussage von Liebl hingewiesen: „Stakeholder ist […], wer sich dafür hält."[421] Es sollten also auch solche Akteure in die Betrachtung einbezogen werden, die zwar nicht direkt betroffen sind, aber aus verschiedenen Gründen ein Interesse an dem Thema haben könnten. Zerfaß fasst diesen Prozess unter dem Begriff „Stakeholder-Scanning"[422] zusammen.

Kriterien für eine Identifikation möglicher Stakeholder in Verbindung mit einer Entscheidung können sein:[423]

- eine Stellungsnahme oder Aktivität der jeweiligen Anspruchsgruppe bei ähnlichen Themen in der Vergangenheit,
- das Bestehen direkter wirtschaftlicher Beziehungen,
- vermutetes Interesse,
- formale Beziehungen (z.B. Verträge).

Es kann bei der Identifikation auch auf die Liste allgemeiner Typen von Anspruchsgruppen (Kunden, Wettbewerber usw.), den so genannten „generischen Stakeholdern"[424] zurückgegriffen werden, die dann am aktuellen Fall konkretisiert wird. Unter Umständen existiert im Unternehmen auch schon eine Übersicht von Stakeholdern und den jeweiligen Issues, mit denen sie in Verbindung gebracht werden können.[425]

2. Analyse betroffener Gruppen (Stakeholder-Monitoring)

Wenn die Stakeholder-Gruppen, die im Zusammenhang mit der Unternehmensentscheidung als öffentliche Akteure auftreten könnten, identifiziert wurden, sind sie einer genaueren Analyse zu unterziehen. Während dieses „Stakeholder-Monitoring[s]"[426] geht es vor allem darum, die Ziele und Erwartungshaltungen der Anspruchsgruppen zu erkennen und zu verstehen.

3. Analyse der Unternehmensentscheidung

Wenn auch Klarheit über die Ziele der jeweiligen Akteure herrscht, sollten diese in Beziehung gesetzt werden zur konkreten Entscheidung. Es muss untersucht werden, in welcher Weise die Ziele der Anspruchsgruppen durch die jeweilige Entscheidung berührt werden.

4. Wahrnehmung der Entscheidung durch die Anspruchsgruppen

Nach der detaillierten Analyse der Entscheidung können mögliche Bedenken und öffentliche Vorwürfe der Anspruchsgruppen antizipiert werden. Dabei kommt es besonders darauf an, sich unter Zugrundelegung der gewonnenen Erkenntnisse in die Lage und das Denken der

[421] Liebl 1996, 105
[422] Zerfaß 2005, 328
[423] folgenden Auflistung in Anlehnung an Liebl 1996, 104 ff.
[424] Liebl 1996, 105
[425] siehe so genannte „Stakeholder-Issue Matrix" bei Liebl 1996, 113
[426] Zerfaß 2005, 329

Anspruchsgruppen hineinzuversetzen, also Annahmen der einzelnen Anspruchsgruppen über Situation und Absicht des Unternehmens zu erschließen. Der Kommunikationsberater Manfred Piwinger spricht in diesem Zusammenhang auch von den so genannten „Partnerhypothesen“[427], die es zu ergründen gilt.

5. Voraussichtliches Verhalten der Anspruchsgruppen

Im nächsten Schritt wird erschlossen, welche Konsequenzen die Wahrnehmung der Entscheidung auf das Verhalten der Anspruchsgruppen hat. Beispielsweise kann aus dem Verhalten verschiedener Stakeholder in ähnlichen Situationen (auch bei anderen Unternehmen) abgeleitet werden, ob eine öffentliche Stellungnahme, eine Gegenkampagne oder gar ein Boykott zu erwarten sind.

6. Beurteilung

Die gewonnenen Erkenntnisse werden zu einem Gesamtbild zusammengesetzt, aus dem erkenntlich wird, ob die zur Diskussion stehende Entscheidung für das Unternehmen mit einem kommunikativen Risiko verbunden ist. Dies ist dann der Fall, wenn davon auszugehen ist, dass die Reaktion der Stakeholder in einer Weise öffentlich erfolgt, die sich nachhaltig negativ auf die Reputation auswirken könnte und damit die Kommunikation herausfordert.

In Tabelle 5 wird der beschriebene Ansatz zur Identifikation entscheidungsbezogener kommunikativer Risiken an einem fiktiven Beispiel zusammenfassend veranschaulicht.

---

[427] Piwinger 2005, 88

Tabelle 5: Übersicht zum Prozess der Identifikation entscheidungsbezogener kommunikativer Risiken an einem fiktiven Beispiel

Unternehmensentscheidung: (Bank:) Ausgliederung von Privatkunden mit geringen Vermögensbeständen	**1.** Identifikation von Anspruchsgruppen, die davon betroffen sind bzw. ein Interesse an diesem Thema haben könnten			
	Investoren	*Privatkunden mit geringen Vermögensbeständen*	*Sozialverbände*	*(...)*
2. Ziele der jeweiligen Anspruchgruppen	Rentabilität/ Gewinne	Inanspruchnahme von Dienstleistungen der Bank	Wahrung des sozialen Gleichgewichtes, Vertretung der Interessen der „sozial Schwachen“	
3. Wie wird das Ziel der Anspruchsgruppe durch die Entscheidung berührt?	Entscheidung liegt im Interesse der Investoren.	Entscheidung richtet sich gegen diese Gruppe.	Entscheidung richtet sich gegen eine von den Sozialverbänden vertretene Gruppe.	
4. Wahrnehmung der Entscheidung durch die Anspruchsgruppe („Partnerhypothesen“)	Sinnvolle Maßnahme zur Konzentration auf das Kerngeschäft, Steigerung der Rentabilität	„Die Bank möchte uns nicht mehr haben, weil wir nicht genug Geld haben. In deren Augen zählen wir nichts.“	„Die Bank benachteiligt eine gesellschaftliche Gruppe.“	
5. Voraussichtliches Verhalten	Öffentliche Verteidigung der Entscheidung	Öffentliche Äußerungen, die gegen das Unternehmen gerichtet sind, z.B. „Denen geht es ja nur ums große Geld.“, „Die kleinen Leute zählen nichts.“	Organisation von verschiedenen Protestformen, öffentliche mediale Darstellung der Bank als sozial unfreundlich und rein profitorientiert	
6. Quelle für kommunikatives Risiko?	nein	ja	ja	

Identifikation exogener kommunikativer Risiken

Wie beschrieben, besteht auch die Möglichkeit, dass sich Unternehmen einem kommunikativen Risiko ausgesetzt sehen, ohne dass sie zuvor, etwa durch eine Entscheidung, selbst aktiv geworden sind. Solche von außen an das zunächst noch passive Unternehmen herangetragenen öffentlichen Thematisierungen müssen im Rahmen des Risikomanagements gleichfalls auf ihre kommunikative Dimension untersucht werden. Dabei kommt es auf eine gezielte Beobachtung und Analyse von Entwicklungen in der Unternehmensumwelt an. Es liegt daher nahe, auf die Methoden des Issues Scanning und Monitoring zurückzugreifen. Diese sind schließlich auf die Beobachtung externer Sachverhalte spezialisiert und weisen eine hohe Verbreitung in den Unternehmen auf.[428]

Konkret gilt es, die Unternehmensumwelt auf Themen zu untersuchen, auf welche die beschriebenen Merkmale exogener kommunikativer Risiken zutreffen oder in naher Zukunft zutreffen könnten. Dies sind:

- Öffentlichkeit,
- Relevanz, also direkter oder indirekter Bezug zum Unternehmen und
- Negativpotenzial.

Wenn im Unternehmen bereits Issues Management praktiziert wird, kann für die Identifikation kommunikativer Risiken auf die Ergebnisse des Issues Scanning zurückgegriffen werden. Dabei gilt es zu beachten, dass dieses möglichst umfassend ausgerichtet sein muss, also nicht nur ausgewählte, priorisierte Bereiche, sondern möglichst alle Felder, von denen kritische Thematisierungen ausgehen können, beobachtet werden.

Wie weiter oben erläutert, haben Issues meist eine Chancen- und eine Risikodimension. Damit ist vor der Überführung in den Risikomanagement-Prozess innerhalb der einzelnen Issues eine entsprechende Filterung erforderlich (siehe Abbildung 12). Die Filterkriterien können in Anlehnung an die oben genannten Merkmale jeweils noch unternehmensindividuell konkretisiert und erweitert werden. Das Issues Monitoring und alle weiteren Schritte der Bewertung und Behandlung erfolgen dann schwerpunktmäßig im Rahmen des Risikomanagement-Prozesses, wobei auf Ressourcen und Erfahrungen des Issues Managements zurückgegriffen wird.

Wird bisher im Unternehmen kein systematisches Issues Management betrieben, kann also bei der Identifikation kommunikativer Risiken nicht auf dessen Ergebnisse zurückgegriffen werden, sind die Methoden des Scannings und Monitorings mit der Umsetzung des Risikomanagements kommunikativer Risiken neu einzuführen. Dabei kann sich in einer Anfangsphase tatsächlich auf gezieltes Suchen nach solchen Issues konzentriert werden, auf welche

[428] Dies wurde zum einen in den Leitfadengesprächen deutlich und kann zum anderen auch aus dem Umfang der Thematisierung in der Literatur geschlussfolgert werden, vgl. auch Studie „Krisenprävention in Deutschland" Johanssen+Kretschmer 2003, 34

die Kriterien eines kommunikativen Risikos zutreffen.[429] Nach einer Etablierung der Methoden wird es möglich, diese im Sinne eines umfassenden Issues Managements auszubauen.

Abbildung 12: Identifikation kommunikativer Risiken im Zusammenspiel von Issues Management und Risikomanagement

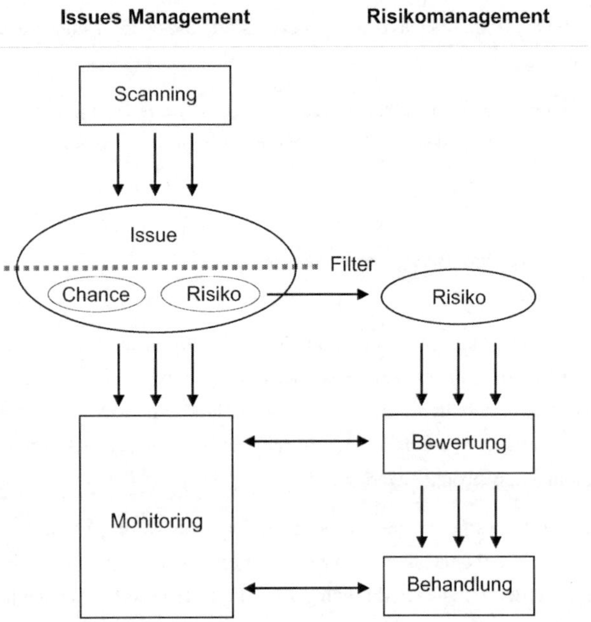

Zusammenfassend ist für die Identifikation exogener kommunikativer Risiken festzustellen, dass einer effektiven Zusammenarbeit zwischen Issues Management und Risikomanagement höchste Priorität eingeräumt werden sollte. Diese Zusammenarbeit muss mit Rücksicht auf bereits vorhandene Strukturen und Ressourcen jeweils unternehmensindividuell geplant und umgesetzt werden.

In Bezug auf die Identifikation der anderen Arten kommunikativer Risiken ist festzustellen, dass die Prozesse des Scannings und Monitorings in enger Verzahnung mit der Erfassung von entscheidungsbezogenen kommunikativen Risiken erfolgen sollten. Schließlich gilt es bei deren Identifikation die öffentliche Themenkonstitution ebenfalls zu berücksichtigen. Umge-

[429] zur Praktikabilität einer solchen Einschränkung des Scannings im Sinne einer gerichteten Suche siehe Krystek/Müller-Stewens 1993, 176 f.

kehrt spielt auch die Analyse von Stakeholdern bei der Erkennung von kommunikativen Risiken, die sich aus der externen Themenentwicklung ergeben, eine Rolle. Hinter den meisten kritischen Themen, die von außen an das Unternehmen herangetragen werden, verbergen sich schließlich die Interessen und Ziele konkreter Stakeholder.

Identifikation endogener kommunikativer Risiken

Als letzte Quelle für kommunikative Risiken wurden im vierten Kapitel interne Konflikte und Vorgänge angeführt. Diese sind für eine Betrachtung im Sinne dieser Arbeit relevant, wenn sie eine negative öffentliche Wirkung entfalten, der es kommunikativ zu begegnen gilt. Es besteht also die Notwendigkeit, innerhalb des Risikomanagements neben Sicherheitsrisiken, unternehmerischen Entscheidungen und externen Entwicklungen auch solche kritischen Sachverhalte auf ihre kommunikative Dimension zu untersuchen, die aus Konflikten und Vorgängen innerhalb des Unternehmens resultieren.

Aufgrund der Vielfalt der Ursachen solcher endogenen Risiken bestehen auch verschiedene Möglichkeiten der Identifikation.

Zunächst werden kritische Situationen betrachtet, die sich aus Konflikten zwischen der Unternehmensleitung und der Belegschaft ergeben. Kernpunkt sind hier die Erwartungshaltungen und Ziele der Anspruchsgruppe der Mitarbeiter. Diese finden bei den beschriebenen Verfahren zur Identifikation kommunikativer Risiken bereits Berücksichtigung. So wurde im Rahmen der Identifikation entscheidungsbezogener kommunikativer Risiken ein Verfahren zur Stakeholder- und Entscheidungsanalyse vorgestellt, das sämtliche Stakeholder berücksichtigt. Die kommunikative Dimension interner Konflikte, die sich aus einer konkreten Entscheidung der Unternehmensleitung ergeben, wird also bereits mit dieser Methode erfasst. Viele interne kritische Sachverhalte, wie etwa eine Auseinandersetzung mit dem Betriebsrat oder ein Streik, können letztendlich auf konkrete Entscheidungen der Unternehmensleitung zurückgeführt werden.

Gleichwohl resultieren nicht alle internen Probleme und Auseinandersetzungen aus Entscheidungen, sodass weitere Methoden der Identifikation erforderlich sind. Erwähnt seien besonders jene kommunikativen Herausforderungen, die sich aus ethisch-moralischem Fehlverhalten einzelner Mitarbeiter oder Mitarbeitergruppen ergeben. Vorgänge wie Korruption verfügen ab dem Zeitpunkt, an dem sie der Öffentlichkeit bekannt werden, immer über eine kommunikativ-emotionale Risikodimension, da sie allgemeinen gesellschaftlichen Erwartungen und Werten widersprechen. Die Identifikation solcher kommunikativer Risiken ist eng an ein funktionierendes Compliance-Wesen und entsprechende Kontrollen gebunden. Wie im vierten Kapitel bereits angedeutet, kann auf dieses hier nicht umfassend eingegangen werden. Nur soviel: Unternehmen sollten sich nicht nur auf dem Papier normative und ethisch-moralische Verpflichtungen auferlegen, sondern diese in der täglichen Praxis auch umzusetzen und – im Sinne einer Identifikation kommunikativer Risiken besonders wichtig – kontrollieren. Es scheint angebracht, Risikomanagement und Compliance-Wesen eng miteinander zu verzahnen. Im Zuge der Diskussion zur Korruptionsaffäre bei Siemens in den Jahren 2006/2007 war dazu unter anderem zu lesen:

> „Risikomanagement, vor allem für international tätige Unternehmen, bedeutet zunehmend auch interne Kontrollen – die Unternehmensführung muss sicherstellen, dass Mitarbeiter über gesetzliche Verpflichtungen und Regulative Bescheid wissen und sie auch befolgen. Augenzwinkerndes Wegschauen oder Duldung/Billigung illegalen Verhaltens durch Untergebene hat ruinöse Folgen, wenn sie auffliegt [...].“[430]

Für die Reputation eines Unternehmens scheint es essentiell, nicht nur rechtliche, finanzielle und organisatorische Aspekte solcher Vorgänge zu betrachten, sondern auch deren kommunikativ-emotionale Dimension zu berücksichtigen.

Über ethisch-moralisches Fehlverhalten hinaus können endogene Krisenauslöser auch in einer allgemeinen Unzufriedenheit der Mitarbeiter oder einem schlechten „Unternehmensklima“ begründet liegen. Für die Identifikation solcher Missstände kommt besonders einer funktionierenden internen Kommunikation große Bedeutung zu. Ohne in die Tiefen dieser eigenständigen Thematik einzudringen, können hier regelmäßige Mitabeiterbefragungen, ein funktionierendes Beschwerdewesen, Mitarbeitergespräche sowie die Beobachtung von Mitarbeitermedien und Intranet als Instrumente der Identifikation angeführt werden.[431]

Zusammenfassung

Für die Identifikation kommunikativer Risiken, die sich aus der kommunikativen Dimension kritischer Sachverhalte ergeben, ist der Prozessschritt der Risikoidentifikation insgesamt um die folgenden Methoden zu erweitern:

- Entwicklung von kommunikativen Szenarien bei der Betrachtung von (Sicherheits-) Risiken,
- Stakeholder-Analyse bei der Betrachtung von Unternehmensentscheidungen,
- Realisierung einer engen Verbindung zum Issues Management zur Identifikation kritischer öffentlicher Thematisierungen und
- Realisierung einer engen Verbindung zum Compliance-Wesen und zur internen Kommunikation zur Identifikation interner Konflikte und Vorgänge.

6.3.1.2 Identifikation von Risiken aus der Kommunikation selbst

Nachdem Methoden der Identifikation kommunikativer Risiken aus kritischen Sachverhalten beschrieben wurden, soll nun entsprechend der eingangs erläuterten Zweiteilung die Identifikation von Risiken aus der Kommunikation selbst im Mittelpunkt stehen.

Anders als bei den eben beschriebenen Arten kommunikativer Risiken geht es dabei nicht darum, die Betrachtung von kritischen Sachverhalten innerhalb des Risikomanagements um

---

[430] o.A. 2007b, 52

[431] siehe zur internen Kommunikation z.B. Herbst 1999

eine kommunikative Dimension zu erweitern. Vielmehr müssen strukturelle und kulturelle Aspekte der Kommunikation als eigenständige Risiken in die Betrachtung integriert werden.

Kommunikative Risiken in Form von Handlungsrisiken können sowohl an einzelne Personen gebunden als auch strukturell bedingt sein (siehe Abschnitt 4.2.1). Als Ansatzpunkt für die Identifikation von Risiken, die sich aus dem strukturellen Zusammenspiel verschiedener Kommunikationsaktivitäten ergeben, bietet sich eine Analyse der zugrunde liegenden „Kommunikationsinfrastruktur" an. Zur Identifikation personengebundener kommunikativer Handlungsrisiken kann bei der Qualifikation der jeweils zur Kommunikation für das Unternehmen berechtigten Personen angesetzt werden.

Als Mittel der Identifikation sei hier konkret eine Checkliste vorgeschlagen, die es ermöglicht, beide Arten von Handlungsrisiken zu erkennen. Diese kann wie folgt gestaltet sein:

Tabelle 6: Checkliste zur Identifikation kommunikativer Handlungsrisiken

RISIKO - QUELLEN	Ja	Einge-schränkt	Nein
Kommunikationsstruktur			
Wird die Kommunikation zentral gesteuert?			
Existieren allgemeine Kommunikationsgrundsätze, etwa in Form von Leitlinien?			
Werden diese Leitlinien und Regelungen von einem Großteil der Mitarbeiter akzeptiert und eingehalten?			
Erfolgt eine abteilungsübergreifende Abstimmung der Kommunikationsaktivitäten?			
Existieren Regelungen darüber, wer, in welchen Situationen im Namen des Unternehmens kommunizieren darf?			
Erfolgt eine Abstimmung zwischen externer und interner Kommunikation?			
Können alle mit der Kommunikation betrauten Mitarbeiter auf relevante Informationen zugreifen?			
Werden Adress-Datenbanken und Verteiler gepflegt?			
Qualifikation der Mitarbeiter			
Erfolgen regelmäßige Schulungen für die mit der Kommunikation betrauten Mitarbeiter auf den Gebieten:			
Verhalten vor Kameras?			
Kommunikation in Stresssituationen?			
Umgang mit Anfragen?			
Arbeitsweise der Medien?			
Rhetorik/öffentliches Auftreten allgemein?			
medienrechtliche Grundlagen?			
Sind Vorstandsmitglieder, Geschäftsführer oder sonstige Führungskräfte auf dem Gebiet der Kommunikation und im Umgang mit Medien geschult?			
Unternehmenskultur			
Herrscht allgemein eine offene, transparente Kommunikationskultur vor?			
Wird der Kommunikation, über die Kommunikationsabteilung hinaus, auch in anderen Bereichen ein hoher Stellenwert zugemessen?			
Problemlösung			
Erfolgt eine regelmäßige Auswertung wesentlicher Kommunikationsaktivitäten?			
Werden Mitarbeiter auf kommunikative Fehler hingewiesen?			
Wurden die Ursachen für Kommunikationsfehler in der Vergangenheit behoben?			

Wird auf eine der Fragen mit „nein" geantwortet, so spricht dies für ein kommunikatives Handlungsrisiko im jeweiligen Bereich. Je größer die Anzahl der Verneinungen, desto höher ist das kommunikative Gesamtrisiko einzuschätzen. Auch Antworten in der Kategorie „eingeschränkt“ sollten einer genaueren Prüfung bezüglich eines vorhandenen Risikos unterzogen werden.

Wie bereits angedeutet, können in der Kommunikation auch Fehler passieren, die nicht auf Fragen der Struktur, Qualifikation oder Unternehmenskultur zurückzuführen sind. Solche Risiken können mit der obigen Checkliste nicht erfasst werden. Zur Ergänzung bieten sich daher weitere Methoden wie etwa die Anwendung von Organisationsanalysen, Mitarbeiterbefragungen im Bereich der Unternehmenskommunikation oder das Hinzuziehen von Struktureinschätzungen externer Experten an.

6.3.1.3 Zusammenfassung: Identifikation kommunikativer Risiken

Die folgende Übersicht fasst den Prozessschritt der Risikoidentifikation abschließend zusammen. Sie zeigt, um welche Methoden das unternehmerische Risikomanagement ergänzt werden muss, um sowohl kommunikative Risiken, die sich aus kritischen Sachverhalten ergeben als auch eigenständige, allein von der Kommunikation ausgehende Risiken zu erfassen.

Zusammenfassung: Methoden der Identifikation kommunikativer Risiken

<table>
<tr><th>Identifikation der kommunikativen Risikodimension kritischer Sachverhalte</th><th>Identifikation von ausschließlich von der Kommunikation ausgehenden Risiken</th></tr>
<tr><td>(Sicherheits-)Risiken, die bei ihrem Eintritt exogene Wirkungen entfalten</td><td rowspan="8">→ Checkliste,
→ Mitarbeiterbefragung,
→ Einschätzungen externer Experten,
→ Organisationsanalysen</td></tr>
<tr><td>→ Entwicklung von kommunikativen Szenarien</td></tr>
<tr><td>Unternehmensentscheidungen (entscheidungsbezogene kommunikative Risiken)</td></tr>
<tr><td>→ Stakeholder- und Entscheidungsanalyse</td></tr>
<tr><td>Externe Thematisierungen und Entwicklungen (exogene kommunikative Risiken)</td></tr>
<tr><td>→ Issues Scanning und Issues Monitoring im Rahmen einer engen Verzahnung mit dem Issues Management</td></tr>
<tr><td>Interne Konflikte und Vorgänge (endogene kommunikative Risiken)</td></tr>
<tr><td>→ Identifikation im Rahmen einer engen Verbindung zum Compliance-Wesen und zur internen Kommunikation,
→ Konflikte zwischen Unternehmensleitung und Mitarbeitern über Stakeholder-Analyse</td></tr>
</table>

6.3.2 Bewertung kommunikativer Risiken

Entsprechend der Prozessreihenfolge im Risikomanagement sind nun geeignete Ansätze zur Bewertung kommunikativer Risiken zu finden. Es wurde in diesem Zusammenhang bereits angedeutet, dass eine quantifizierende Bewertung kommunikativer Risiken mit Schwierigkeiten verbunden ist. Um diese Problematik greifbar zu machen, wird zunächst auf kommunikative Wertschöpfungsprozesse eingegangen.

6.3.2.1 Wertschöpfung durch Kommunikation und Einschätzung der Schadenshöhe kommunikativer Risiken

Bisher gängige Parameter der Risikobewertung in den Unternehmen sind, wie im Abschnitt 2.2.2 erläutert, Schadenshöhe und Eintrittswahrscheinlichkeit. Die Schadenshöhe definiert sich in der Betriebswirtschaft in der Regel als Geldwert, der letztendlich zu einer „Minderung des Unternehmenswertes bzw. des Eigenkapitals“[432] führt. Für die Bewertung kommunikativer Risiken scheint eine ausschließliche Betrachtung dieser Schadensdimension zunächst ungeeignet. Kommunikative Risiken wirken sich im Falle ihres Eintretens in erster Linie auf die Reputation eines Unternehmens aus. Da Kommunikation im Erfolgsfall für den Aufbau von Reputation, Vertrauen und Präferenz sorgt,[433] sind es bei kommunikativen Fehlern eben auch diese Werte, welche negativ beeinträchtigt werden. Der durch kommunikative Risiken hervorgerufene Schaden ist also zuerst ein Reputationsschaden. Dennoch wäre es zu kurz gedacht, die Betrachtung auf die Zielgröße der Reputation zu beschränken. Diese steht vielmehr in unmittelbarem Zusammenhang mit dem Unternehmenswert als der eigentlichen Zielgröße des betrieblichen Risikomanagements.

Die Bedeutung der „intangible assets“[434], der „weichen“, immateriellen Vermögensbestandteile, für den Unternehmenswert ist mittlerweile weitgehend anerkannt und findet breite Resonanz in der betriebswirtschaftlichen Literatur. Man geht davon aus, dass weiche Faktoren heute bei der Bewertung von Unternehmen an den Kapitalmärkten bis zu 40 Prozent des Wertes ausmachen.[435]

Am besten umreißt wohl der Begriff des „Sozialkapitals“ den für die vorliegende Arbeit wesentlichen Teil dieser „intangible assets“. Er beschreibt „den durch Information und Kommunikation maßgeblich generierten Anteil des immateriellen Unternehmenswerts“[436] und wurde geprägt durch die Kommunikationsberater Piwinger und Porák. Abbildung 13 gibt einen Überblick zu den Bestandteilen des Sozialkapitals.

---

[432] Wolf/Runzheimer 2003, 59
[433] vgl. Zerfaß/Pfannenberg 2005, 14
[434] Piwinger/Porák 2005, 12 f., Green 1992, 3, Fombrun 1996, 5
[435] vgl. Pfannenberg/Zerfaß 2004, 3
[436] Piwinger/Porák 2005, 15

Abbildung 13: Das „Sozialkapital“ als zentraler immaterieller Vermögenswert (entnommen aus Piwinger/Porák 2005, 15)

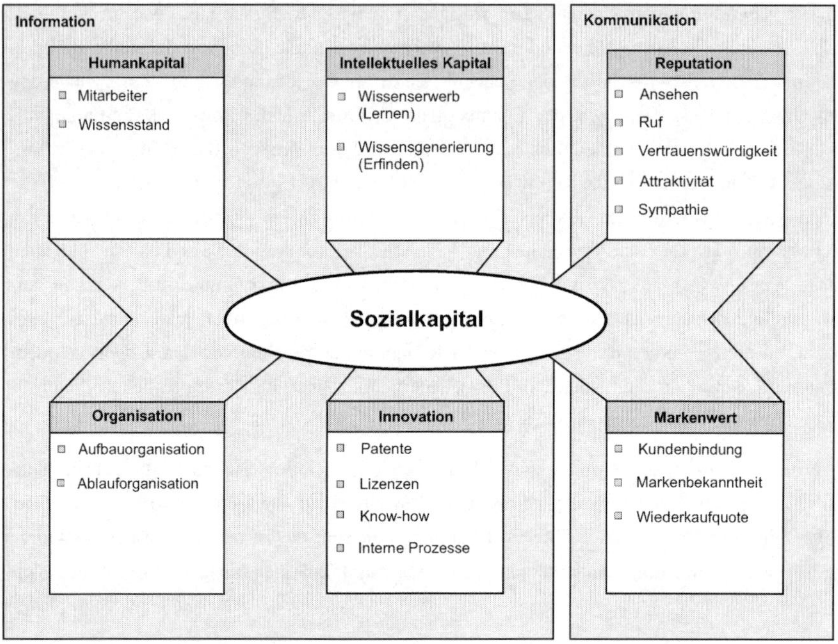

Vor dem Hintergrund eines gewachsenen Bewusstseins für die Bedeutung solcher weichen Faktoren hat sich in den letzten Jahren eine Untersuchungsrichtung entwickelt, die speziell den Beitrag der Kommunikation zur Wertschöpfung eines Unternehmens untersucht. Dabei gilt es zu beachten, dass Kommunikation an sich keinen Wert darstellt, sondern vielmehr Werte wie Reputation und Vertrauen schafft.[437] Entsprechend müssen in der noch relativ jungen Diskussion auch zwei grundsätzliche Perspektiven unterschieden werden:[438] In einem Teil der diskutierten Ansätze geht es um „die strategische Anbindung von Kommunikation an Unternehmensziele“[439] und die damit verbundene Steuerung und Kontrolle der Kommunikation als „integrale[n] Bestandteil des gesamten Wertschöpfungsprozesses im Unterneh-

[437] vgl. Piwinger/Porák 2005, 33
[438] vgl. Lange 2005, 200
[439] ebenda

men".[440] Der zweite Ansatz stellt hingegen die finanzielle Bewertung der durch Kommunikation geschaffenen Werte in den Mittelpunkt.

Die meisten aktuellen Veröffentlichungen und Bemühungen widmen sich dem Wertschöpfungsbeitrag der Kommunikation aus der ersten Perspektive. Die DPRG (Deutsche Public Relations Gesellschaft e.V.) hat dafür eigens einen Arbeitskreis eingerichtet.[441] Die GPRA (Gesellschaft Public Relations Agenturen) hat mit dem Communication Value System (CVS) ein Modell zur systematischen Betrachtung der Wertschöpfung durch Kommunikation entwickelt.[442] Weiterhin legt der Kommunikationswissenschaftler Ansgar Zerfaß mit der „Corporate Communication Scorecard" eine speziell an die strategische Planung und Messung von kommunikativen Maßnahmen angepasste Variante der Balanced Scorecard vor.[443] Der Kommunikationsberater Manfred Piwinger empfiehlt ein Prozessmodell der Kommunikation mit sieben Wertschöpfungsstufen.[444]

Wesentlich für die verschiedenen Ansätze ist, dass ihnen eine interdisziplinäre Denkweise zugrunde liegt. Diese zeigt sich beispielsweise im entsprechenden Thesenpapier der DPRG:

> „[...] ein systematischer Brückenschlag zwischen kommunikations- und betriebswirtschaftlichen Denkmodellen ist notwendig. Auf diese Weise überwinden Public Relations die Grenzen des eigenen Fachdiskurses und werden anschlussfähig zur Begriffswelt von Management und Controlling."[445]

Eine solche Überwindung der isolierten Betrachtung von Kommunikation im Interesse einer strategischen Plan- und Messbarkeit ist auch essentiell für eine systematische Betrachtung kommunikativer Risiken. Piwinger und Porák fassen treffend zusammen: „Kommunikation kann Wert schaffen und Wert vernichten."[446] Wenn Kommunikation im positiven Sinne, also in Form ihres Beitrages zum Unternehmenswert, gesteuert und kontrolliert werden kann, dürfte es umgekehrt auch möglich sein, kommunikative Risiken zu erfassen und zu steuern. Wertbeitrag und Risiken sind zwei Seiten der Kommunikation, die es beide transparent und lenkbar zu machen gilt.[447] Mit der Integration von kommunikativen Risiken in das unternehmerische Risikomanagement kann dieser Forderung nach einer methodischen Erfassung und Steuerung nachgekommen werden.

Der zweite Ansatz zum Wertschöpfungsprozess durch Kommunikation zielt dagegen auf eine Überführung der durch Kommunikation geschaffenen immateriellen Werte in monetäre Größen. Ein Beispiel dafür ist der „Reputation Quotient" (RQ) nach einem Modell des Vorsitzen-

---

[440] Lange 2005, 203
[441] siehe ausführlich Pfannenberg/Zerfaß 2004
[442] siehe ausführlich Lange 2005, 199 ff.
[443] siehe ausführlich Zerfaß 2004
[444] siehe ausführlich Piwinger 2005, 77 ff.
[445] Pfannenberg/Zerfaß 2004, 5
[446] Piwinger/Porák 2005, 18 f.
[447] vgl. Piwinger/Porák 2005, 13 und 37

den des New Yorker Reputation Institute, Charles Fombrun.[448] Faktoren aus Bereichen wie „Emotional Appeal", „Products & Services" und „Social Responsibility"[449] werden dabei nach einem standardisierten Verfahren empirisch erhoben und entsprechenden Kennziffern zugeordnet. Allerdings widmet sich diese Methode schwerpunktmäßig dem Vergleich der Reputationswerte verschiedener Unternehmen und leistet damit kaum einen Beitrag zur Messung des Wertanteils der Reputation innerhalb des Unternehmens. Diesem Anspruch näher kommt der so genannte „Reputationswert", der sich laut Modell ergibt aus der Differenz zwischen dem derzeitigen Marktwert[450] eines Unternehmens und dem jeweiligen Buchwert.[451] Der Reputationswert steht also im Wesentlichen für die nicht bilanzierten immateriellen Werte. Dieser Ansatz ist auch in der angloamerikanischen Reputationsforschung verbreitet. So heißt es unter anderem ebenfalls bei Fombrun: „A company's reputational capital is the excess market value of its shares – the amount by which the company's market value exceeds the liquidation value of its assets."[452]

Insgesamt kann festgehalten werden, dass die Reputation bei solchen Verfahren als ein Konglomerat verschiedener Faktoren wie Produktqualität, Service, soziale Verantwortung usw. gemessen wird und daher nicht eindeutig feststellbar ist, welcher wertmäßige Anteil tatsächlich auf den Teilbereich der Kommunikation zurückzuführen ist. Modelle zur Quantifizierung der durch Kommunikation geschaffenen Werte können bisher insgesamt als unausgereift bezeichnet werden.[453] Der Schwerpunkt der Betrachtung liegt auf der Etablierung eines systematischen Kommunikations-Controllings im Sinne einer strategischen Einbindung und Steuerung innerhalb des gesamtunternehmerischen Wertschöpfungsprozesses. Es ist fraglich, ob angesichts unternehmensindividueller Ziele und Strukturen überhaupt ein einheitliches Modell für die monetäre Bewertung kommunikativ geschaffener Werte entwickelt werden kann.[454]

Resultierend aus der Unausgereiftheit der Ansätze und der generellen Fragwürdigkeit eines standardisierten Modells wird im Rahmen dieser Arbeit keine monetäre Bewertung kommunikativer Risiken angestrebt. Im Mittelpunkt stehen vielmehr eine systematische Betrachtung und Steuerung im Sinne der zuerst vorgestellten Perspektive. Die Bewertung kommunikativer Risiken zum Zwecke ihrer Vergleichbarkeit und Behandlung erfolgt in qualitativen Kategorien.

---

[448] vgl. Zerfaß 2005, 397, vgl. Kinter 2005, 65 f., siehe ausführlich Fombrun 1996
[449] Dem amerikanischen RQ-Modell liegen konkret 20 Faktoren aus den folgenden Bereichen zugrunde: Emotional Appeal, Products & Services, Vision & Leadership, Workplace Environment, Financial Performance, Social Responsibility (vgl. Kinter 2005, 65)
[450] Der Marktwert lässt sich bei börsennotierten Aktiengesellschaften an der Börsenkapitalisierung ablesen.
[451] vgl. Will/Löw 2003, 47 ff.
[452] Fombrun 1996, 92, vgl. ähnlich auch Green 1992, 5
[453] vgl. Pfannenberg/Zerfaß 2004, 19, vgl. Will/ Löw 2003, 50
[454] vgl. dazu auch Pfannenberg/Zerfaß 2004, 18

Es sei jedoch darauf hingewiesen, dass sich die erwähnten Ansätze auf eine strategische Betrachtung der Kommunikation im Sinne einer langfristigen Wertschöpfung über die Zielgröße der Reputation beziehen. Daneben können sich kommunikative Risiken unmittelbar nach ihrem Eintritt auch auf kurzfristige unternehmerische Zielgrößen wie Umsatz oder Kosten auswirken. Solche kurzfristigen Auswirkungen können zwar aufgrund einer Vielzahl von Einflussfaktoren vor dem Eintritt eines Risikos prinzipiell auch schwer eingeschätzt werden. Eine finanzielle Bewertung ist jedoch, besonders unter Zuhilfenahme von Erfahrungswerten, durchaus machbar. Umsatzrückgänge infolge von strittigen öffentlichen Äußerungen seitens des Unternehmens lassen sich beispielsweise anhand ähnlicher Fälle in der Vergangenheit oder unter Zuhilfenahme von Daten aus der Markt- und Konsumforschung teilweise prognostizieren.[455] Vorausgesagt werden können auch die Kosten, die dadurch entstehen, dass ein Unternehmen infolge eines identifizierten Risikos sein Verhalten ändert und entsprechende Maßnahmen veranlasst. Solche in der Regel kurzfristigen finanziellen Auswirkungen werden in den Unternehmen, wie in den Leitfadengesprächen deutlich wurde, bereits im Vorfeld zu beziffern versucht. Diese Prognosen gilt es in die Risikobewertung einzubeziehen.

Bevor näher auf konkrete Parameter zur Bewertung kommunikativer Risiken eingegangen wird, soll ein erneuter Blick auf die Ergebnisse der Leitfadengespräche verdeutlichen, wie in der Praxis bisher mit dieser Problematik umgegangen wird.

Bewertung der Schadenshöhe kommunikativer Risiken in der Praxis

Die befragten Kommunikationsverantwortlichen sind sich weitgehend einig, dass eine Bewertung kommunikativer Risiken wichtig ist. Einer finanziellen Bezifferung des möglichen Schadens steht man jedoch skeptisch gegenüber:

> „[Kommunikative Risiken] lassen sich vor ihrem Eintreten nicht in Geldwerten ausdrücken. Nachher weiß man das ziemlich genau. Die Kosten, die entstehen, wenn wir unser Verhalten ändern, die kennen wir vorher. Wenn wir zum Beispiel eine Rückrufaktion starten, dann wissen wir vorher, wie teuer die sein wird, aber wir berechnen zum Beispiel nicht, welchen Einfluss die Aktion möglicherweise auf unser Image hat."[456]

Ein weiterer Befragter sieht durchaus Möglichkeiten zur Einschätzung der Schadenshöhe, verweist jedoch primär auf Erfahrungswerte und Schätzgrößen:

> „Die [Schadenshöhe kommunikativer Risiken] wird verbal umschrieben. Schlussendlich muss man aber schauen, was könnte das für Größen haben [...]. Das sind dann Daumengrößen. Man versucht sich zu überlegen: ‚Bei einem Jahresumsatz von X, was könnte da dementsprechend die Größe sein, die so ein Negativeffekt hat. Was könnte das monetär

[455] vgl. telefonisches Leitfadengespräch mit einem Kommunikationsverantwortlichen eines Unternehmens aus dem Bereich Konsumgüter am 25.05.2007, vgl. telefonisches Leitfadengespräch mit einem Kommunikationsverantwortlichen eines Unternehmens aus dem Bereich Konsumgüter am 01.06.2007

[456] Leitfadengespräch mit einem Kommunikationsverantwortlichen eines Unternehmens aus dem Bereich der Automobilindustrie am 31.05.2007

möglicherweise als Umsatzeinbruch bedeuten? Das versucht man dann auch in Zahlen wiederzugeben."[457]

Ein Anderer betrachtet das Problem unter Zugrundelegung der gleichen Argumentation globaler und verweist generell auf die Schwierigkeiten, den Wertschöpfungsbeitrag der Kommunikation zu erfassen:

> „Das Problem ist, dass sie viele der Prozesse, die in der Kommunikation werthaltig sind, nur sehr begrenzt quantifizieren können. Sie können versuchen über quantifizierte Qualität zu gehen, aber eine Quantifizierung, so wie man sie auch schon mal gerne innerhalb der Unternehmensabläufe hätte, [...] bekommt man üblicherweise nicht hin. Wir haben eben keinen harten Output, sondern weichen Output und demzufolge ist das relativ schwierig zu bewerten. Dass man das trotzdem kann, ist unbestritten. Dass es da auch viele Erfahrungswerte gibt, ist genauso unbestritten, nur ist der Return on Investment für solche Prozesse eigentlich ungünstig."[458]

Die Befragten sind sich demnach durchaus der Tragweite und der Bedeutung einer Bewertung kommunikativer Risiken bewusst, stehen jedoch einer finanziellen Bewertung weitgehend skeptisch gegenüber. Dieses Ergebnis deckt sich mit dem im Weiteren verfolgten Ansatz, kommunikative Risiken nicht monetär zu bewerten, sondern qualitative Kategorien der Bewertung zu erarbeiten.

6.3.2.2 Der Reputationseffekt als Parameter der Bewertung kommunikativer Risiken

Resultierend aus der Überlegung, dass die Schadenshöhe allein für die Bewertung kommunikativer Risiken ungeeignet ist, soll hier der so genannte Reputationseffekt als ergänzender Parameter zur Bewertung eingeführt werden. Der Begriff wurde in Anlehnung an den auf Reputationsforschung und Issues Monitoring spezialisierten Kommunikationswissenschaftler Mark Eisenegger gewählt.[459]

Unter dem Reputationseffekt im Sinne dieser Arbeit sollen sämtliche von möglichen Stör- oder Unfällen, von einer kommunikativ zu begleitenden kritischen unternehmerischen Entscheidung, von öffentlichen Thematisierungen oder von internen Problemen ausgehenden Wirkungen auf die Reputation eines Unternehmens verstanden werden. Man könnte auch sagen: Der Reputationseffekt beschreibt die Brisanz eines Themas für das Unternehmen.[460]

Er wird bestimmt durch die so genannten Reputationsfaktoren.[461] Dies sind „Einflussgrößen, die steuern, welche Bewertungs- und Reputationsmuster in einem Kommunikationsereignis dominieren"[462], also Faktoren, die ausschlaggebend dafür sind, wie sich ein Kommunikati-

---

[457] Leitfadengespräch mit einem Kommunikationsverantwortlichen eines Unternehmens aus dem Bereich Konsumgüter am 01.06.2007
[458] Leitfadengespräch mit einem Kommunikationsverantwortlichen eines Unternehmens aus dem Bereich Maschinenbau am 05.06.2007
[459] vgl. Eisenegger 2005, 131 ff.
[460] vgl. Eisenegger 2005, 131 und 154
[461] vgl. Eisenegger 2005, 155 ff.
[462] Eisenegger 2005, 155

onsereignis auf die Reputation auswirkt. Konkret sollen für die Bewertung kommunikativer Risiken aus kritischen Sachverhalten die folgenden Reputationsfaktoren zur Hilfe genommen werden:[463]

1. Voraussichtlicher Grad der negativen Übereinstimmung der Bewertung

Kommunikative Risiken sind dann als besonders reputationsgefährdend einzuschätzen, wenn die Themen, Entscheidungen oder Ereignisse, auf die sie sich beziehen, einen „deutungszentrierten Drall"[464] aufweisen und unter verschiedenen Akteuren voraussichtlich eine große Übereinstimmung über die negative Art der Deutung besteht.[465] Für die Einschätzung dieses Faktors können die Ergebnisse der im Rahmen der Risikoidentifikation durchgeführten Stakeholder-Analyse von Bedeutung sein, denn aus diesen kann abgelesen werden, ob eine Entscheidung oder ein Thema beim überwiegenden Teil der Unternehmensumwelt auf Zustimmung oder Ablehnung stoßen wird.
Eisenegger spricht in diesem Zusammenhang auch von so genannten „Tendenzkoalitionen"[466], bei denen sich in der öffentlichen Diskussion verschiedene Kommunikatoren unter einer gemeinsamen Deutungsperspektive versammeln.

2. „Reputationsautoritäten"[467]

Weiterhin entscheidend für die Bewertung eines kommunikativen Risikos sind das Ansehen und die „Macht" der Anspruchsgruppe, von der die kritische Einschätzung eines Ereignisses oder einer Entscheidung hauptsächlich ausgeht. Je angesehener eine Gruppe innerhalb der Gesellschaft ist, desto schwerwiegender kann es sich auf die Unternehmensreputation auswirken, dieser zuwiderzuhandeln. Als „Reputationsautoritäten"[468] können solche Gruppen gelten, denen weite Teile der Bevölkerung großes Vertrauen entgegenbringen. Dies sind in der deutschen Gesellschaft speziell Ärzte, Lehrer, das Militär, die Polizei, Vertreter der Kirche sowie Juristen.[469] Auch NGOs gelten gemeinhin als besonders glaubwürdige und einflussreiche Kommunikatoren.[470] Die „Macht" einer Anspruchsgruppe wird neben dem Vertrauen, das ihr öffentlich entgegengebracht wird, auch durch deren Organisationsstärke und die Ausprägung von Kontakten zu Medien und Meinungsführern bestimmt.

3. Funktionale oder soziale Reputation

Ein letzter Faktor, der den mit einem kommunikativen Risiko verbundenen Reputationseffekt beeinflusst, ist die Frage, ob durch das zugrunde liegende Thema oder Ereignis primär die

[463] vgl. Eisenegger 2005, 165 ff.
[464] Eisenegger 2005, 165
[465] vgl. Liebl 1996, 153
[466] Eisenegger 2005, 166
[467] ebenda
[468] ebenda
[469] vgl. GfK Vertrauensindex 2007 (GfK 2007)
[470] vgl. Edelmann 2006, 1 ff. (Annual Edelmann Trust Barometer), vgl. Hribal 1999, 115 ff. (am Beispiel Greenpeace)

soziale oder die funktionale Reputation eines Unternehmens betroffen ist.[471] Insgesamt geht man davon aus, dass für die Gesamtreputation ökonomischer Organisationen innerhalb der Gesellschaft vor allem die soziale Reputation entscheidend ist.[472] Folglich wirken sich vor allem solche kritischen Themen, Entscheidungen oder Ereignisse negativ auf die Gesamtreputation aus, die über eine moralische, normative oder soziale Komponente verfügen.

Zusammenfassend kann festgehalten werden, dass ein kommunikatives Risiko besonders dann als schwerwiegend oder „brisant" einzuschätzen ist, wenn erstens in der öffentlichen Diskussion große Übereinstimmung hinsichtlich der negativen Deutung des zugrunde liegenden Themas oder der zugrunde liegenden Entscheidung besteht, wenn zweitens die Gruppen, die vom jeweiligen Sachverhalt betroffen sind, besonders reputationsstark und mächtig sind und wenn drittens vor allem die soziale Reputation des Unternehmens von den Auswirkungen betroffen sein wird.

Für die Bewertung von kommunikativen Risiken, die von öffentlichen Thematisierungen ausgehen, soll noch ein vierter Faktor ergänzt werden:

4. Die Nähe des Themas zum Unternehmen

Wenn die Quelle für das Risiko ein von außen an das Unternehmen herangetragenes kritisches Thema ist, lassen sich Abstufungen hinsichtlich der Nähe zum Unternehmen vornehmen.[473] Ein Thema kann auch mit einem kommunikativen Risiko verbunden sein, wenn es sich auf die gesamte Branche bezieht. Es ist jedoch in seinen möglichen Auswirkungen auf die Reputation als brisanter einzuschätzen, wenn es einen unmittelbaren oder gar ausschließlichen Bezug zum jeweiligen Unternehmen hat. Kurz: Je größer die Nähe des Themas zum Unternehmen, desto größer ist der mögliche Reputationseffekt. Bei Sicherheitsrisiken, entscheidungsbezogenen Risiken und endogenen kommunikativen Risiken weisen die zugrunde liegende Entscheidung oder der Vorfall dagegen zwangsläufig eine große thematische Nähe zum Unternehmen auf.

Insgesamt ist damit der Reputationseffekt als zusätzlicher Parameter der Risikobewertung innerhalb des unternehmerischen Risikomanagements beschrieben. Die Überführung der Reputationsfaktoren in ein konkretes Kennzahlen-System zur Bewertung der kommunikativen Dimension kritischer Sachverhalte erfolgt im Abschnitt 6.3.2.4. Zuvor soll noch der Parameter der Eintrittswahrscheinlichkeit auf seine Anwendbarkeit für kommunikative Risiken geprüft und gegebenenfalls durch einen weiteren Parameter ergänzt werden.

[471] Die beiden Reputationsarten wurden im Abschnitt 2.4.4 vorgestellt. Die funktionale Reputation eines Unternehmens bezieht sich vor allem auf dessen Fachkompetenz als Produzent wirtschaftlicher Güter. Die soziale Reputation hingegen wird maßgeblich geprägt durch die Stellung und das Verhalten des Unternehmens als gesellschaftlicher Akteur. (vgl. Eisenegger 2005, 28)

[472] vgl. Eisenegger 2005, 98 ff.

[473] vgl. Eisenegger 2005, 133, siehe auch Abbildung 4

6.3.2.3 Das Karrierepotenzial als Parameter der Bewertung kommunikativer Risiken

Um einzuschätzen, inwieweit auch für kommunikative Risiken Eintrittswahrscheinlichkeiten angeben werden können, soll zunächst erneut auf die Leitfadengespräche eingegangen werden. Hier wurde nämlich deutlich, dass die Bewertung kommunikativer Risiken hinsichtlich ihrer Eintrittswahrscheinlichkeit, ähnlich wie die Bestimmung der Schadenshöhe, mit einigen Schwierigkeiten und Unzulänglichkeiten verbunden ist. Während die mögliche Schadenshöhe kommunikativer Herausforderungen jedoch in den meisten der befragten Unternehmen zumindest durch verbale Beschreibungen möglicher Folgen Berücksichtigung findet, wird sich über Eintrittswahrscheinlichkeiten kaum Gedanken gemacht. Dies ist vermutlich dem Umstand geschuldet, dass entsprechende Sachverhalte in den Unternehmen bisher nicht primär unter dem Begriff „Risiko“ betrachtet werden. In Unternehmen, in denen die Betrachtung zumindest ansatzweise unter dem Risikobegriff erfolgt, beruhen Angaben über die Einrittswahrscheinlichkeit primär auf Erfahrungen, wie die folgende Aussage zeigt:

> „Wir versuchen es [die Eintrittswahrscheinlichkeit kommunikativer Risiken einzuschätzen, Anm. d. Verf.], wobei das natürlich extrem schwierig ist. [...] Ich nenne es mal eine relative Bauchentscheidung. Ich kann Ihnen sagen: Wir haben jetzt jedes Jahr so viele Produktkrisen gehabt, so viele öffentliche Rückrufe oder so viele stille Produktrückrufe. Oder: Wir haben in den vergangenen zehn Jahren so viele Restrukturierungsmaßnahmen durchgeführt, die haben negativen Impact in den Medien gehabt. Das sind alles Erfahrungsgrößen, aufgrund derer man dann solche Analysen oder Einschätzungen durchführen kann.“[474]

Es stellt sich generell die Frage, ob es möglich ist, die Eintrittswahrscheinlichkeit kommunikativer Risiken systematisch zu bestimmen. Dabei gilt es zu bedenken, dass kommunikative Risiken von zahlreichen Einflussfaktoren und Entwicklungen in der Unternehmensumwelt abhängen. Die hier zunächst betrachteten Arten kommunikativer Risiken existieren nicht per se, sondern ergeben sich erst aus öffentlich thematisierten Entscheidungen und Handlungen des Unternehmens oder aus der Entwicklung bestimmter Themen in der Unternehmensumwelt. Sie sind in Bezug auf ihre konkrete Gestalt und die Situation, in der sie auftreten, einmalig. Ihnen zugrunde liegen häufig „nicht-repetitive Prozesse“[475], sodass eine Argumentation mit Erfahrungswerten fragwürdig ist. Kommunikative Risiken sind insgesamt nicht so kalkulierbar wie beispielsweise Forderungsrisiken oder das Risiken von Störungen in technischen Systemen, bei denen sich aus der Häufigkeit des Eintritts in der Vergangenheit Rückschlüsse auf die Eintrittswahrscheinlichkeit in der Zukunft ziehen lassen.

Es wird damit deutlich, dass die objektive Größe der Eintrittswahrscheinlichkeit für die Bewertung kommunikativer Risiken allein offensichtlich nicht zielbringend ist. Es bedarf für die Bewertung kommunikativer Risiken eines weiteren, spezifizierten Parameters.

---

[474] Leitfadengespräch mit einem Kommunikationsverantwortlichen eines Unternehmens aus dem Bereich Konsumgüter am 01.06.2007

[475] Gaenslen 2006, 80 Geanslen verwendet den Begriff hier im Zusammenhang mit Risiken, die von der Unternehmensleitung ausgehen.

Eine Annäherung an die Wahrscheinlichkeit des Eintritts soll über die Frage erfolgen: Welche Kriterien müssen auf ein kritisches Thema, eine Entscheidung oder einen Vorfall zutreffen, damit es wahrscheinlich ist, dass diese Sachverhalte öffentlich thematisiert werden? Ausgangspunkt ist dabei die Überlegung, dass die Reputation eines Unternehmens maßgeblich durch dessen öffentliche, besonders mediale Thematisierung geprägt wird. Kommunikative Risiken können somit dann als eingetreten bezeichnet werden, wenn die ihnen zugrunde liegenden Sachverhalte öffentlich eine weite Verbreitung erfahren. Es liegt damit nahe, zu untersuchen, welche Kriterien ein Kommunikationsereignis erfüllen muss, um dauerhaft und durch verschiedenen Akteure öffentlich thematisiert zu werden. Je mehr ein Kommunikationsereignis diese Kriterien erfüllt, desto wahrscheinlicher ist, dass das kommunikative Risiko eintritt. Untersucht wird also die Thematisierungswahrscheinlichkeit von Entscheidungen, Vorfällen und Problemen als eine Vorstufe der Eintrittswahrscheinlichkeit eines kommunikativen Risikos.

Der konkrete Parameter, der über diese Thematisierungswahrscheinlichkeit Auskunft geben soll, ist das so genannte „Karrierepotenzial". Der Begriff ist wiederum auf den Kommunikationswissenschaftler Eisenegger zurückzuführen[476] und beschreibt die „öffentlichen Durchsetzungschancen eines Kommunikationsereignisses".[477]

Wie der Reputationseffekt durch Reputationsfaktoren bestimmt wird, so wird das Karrierepotenzial bestimmt durch Karrierefaktoren.[478] Darunter werden jene Einflussgrößen verstanden, die bestimmen, ob ein Thema eine breite öffentliche Thematisierung erfährt oder nicht.

In Anlehnung an Eisenegger sind im Wesentlichen vier Karrierefaktoren auszumachen[479], die hier in ihrer Funktion zur Bewertung kommunikativer Risiken erläutert werden sollen:

1. Die Einwirkung extramedialer Akteure

Ein erster Faktor, der die öffentlichen Durchsetzungschancen eines Kommunikationsereignisses bestimmt, ist die Einwirkung und Beteiligung verschiedener Akteure außerhalb der Medien. Eisenegger schreibt dazu: „Kommunikationsereignisse, denen es an extramedialen Öffentlichkeitsakteuren mangelt bzw. die maßgeblich oder ausschließlich von den Medien selbst getragen sind, weisen erfahrungsgemäß nur kurzfristige Lebenszyklen auf."[480] Ursache ist die hohe Themenfluktuation in den Medien. Es ist also besonders dann davon auszugehen, dass das mit einem Thema, einem Vorfall oder einer Entscheidung verbundene kommunikative Risiko eintritt, wenn mit ihm Aktivitäten konkreter Anspruchsgruppen verbunden sind. Erkenntnisse hierzu können wiederum aus der im Rahmen der Risikoidentifikation durchgeführten Stakeholder-Analyse gewonnen werden.

[476] vgl. Eisenegger 2005, 131 ff. (hier auch synonyme Verwendung des Begriffes „Diffusionspotenzial")
[477] Eisenegger 2005, 131
[478] vgl. Eisenegger 2005, 155
[479] vgl. Eisenegger 2005, 156 ff.
[480] Eisenegger 2005, 156

2. Die Diffusionsdynamik eines Themas

Ein weiterer Einfluss auf die öffentliche Karrieredynamik eines Themas geht von den so genannten „Spill-Over-Effekten“[481] aus. Demnach steht einem Thema vor allem dann eine dauerhafte öffentliche Karriere bevor, wenn die Möglichkeit besteht, dass es „in verschiedene Teilsysteme diffundiert und dort Prozesse, Verfahren und Diskurse anstößt, an die das Mediensystem wiederum kommunikativ anschließen kann.“[482] Für Unternehmen bedeutet dies, dass die Wahrscheinlichkeit der Realisierung eines kommunikativen Risikos besonders hoch ist, wenn es sich auf einen Sachverhalt bezieht, der so weitreichender oder grundsätzlicher Natur ist, dass er in übergeordnete Problemkontexte eingebunden ist und auch in wirtschaftsfernen Systemen wie etwa der Politik für Diskussionen sorgen könnte.

3. Nachrichtenfaktoren

Die Medien können nicht alle Ereignisse der Realität abbilden, sondern sind vielmehr dazu gezwungen, Themen für die Berichterstattung auszuwählen. Für diese Selektion konnten in der wissenschaftlichen Untersuchung einige wiederkehrende Muster ausgemacht werden. Sie spiegeln sich in den so genannten Nachrichtenfaktoren wider. Dies sind Faktoren, die auf ein Ereignis zutreffen müssen, damit es in den Medien publiziert wird.[483] Sie sollen hier instrumentalisiert werden, um die Wahrscheinlichkeit einer öffentlichen Thematisierung von kritischen Unternehmensentscheidungen, -handlungen oder Vorfällen und damit die Relevanz des von ihnen ausgehenden kommunikativen Risikos einzuschätzen.[484] Die im Folgenden aufgelisteten Faktoren sollen als Grundgerüst verstanden werden. Sie können bei einer praktischen Anwendung aus den Erfahrungen derjenigen Personen, die im Unternehmen mit der Medienarbeit befasst sind, ergänzt und konkretisiert werden. In den meisten Kommunikationsabteilungen finden die Nachrichtenfaktoren ohnehin bewusst oder unbewusst Anwendung, und zwar immer dann, wenn es darum geht, Veröffentlichungen möglichst so zu gestalten, dass sie in der Medienberichterstattung berücksichtigt werden. Im Zusammenhang mit kommunikativen Risiken erfolgt die Anwendung gewissermaßen im ungekehrten Sinne.

Folgende Faktoren sprechen allgemein für einen hohen Nachrichtenwert eines Themas und sollen hier für die Bewertung des kommunikativen Risikos herangezogen werden:

---

[481] Eisenegger 2005, 157

[482] ebenda

[483] Für eine ausführliche Beschreibung der Nachrichtenwert-Theorie siehe Staab 1990. Daneben gibt es auch noch weitere Forschungstraditionen wie die Gatekeeper-Forschung und die „News Bias“ Forschung, die sich ebenfalls mit der Nachrichtenauswahl der Massenmedien befassen. vgl. Staab 1990, 11

[484] vgl. Eisenegger 2005, 158

Tabelle 8: Übersicht zu den Nachrichtenfaktoren

Nachrichtenfaktor	Beschreibung
Außergewöhnlich-keit/Überraschung/ Neuartig-keit/Unvorhersehbarkeit / Seltenheit[485]	Getreu dem Motto „news is what's different" berichten Medien bevorzugt über außergewöhnliche, nicht alltägliche Vorkommnisse.
Konflikt/Kontroverse[486]	Themen, die in irgendeiner Weise einen Konflikt oder eine Kontroverse beinhalten, werden von den Medien gerne aufgegriffen. Sofern deren Ausgang noch offen ist, lässt sich mit diesen Themen gut Spannung erzeugen.[487] Unterstützendes Kriterium für eine Thematisierung ist Eindeutigkeit im Sinne einer klaren Rollenzuweisung von „gut" und „böse" innerhalb des Konfliktes.[488] Einfachheit und Eindeutigkeit können im erweiterten Sinne auch als eigenständige Nachrichtenfaktoren geführt werden.[489]
Personalisierung[490]	Die Beteiligung von konkreten Personen an einem Ereignis spricht in der Regel für dessen Thematisierung. Dies trifft umso eher zu, je prominenter die beteiligten Personen sind. [491]
Norm- und Moralverstöße[492] (Negativismus[493])	Medien berichten bevorzugt über solche Themen, die überwiegend negativ besetzt sind. Gerne aufgegriffen werden dabei Norm- und Moralverstöße: „Die Massenmedien können durch solche Meldungen von Normverstößen und Skandalen mehr als auf andere Weise ein Gefühl der gemeinsamen Betroffenheit und Entrüstung erzeugen."[494]

[485] vgl. Obermeier 1999, 97, vgl. Luhmann 2004, 58, Diese Faktoren findet sich in allen Theorien zum Nachrichtenwert (vgl. Staab 1990, 40 ff.).
[486] vgl. Obermeier 1997, 97, vgl. Luhmann 2004, 59, Dieser Faktor findet sich auch in nahezu allen Theorien zum Nachrichtenwert (vgl. Staab 1990, 40 ff.).
[487] vgl. Luhmann 2004, 59
[488] vgl. Obermeier 1999, 97
[489] vgl. z.B. Nachrichtenwert-Theorie von Einar Östgaard (Staab 1990, 55ff) und Johan Galtung und Mari Holmboe Ruge (nach Staab 1990, 59 ff., hier 60)
[490] vgl. Luhmann 2004, 65 ff., Schulz 2001, 41, dieser Faktor findet sich auch in nahezu allen Theorien zum Nachrichtenwert (vgl. Staab 1990, 40 ff.).
[491] Der Nachrichtenfaktor „Prominenz" bzw. „Elitepersonen" findet sich ebenfalls in nahezu allen Theorien zum Nachrichtenwert (vgl. Staab 1990, 40 ff.).
[492] vgl. Luhmann 2004, 61 ff.
[493] vgl. Schulz 2001, 41, vgl. Obermeier 1999, 97, vgl. Bentele 1994, 147, vgl. z.B. Nachrichtenwert-Theorie von Johan Galtung und Mari Holmboe Ruge (nach Staab 1990, 59 ff., hier: 62)
[494] Luhmann 2004, 62

Emotionalisierung (Sensationalismus[495])	„Unter Sensationalismus (sensationalism) ist die Tendenz der Nachrichtenmedien zu verstehen, die Aufmerksamkeit ihrer Rezipienten zu erlangen, indem sie über möglichst dramatische und emotional erregende Sachverhalte berichten."[496] Emotionalisierung als Nachrichtenfaktor bedeutet, dass ein Ereignis dann in der Berichterstattung gerne aufgegriffen wird, wenn sich an diesem Ereignis beteiligte Personen besonders emotional äußern oder besonders emotionale Erfahrungen gemacht haben.[497] In diese Kategorie gehört auch das Vorhandensein von Bildern. Medien berichten bevorzugt über ein Thema, wenn dazu aussagekräftige Bilder verfügbar sind.

In einem Satz können die Nachrichtenfaktoren und ihre Bedeutung für den Eintritt eines kommunikativen Risikos wie folgt zusammengefasst werden: Je außergewöhnlicher, dramatischer, negativer, weitreichender und personalisierter ein Ereignis ist, desto höher ist die zu erwartende öffentliche Aufmerksamkeit und damit das Karrierepotenzial. Besonders groß ist die Publikationswahrscheinlichkeit, wenn mehrere der genannten Faktoren auf ein Thema zutreffen.[498] Mittlerweile gilt es aber als anerkannt, dass nicht allein die Nachrichtenfaktoren die Themenauswahl durch die Journalisten bestimmen, sondern dass auch andere Faktoren, etwa die momentane Nachrichtenlage, die Zielgruppe des Mediums oder personelle, organisatorische und technische Bedingungen, die Redaktionen beeinflussen.[499] Diese Faktoren können an dieser Stelle nicht in einem allgemeinen Sinne thematisiert werden, da sie stark situationsabhängig sind. Sie machen jedoch deutlich, dass die Bewertung kommunikativer Risiken ein komplexer Prozess ist, in dem es eine Vielzahl von Faktoren und Entwicklungen zu berücksichtigen gilt. Situations- und unternehmensabhängig müssen daher die hier angeregten Vorgehensweisen angepasst und gegebenenfalls erweitert werden.

4. Die Anschlussfähigkeit

Neben der Einwirkung extramedialer Akteure, der Diffusionsdynamik und den allgemeinen Nachrichtenfaktoren soll auf die Anschlussfähigkeit eines Themas als Karrierefaktor eingegangen werden. Ein Thema, eine unternehmerische Entscheidung oder eine Handlung sind dann anschlussfähig, wenn sie argumentativ mit medial bereits etablierten Themen verknüpft

[495] vgl. Nachrichtenwert-Theorie nach Einar Östgaard (vgl. Staab 1990, 57)
[496] Staab 1990, 57 (zur Nachrichtenwert-Theorie nach Einar Östgaard)
[497] vgl. Staab 1990, 88 (zur Nachrichtenwert-Theorie nach Winfried Schulz)
[498] Additivitätshypothese nach Johan Galtung und Mari Halmboe Ruge 1965: Je mehr Nachrichtenfaktoren auf ein Ereignis zutreffen, desto größer ist die Veröffentlichungswahrscheinlichkeit dieses Ereignisses (vgl. Staab 1990, 63)
[499] vgl. z.B. die Erkenntnisse von Winfried Schulz zur Nachrichtenwert-Theorie 1982 in Staab 1990, 89

werden können.[500] Grundsätzlich gilt, wie es Franz Liebl im Rahmen seines Modells zur Integration von Issues- und Stakeholderanalyse formuliert: „Je höher [...] der Verwandtschaftsgrad zu bereits akzeptierten und aktuell diskutierten Issues, desto eher wird ein neues Issue auf die jeweilige Agenda gelangen."[501] Eine große Anschlussfähigkeit bedeutet ein größeres Karrierepotenzial und damit ein wahrscheinlicheres kommunikatives Risiko. Das Kriterium der Anschlussfähigkeit wird in einigen Auseinandersetzungen auch dem Bereich der Nachrichtenfaktoren zugeordnet.[502] Es widerspricht dabei jedoch nicht, wie der Soziologe Niklas Luhmann verdeutlicht, dem Nachrichtenfaktor der Neuartigkeit: „Bei Neuheiten denkt man zunächst an Einmalereignisse. Aber das Erkennen von Neuheiten erfordert vertraute Kontexte."[503]

Ein Beispiel für die Bedeutung der Anschlussfähigkeit ist die Debatte um die Reduzierung von CO_2-Emissionen. Während der Bau eines neuen Kohlekraftwerkes noch vor einigen Jahren für wenig Aufsehen gesorgt hätte, ist eine solche Entscheidung heute aufgrund der Anschlussfähigkeit zum etablierten Thema Klimaschutz mit einem kommunikativen Risiko verbunden. Es ist die Aufgabe des Issues Managements, solche Etablierungsprozesse zu beobachten.

6.3.2.4 Modell zur Bewertung kommunikativer Risiken aus kritischen Sachverhalten

Die Parameter Reputationseffekt und Karrierepotenzial sollen nun in einem konkreten Modell zur Bewertung kommunikativer Risiken, die an einen kritischen Sachverhalt gebunden sind, zusammengeführt werden. Kernelemente des Modells sind ein Bewertungsbogen und eine Risk-Map.

Der Bewertungsbogen (siehe Abbildung 14) basiert auf einer Punktbewertung. Jedes identifizierte kommunikative Risiko wird auf das Zutreffen und die Ausprägung der Reputations- und Karrierefaktoren geprüft. Dabei kann jeder Faktor einen Wert auf einer Skala von eins bis vier annehmen, wobei ein Punkt für eine sehr geringe Ausprägung steht und vier Punkte auf eine sehr starke Ausprägung hindeuten.

---

[500] vgl. Eisenegger 2005, 157 f.
[501] Liebl 1996, 155
[502] vgl. Nachrichtenwert-Theorie von Johan Galtung und Mari Holmboe Ruge (nach Staab 1990, 59 ff., hier 61) hier unter dem Begriff „Kontinuität" und Nachrichtenwert-Theorie von Winfried Schulz (nach Staab 1990, 80 ff., hier: 87) in der Faktorendimension „Konsonanz"
[503] Luhmann 2004, 59

Abbildung 14: Bewertungsbogen für kommunikative Risiken

Bewertungsbogen für kommunikative Risiken

Quelle für das Risiko:	
Beschreibung des Risikos:	
Verantwortlich:	Datum:

Reputationseffekt	sehr gering			sehr hoch	**Punkte**
Grad der negativen Übereinstimmung	1	2	3	4	
Reputation der Anspruchsgruppe(n)	1	2	3	4	
Nähe zum Unternehmen	1	2	3	4	
	funktional			sozial	
Betroffene Reputationsart	1	2	3	4	
Summe Reputationseffekt					

Karrierepotenzial	sehr gering			sehr hoch	
Extramediale Akteure	1	2	3	4	
Diffusionsdynamik	1	2	3	4	
Zutreffen von Nachrichtenfaktoren	1	2	3	4	
Anschlussfähigkeit	1	2	3	4	
Summe Karrierepotenzial:					

Gesamt:

Eine Sonderstellung hinsichtlich der Skaleneinteilung nimmt die Art der betroffenen Reputation ein. Die Eins steht hier für eine Beeinträchtigung der funktionalen Reputation. Die Vier signalisiert eine Beeinträchtigung der sozialen Reputation. Mit den beiden Skaleneinheiten dazwischen kann jeweils eine Tendenz deutlich gemacht werden. Der Faktor „Nähe zum Unternehmen“ nimmt bei endogenen und entscheidungsbezogenen kommunikativen Risiken sowie bei kommunikativen Risiken im Zusammenhang mit Stör- und Unfällen zwangsläufig den Wert vier an. Nur bei exogenen kommunikativen Risiken sind hier Abstufungen möglich.

Insgesamt ergeben sich nach dem Ausfüllen des Bewertungsbogens drei Kennzahlen:

- eine Kennzahl für den Reputationseffekt (maximaler Wert: 16),
- eine Kennzahl für das Karrierepotenzial (maximaler Wert: 16) und
- eine Gesamtkennzahl, die sich aus der Addition der beiden erstgenannten Werte ergibt (maximaler Wert: 32).

Grob kann festgehalten werden: Je höher der Wert der Gesamtkennzahl, desto relevanter ist das kommunikative Risiko. Eine weitere Differenzierung erfolgt im nächsten Schritt durch die Einordnung der Risiken in eine Risikomatrix.

Die Anlage des Bewertungsbogens erlaubt es auch, die einzelnen auf den Skalen markierten Punkte miteinander zu verbinden. Auf diese Weise wird auf einem Blick deutlich, wie das Risiko zu bewerten ist. Es ist dann als besonders relevant einzuschätzen, wenn die Verbindungslinie überwiegend auf der rechten Seite verläuft.

In der Praxis bietet es sich an, den Bewertungsbogen softwaregestützt in Form einer Eingabemaske zu realisieren. Diese kann direkt mit einer Datenbank verknüpft sein, sodass alle Risiken mit der Eingabe automatisch nach bestimmten Kriterien geordnet dokumentiert werden. Eine solche Umsetzung bietet für den weiteren Umgang mit den Risiken erhebliche Vorteile. So können beispielsweise Verteiler erstellt werden, die es ermöglichen, dass automatisch nach der Bewertung des Risikos bestimmte Mitarbeiter informiert und weitere Schritte eingeleitet werden. Verknüpfungen mit einer eventuell bereits vorhandenen Issues-Datenbank oder der zentralen Risikodatenbank erscheinen für eine ganzheitliche und überschneidungsfreie Betrachtung ebenfalls sinnvoll. Auch die im nächsten Schritt vorgestellte Risikomatrix lässt sich durch eine computergestützte Umsetzung automatisch erstellen und aktualisieren. Existiert im Unternehmen eine zentrale Stelle für das Risikomanagement bzw. für die Koordination aller diesbezüglichen dezentralen Aktivitäten, so bietet es sich an, dieser Stelle auch die redaktionelle Überarbeitung und die Überwachung der Inhalte der Datenbank anzuvertrauen.

Je nach den gemachten Erfahrungen im Unternehmen ist es auch möglich, den Bogen um weitere Aspekte zu ergänzen oder die Gewichtung einzelner Aspekte zu variieren. Er soll keinesfalls als „Dogma“ verstanden werden, sondern als Orientierung für eine mögliche Umsetzung dienen.

Nach dem Ausfüllen des Bewertungsbogens können die ermittelten Punktzahlen für eine Einschätzung der Behandlungsbedürftigkeit des jeweiligen Risikos genutzt werden. Dafür werden die Risiken in ein Diagramm übertragen, welches aus den beiden Parametern Karrierepotenzial und Reputationseffekt aufgespannt wird (siehe Abbildung 15). Es ergibt sich eine speziell auf kommunikative Risiken zugeschnittene Risk-Map.

Abbildung 15: Risk-Map für kommunikative Risiken

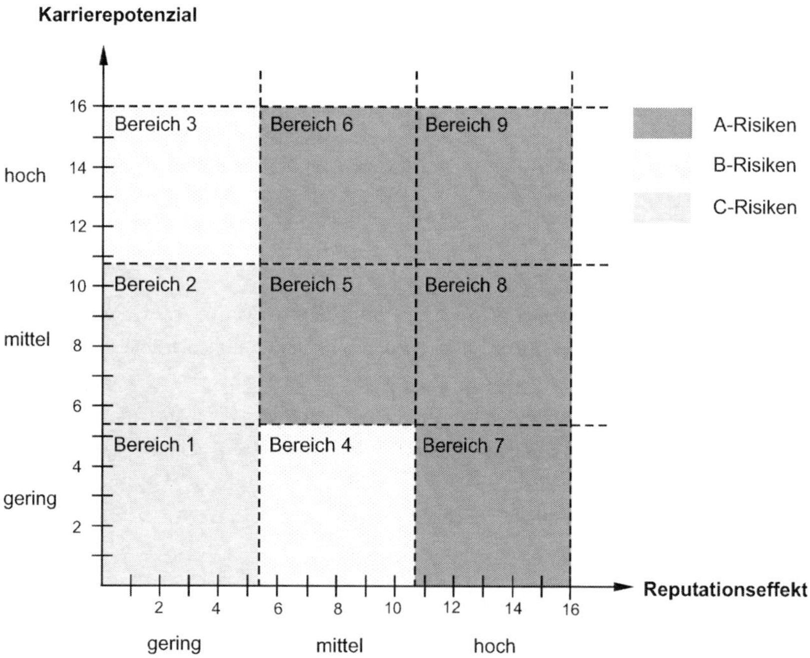

Zur Einordnung werden die Werte für den Reputations- und Karriereeffekt an der jeweiligen Achse abgetragen. Je nachdem wie hoch der Wert der zuvor ermittelten Kennzahlen ist, werden die Risiken einem der neun Risikobereiche in der Matrix zugeordnet. Risiken, die sich im gleichen Bereich wieder finden, verfügen über eine ähnliche Ausprägung in den beiden Parametern. Im Einzelnen verbergen sich hinter den Bereichen eins bis neun die folgenden Entsprechungen:

- Bereich 1: Die vermuteten Auswirkungen auf die Reputation bei Eintritt des Risikos sind gering. Der Eintritt des Risikos ist zudem unwahrscheinlich, da das öffentliche Interesse für das zugrunde liegende Thema recht gering sein dürfte.
- Bereich 2: Die vermuteten Auswirkungen auf die Reputation bei Eintritt des Risikos sind gering, aber der Eintritt ist etwas wahrscheinlicher, da das öffentliche Interesse stärker ausgeprägt ist.
- Bereich 3: Die vermuteten Auswirkungen auf die Reputation bei Eintritt des Risikos sind gering, aber eine öffentliche Thematisierung und damit der Eintritt des Risikos sind sehr wahrscheinlich.
- Bereich 4: Die Auswirkungen auf die Reputation bei Eintritt des Risikos sind als mittelschwer einzuschätzen. Das öffentliche Interesse ist vermutlich gering, was den Eintritt des Risikos unwahrscheinlich macht.
- Bereich 5: Die Auswirkungen auf die Reputation bei Eintritt des Risikos sind als mittelschwer einzuschätzen. Durch ein durchschnittliches öffentliches Interesse scheint der Eintritt des Risikos zumindest wahrscheinlich.
- Bereich 6: Die Auswirkungen auf die Reputation bei Eintritt des Risikos sind als mittelschwer einzuschätzen. Das öffentliche Interesse ist sehr stark ausgeprägt, was einen Eintritt des Risikos sehr wahrscheinlich macht.
- Bereich 7: Das Risiko entfaltet bei seinem Eintritt starke negative Auswirkungen auf die Reputation. Ein Eintritt ist jedoch aufgrund des geringen öffentlichen Interesses unwahrscheinlich.
- Bereich 8: Das Risiko entfaltet bei seinem Eintritt starke negative Auswirkungen auf die Reputation. Durch ein durchschnittliches öffentliches Interesse scheint der Eintritt des Risikos zumindest wahrscheinlich
- Bereich 9: Das Risiko entfaltet bei seinem Eintritt starke negative Auswirkungen auf die Reputation. Ein Eintritt ist zudem sehr wahrscheinlich.

Die Risiken in den einzelnen Bereichen können auf dieser Grundlage durch Anwendung der ABC-Analyse[504] nach ihrer Beobachtungs- und Behandlungswürdigkeit eingeteilt werden (siehe Abbildung 15). Kommunikative Risiken innerhalb der rot markierten Felder sind A-Risiken und damit als besonders beobachtungs- und behandlungswürdig einzustufen. Es empfiehlt sich nicht, diese Risiken ohne Behandlung zu tragen, da erhebliche negative Auswirkungen auf die Reputation sehr wahrscheinlich sind. Kommunikative Risiken in den grünen Bereichen sind in ihren Auswirkungen als gering einzuschätzen und zunächst nicht primär behandlungsbedürftig. Es sind C-Risiken. Sie bedürfen jedoch auf jeden Fall einer weiteren Beobachtung. Risiken in den gelben Bereichen sind der Kategorie der B-Risiken zuzuordnen. Hier liegt es im Ermessen des Beurteilenden, in welchem Umfang Maßnahmen zur Behandlung zu ergreifen sind. Die vorgeschlagene Klassifizierung kann unternehmensindividuell

[504] vgl. Schott/Campana/Wick 2002, 15 ff. (Die ABC.-Analyse wurde im Abschnitt 5.2.2 dieser Arbeit vorgestellt.)

verändert werden, je nachdem bis zu welcher Toleranzgrenze man bereit ist kommunikative Risiken ohne Behandlung einzugehen.

Zusammenfassung

Zusammenfassend kann für die Bewertung der kommunikativen Dimension risikobehafteter Sachverhalte festgehalten werden, dass die üblichen Parameter Schadenshöhe und Eintrittswahrscheinlichkeit hierfür ungeeignet sind. Sollen kommunikative Risiken in das unternehmerische Risikomanagement integriert werden, bedarf es einer Ergänzung des Bewertungssystems um die Parameter Reputationseffekt und Karrierepotenzial. Durch die Anwendung des vorgestellten Bewertungsbogens können kommunikative Risiken in ihrer Relevanz für das Unternehmen beurteilt werden. Sie werden mit Kennzahlen versehen, die es nach entsprechender Einordnung in eine Risk-Map möglich machen, die Behandlungs- und Beobachtungswürdigkeit dieser kommunikativen Risiken abzuschätzen.

6.3.2.5 Bewertung von Risiken aus der Kommunikation selbst

Abschließend zum Prozessschritt der Risikobewertung sollen noch jene Risiken betrachtet werden, die sich aus der Kommunikation selbst ergeben. Da diese kommunikativen Handlungsrisiken unabhängig von einem konkreten kritischen Sachverhalt auftreten, können zu ihrer Bewertung nicht die Parameter Reputationseffekt und Karrierepotenzial angewendet werden. Bewertet werden soll nicht die kommunikative Risikodimension eines Sachverhaltes, sondern ein aus der Kommunikation selbst kommendes, eigenständiges Risiko. Wie in Kapitel vier erarbeitet, können solche Risiken strukturell-kulturell oder individuell bedingt sein.

Eine Bewertung gestaltet sich hier besonders schwierig. Dies soll an einem Beispiel verdeutlicht werden: Wurde mittels der unter 6.3.1.2 vorgestellten Checkliste festgestellt, dass es im Unternehmen an Strukturen fehlt, die eine umfassende Abstimmung von externen Kommunikationsmaßnahmen zwischen zwei konkreten Abteilungen ermöglichen, stellt dies ein kommunikatives Risiko dar. Wie schwerwiegend dieses jedoch eingeschätzt werden muss, hängt vom konkreten Kommunikationsfall ab, in dem es zum Tragen kommt. Der Strukturfehler wird sich früher oder später negativ auf die Kommunikation auswirken, doch können kaum Aussagen darüber getroffen werden, mit welcher Wahrscheinlichkeit dies geschieht und ob sich daraus tatsächlich eine krisenhafte Situation ergibt.

Um dennoch zu einer Bewertung zu gelangen, können verschiedene einigermaßen willkürliche Szenarien „durchgespielt" werden, in denen sich zeigt, welche Folgen die bestehende Schwachstelle haben könnte. Auch ist es denkbar, Kommunikationsfälle der Vergangenheit mit Blick auf die Wirkung von möglichen kommunikativen Unabgestimmtheiten und Unklarheiten zu untersuchen. Es stellt sich jedoch die Frage, welchen Sinn ein solches Vorgehen hätte. Zum Vergleich: Die zuvor beschriebenen kommunikativen Risiken, die sich aus der kommunikativen Dimension kritischer Sachverhalte ergeben, wurden bewertet, um sie hinsichtlich ihrer Behandlungs- und Beobachtungswürdigkeit einschätzen zu können. Das Unternehmen kann die zugrunde liegenden Sachverhalte oft nicht selbst steuern oder kontrollieren und muss sie daher zu einer besseren Einschätzung und späteren Reaktion bewerten. Bei kommunikativen Handlungsrisiken handelt es sich jedoch um Risiken, die sich aus Schwachstellen in der eigenen Kommunikationsstruktur und -kultur ergeben. Sind diese einmal identifiziert, sollte alles daran gesetzt werden, sie zu beheben. Dem Prozessschritt der Risikobewertung kommt hier also keine Schlüsselfunktion zu wie bei kommunikativen Risiken, die sich aus kritischen Sachverhalten ergeben. Strukturell-kulturell oder individuell bedingten kommunikativen Handlungsrisiken stehen keine Chancen gegenüber. Es sind vielmehr zu behebende Fehler. Eine sich mit den Erwartungen der Stakeholder deckende Kommunikationskultur und eine funktionierende Kommunikationsinfrastruktur sind die Grundvoraussetzungen einer erfolgreichen Kommunikation und in diesem Sinne auch Grundbedingungen der Behandlung der vorgestellten weiteren Arten kommunikativer Risiken.

6.3.2.6 Zusammenfassung: Bewertung kommunikativer Risiken

Es kann abschließend zur Risikobewertung festgehalten werden: Kommunikative Risiken, die sich aus der kommunikativen Dimension kritischer Sachverhalte ergeben, bedürfen zur Einschätzung ihrer Relevanz und zur Zielgenauigkeit ihrer Behandlung einer Bewertung. Daher werden die Parameter Reputationseffekt und Karrierepotenzial in das Risikomanagement eingeführt. Für kommunikative Handlungsrisiken ist eine solche Bewertung nicht möglich, da diese nicht an konkrete Sachverhalte gebunden sind, sondern im Tagesgeschäft der Kommunikation auftreten. Es handelt sich um individuelle und strukturell-kulturelle Fehler, die es für eine erfolgreiche Kommunikation zu beseitigen gilt.

6.3.3 Behandlung kommunikativer Risiken

6.3.3.1 Behandlung kommunikativer Risiken aus kritischen Sachverhalten

Im Rahmen der ABC-Analyse wurden kommunikative Risiken, die sich aus kritischen Sachverhalten ergeben, bereits hinsichtlich ihrer Behandlungswürdigkeit eingeteilt. Das besondere Augenmerk im Prozessschritt der Risikobehandlung liegt demnach auf den A-Risiken, den besonders behandlungsbedürftigen Risiken. C-Risiken, also nicht primär behandlungsbedürftige Risiken, werden zunächst an das Monitoring zurückverwiesen und kontinuierlich einer neuen Bewertung unterzogen. Aufgrund der Dynamik, die allen kommunikativen Prozessen zugrunde liegt, kann sich ein solches C-Risiko innerhalb kürzester Zeit auch zu einem A-Risiko auswachsen.

Wie im fünften Kapitel erläutert, kann in der Risikobehandlung grundsätzlich zwischen ursachen- und wirkungsbezogenen Maßnahmen unterschieden werden. Diese Unterteilung soll auch bei der Betrachtung der Behandlungsmöglichkeiten kommunikativer Risiken beibehalten werden. Dabei gilt es zu beachten, dass nur solche kommunikativen Risiken ursachenbezogen behandelt werden können, deren Ursachen das Unternehmen tatsächlich zu verantworten hat bzw. beeinflussen kann. Von den mit kritischen Sachverhalten in Verbindung stehenden Risiken kommen dafür entscheidungsbezogene und endogene kommunikative Risiken infrage.

Ursachenbezogene Behandlung entscheidungsbezogener kommunikativer Risiken
Von den unter 5.2.3 vorgestellten Methoden der ursachenbezogenen Risikobehandlung sind für kommunikative Risiken nur Maßnahmen zur Risikovermeidung und Risikoverminderung geeignet. Eine Risikostreuung bzw. Risikozerlegung scheidet weitgehend aus, da kommunikative Risiken, weil sie sich auf die Zielgröße der Unternehmensreputation beziehen, nicht auf verschiedene Standorte oder Personen verteilt werden können.

Risikovermeidung bedeutet für entscheidungsbezogene kommunikative Risiken den Verzicht auf die Entscheidung, welche die Quelle für das kommunikative Risiko darstellt. Wie beschrieben, kann das Ergebnis einer Abwägung zwischen dem ökonomischen Nutzen und dem aus der Entscheidung möglicherweise resultierenden Reputationsschaden im Extremfall sein, dass auf die Umsetzung verzichtet wird, weil die voraussichtlichen Reputationseinbußen gegenüber dem anderweitigen Nutzen überwiegen. Ein solcher vollkommener Verzicht, so zumindest der Eindruck aus den Leitfadengesprächen, kommt in der Praxis jedoch höchst selten vor. Vielmehr wird versucht auch unpopuläre Entscheidungen durch eine entsprechende begleitende Kommunikationsstrategie und eventuelle Ausgleichsmaßnahmen durchzusetzen. Schließlich besteht das primäre Ziel des Unternehmens im wirtschaftlichen Handeln und nicht in einem reinen „Impression Management“[505]. Es wird daher häufiger auf die zweite Form der ursachenbezogenen Risikobehandlung zurückgegriffen, die Risikoverminderung. Das kommunikative Risiko, das mit einer unternehmerischen Entscheidung einhergeht, kann an zwei verschiedenen Ansatzpunkten vermindert werden: durch Änderungen an der Entscheidung selbst oder durch die Ausgestaltung der begleitenden Kommunikation. Wenn die Risikoverminderung an der Entscheidung selbst ansetzen soll, gilt es, nach einer Anspruchsgruppenanalyse die Entscheidung in einer Weise zu modifizieren oder durch eine weitere Maßnahme zu ergänzen, die den Interessen der Stakeholder entgegenkommt. Es werden also in der Sache Kompromisse eingegangen, um das kommunikative Risiko zu vermindern.

Eine Verminderung des kommunikativen Risikos ist aber unter Umständen auch möglich, ohne an der Entscheidung selbst etwas zu ändern. Konkret besteht die Möglichkeit, durch eine sorgfältig geplante offene Kommunikation die Wahrnehmung der Entscheidung in der Öffentlichkeit zu beeinflussen. Kommunikation als vertrauensbildender Maßnahme kommt schließlich eine entscheidende Bedeutung zu. Von ihrem Erfolg kann das Gelingen oder Scheitern ganzer Projekte abhängen. Im Rahmen der Vorstellung des Communication Value Systems der GPRA (Gesellschaft Public Relations Agenturen) wird dazu festgestellt:

> „Sobald Unternehmensziele die Interessen von Dialoggruppen berühren oder aber das Erreichen dieser Unternehmensziele vom Verständnis und der Unterstützung einer oder

[505] „Impression Management“ bezeichnet den Versuch, den Eindruck, den ein Unternehmen in der Öffentlichkeit hinterlässt zu steuern und zu kontrollieren. Siehe dazu auch Abschnitt 4.2.2.2

mehrerer Dialoggruppen abhängt, ist strategische Kommunikation ein relevanter Wertschöpfungsfaktor.“[506]

Viele Kommunikationsverantwortliche, so ein weiteres Ergebnis der Leitfadengespräche, sehen in der kommunikativen Begleitung einer Entscheidung eine ihrer Hauptaufgaben. Wie konkret eine solche Kommunikation gestaltet sein muss, um risikomindernd zu wirken, hängt immer vom Einzelfall ab. Es lassen sich jedoch drei Grundlagen einer vertrauensfördernden Kommunikation zusammenfassen. Reputationseinbußen können eingeschränkt werden, indem:

- im Rahmen einer offenen Kommunikation ausreichend Informationen für die Gründe der Entscheidung vermittelt werden. Prinzipiell gilt nach Otto-Peter Obermeier: „Wer mit Informationen mauert, wird mit selbstgebastelten, schlampigen Recherchen konfrontiert.“[507]
- Verständnis gezeigt wird für die Interessen und Befürchtungen der durch die Entscheidung negativ betroffenen Anspruchsgruppen und
- Möglichkeiten zum Dialog angeboten werden.

Viele Unternehmen leiden nach Obermeier unter dem so genannten „window out bias“. Das heißt, sie kommunizieren nach außen stark egozentrisch.[508] Wichtig für eine begleitende Kommunikation ist jedoch die unbedingte Offenheit für Meinungen und Themen Außenstehender im Sinne einer „window-in Kommunikation“.[509]

Für die Planung einer erfolgreichen begleitenden Kommunikation bietet sich ein Vorgehen nach dem Prozessmodell zur Wertschöpfung durch Kommunikation nach Piwinger an.[510] Dieses weist sieben Phasen auf, wobei jede Phase eine Wertschöpfungsstufe darstellt (siehe Tabelle 9).

---

[506] Lange 2005, 206
[507] Obermeier 1999, 107
[508] vgl. Obermeier 1999, 195
[509] ebenda
[510] vgl. Piwinger 2005, 78 ff.

Tabelle 9: Wertschöpfungsstufen der Kommunikation nach dem Prozessmodell von Piwinger (vgl. inhaltlich Piwinger 2005, 78 ff.)[511]

Stufe	Bezeichnung	Inhalt
1	„Analyse des Status quo ante"	Analyse von Fremdwahrnehmung und Selbstwahrnehmung
2	„Definition des Kommunikationsziels"	Festlegung allgemeiner und spezieller Kommunikationsziele, inkl. Zeitvorgaben
3	„Gestaltung der Gelingensvoraussetzungen"	Aufstellen von Partnerhypothesen (sich in andere Hineinversetzen), Risikobewertungen, Erfolgseinschätzungen
4	„Vermittlungsebene, Ausführungssystem"	Wahl der zu vermittelnden Informationen, Festlegung von Art und Weise der Kommunikation
5	„Filter der Wahrnehmung"	Kenntnis erlangen über die Wahrnehmungsfilter, etwa durch Medienresonanzanalysen oder durch Untersuchung von Selektionskriterien
6	„Analyse der Wahrnehmung"	Messung der kommunikativen Erfolge oder Misserfolge, Untersuchung, ob Kommunikation tatsächlich zur intendierten Einstellungs- oder Verhaltensänderung geführt hat
7	„Reflexion, Nachprüfung"	Prozessüberprüfung, Messung des wirtschaftlichern Erfolgs, Dokumentation

Die dritte Phase (das Gestalten der Gelingensvoraussetzungen durch eine Einschätzung der möglichen Wahrnehmung durch die Anspruchsgruppen) wird im Rahmen des beschriebenen Risikomanagement-Prozesses für kommunikative Risiken bereits bei der Risikoidentifikation und -bewertung vollzogen, sodass hier auf entsprechende Ergebnisse zurückgegriffen werden kann. Die Phasen fünf bis sieben fallen in den Prozessschritt der Risikokontrolle. Alle weite-

[511] wörtliche Übernahmen im Folgenden von Piwinger 2005, 78

ren Phasen gilt es im Interesse einer risikovermindernden begleitenden Kommunikation systematisch zu durchlaufen und angepasst an den Einzelfall zu gestalten.

Grundbedingung für die Risikoverminderung – sowohl durch eine Entscheidungs-Modifikation als auch durch eine offene und verständnisvolle Kommunikation – ist eine möglichst frühzeitige Einbindung der Kommunikationsverantwortlichen in den Entscheidungsprozess. Sie müssen zu einem Zeitpunkt hinzugezogen werden, zu dem Modifikationen noch möglich sind.

Ursachenbezogene Behandlung endogener kommunikativer Risiken

Neben entscheidungsbezogenen kommunikativen Risiken können auch endogene kommunikative Risiken, also Risiken, die aus internen Konflikten und Vorgängen resultieren, ursachenbezogen behandelt werden.

Interne Probleme sind in größeren Unternehmen wohl nie gänzlich zu vermeiden. Es besteht immer die Gefahr, dass einzelne Mitarbeiter sich ethisch inkorrekt verhalten, dass Unzufriedenheit über bestimmte Sachverhalte herrscht oder dass Gerüchte entstehen. Folglich ist auch immer damit zu rechnen, dass solche Sachverhalte nach außen dringen und zum Auslöser kritischer Wahrnehmung werden. Infrage für eine ursachenbezogene Behandlung kommt daher nur eine Risikoverminderung. Ansatzpunkte hierfür sind vor allem:

- eine verständnisvolle Mitarbeiterführung,
- die Schaffung eines entsprechenden „Klimas" innerhalb des Unternehmens,
- eine funktionierende interne Kommunikation sowie
- die Umsetzung von Compliance-Regelungen und Kontrollen zur Verhinderung des Fehlverhaltens Einzelner.

Wie erwähnt, können diese Aspekte hier jedoch nicht weiter konkretisiert werden. Sie bieten Potenzial für eigene umfangreiche Auseinandersetzungen. Wichtig im Sinne der Arbeit ist vor allem eine enge Verzahnung der Risikobehandlung endogener Risiken mit dem Compliance-Wesen und der internen Kommunikation.

Wirkungsbezogene Behandlung kommunikativer Risiken aus kritischen Sachverhalten

Während eine ursachenbezogene Behandlung nur für entscheidungsbezogene und endogene Risiken infrage kommt, lassen sich wirkungsbezogene Maßnahmen auf alle Arten kommunikativer Risiken anwenden. Es sind Maßnahmen, die nicht an den Ursachen kommunikativer Risiken, sondern an deren möglichen Auswirkungen ansetzen. Unter 5.2.3 wurden hierfür die beiden Möglichkeiten Risikoüberwälzung und Risikoübernahme vorgestellt.

Risikoüberwälzung ist für kommunikative Risiken nur begrenzt möglich. Einige Industrieversicherer bieten zwar Versicherungen für Spezialfälle wie Produktrückrufe, Manager-

Fehlverhalten oder Entführungen an.[512] Allerdings kann auf diese Weise nur das finanzielle Risiko überwälzt werden. Die Versicherungen übernehmen in der Regel die Kosten für das operative Krisenmanagement und für spezielle Kommunikationsmaßnahmen[513], die Beeinträchtigung der Reputation bleibt jedoch bestehen.

Bedeutender für eine Betrachtung kommunikativer Risiken ist die Risikoübernahme. Hier kommen die im Abschnitt 5.6 beschriebenen Schnittstellen zwischen Risiko- und Krisenmanagement zum Tragen. Entscheidet sich ein Unternehmen bewusst für die Übernahme eines kommunikativen Risikos oder kann das entsprechende Risiko in seinen Ursachen nicht behandelt werden, sind nämlich im Sinne einer wirkungsbezogenen Behandlung Vorkehrungen für den Eintritt zu treffen. Diese Maßnahmen fallen im Wesentlichen in den Bereich des Krisenmanagements. Verwiesen sei in diesem Zusammenhang auf die erarbeiteten Grundlagen der Beziehung zwischen Risiko- und Krisenmanagement, wonach mit Eintritt eines schwerwiegenden Risikos eine „antizipierte Krise"[514] zu einer manifesten Krise wird und damit der Bereich des Krisenmanagements angesprochen ist (siehe auch Abbildung 16).

Abbildung 16: Ursachen- und wirkungsbezogene Risikobehandlung

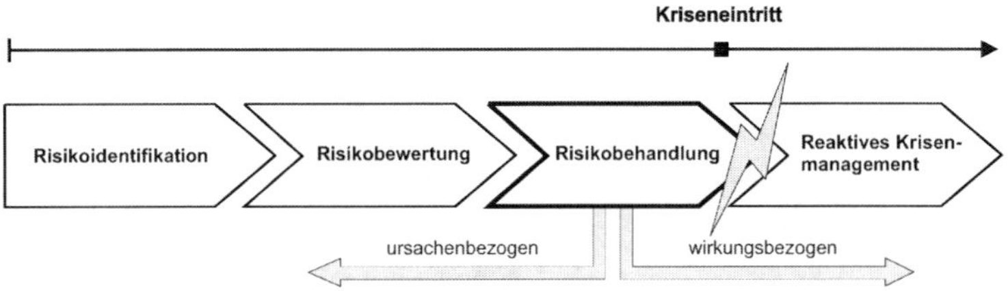

Im Interesse einer integrierenden Betrachtung sollen einzelne Maßnahmen der Vorbereitung auf den Kriseneintritt in das Risikomanagement, konkret in den Prozessschritt der Risikobehandlung einbezogen werden. Dabei muss prinzipiell unterschieden werden zwischen operativen und kommunikativen Maßnahmen des Krisenmanagements. Beide bedingen sich gegenseitig und müssen aufeinander abgestimmt werden. Dies lässt sich an einem fiktiven Beispiel verdeutlichen: Eine krisenhafte Situation kann entstehen, wenn bei der Produktion giftige Stoffe entweichen. Eine solche Situation gilt es zum einen organisatorisch zu bewältigen. Dafür müssen im Vorfeld Alarm- und Organisationspläne entworfen werden, sodass die Krise inhaltlich überwunden werden kann, indem zum Beispiel die Ursache für den Austritt identi-

[512] vgl. Barth/Breunlein/Mihm 2004, 19
[513] vgl. ebenda
[514] Schulz 2001, 16

fiziert wird und Maßnahmen zur Reparatur ergriffen werden. Genauso wichtig ist es jedoch, eine solche Situation auch kommunikativ vorzubereiten. Schließlich wird der Vorfall mit hoher öffentlicher Aufmerksamkeit verbunden sein. Anwohner und weitere Gruppen haben Angst, verlangen Aufklärung oder erheben öffentlich Vorwürfe. Hier ist es Aufgabe der Kommunikation, einen Reputationsschaden für das Unternehmen zu verhindern oder zumindest einzuschränken. Anders gesagt: Die kommunikative Dimension des Sicherheitsrisikos muss bewältigt werden. Gleiches kann für die Bewältigung von kritischen Situationen angeführt werden, die durch umstrittene Unternehmensentscheidungen, durch extern an das Unternehmen herangetragene Thematisierungen oder durch endogene Faktoren ausgelöst wurden. Auch sie haben jeweils eine operative und eine kommunikative Dimension. Abbildung 17 fasst beide Dimensionen und die damit jeweils verbundenen Vorbereitungsmaßnahmen zusammen.

Abbildung 17: Dimensionen der Krisenbewältigung

Der Schwerpunkt der weiteren Betrachtung soll auf den kommunikativen Aspekten liegen. Dies bedeutet gleichwohl nicht, dass die operativen vernachlässigt werden können. Operative Aspekte, so der Eindruck aus neueren Veröffentlichungen und aus den Leitfadengesprächen, haben vielmehr schon Eingang in das Risikomanagement gefunden.[515] Wie im fünften Kapitel herausgearbeitet wurde, sind es vor allem die kommunikativen Maßnahmen, welche bisher auf den Bereich des Krisenmanagements beschränkt sind und keine Berücksichtigung im Risikomanagement erfahren. Im Rahmen der Integration kommunikativer Risiken sollen genau diese kommunikativen Maßnahmen als wirkungsbezogene Behandlungsmöglichkeiten in das Risikomanagement integriert werden. Auf diese Weise fällt die Vorbereitung auf konkrete Krisensituationen in den Zuständigkeitsbereich der Stelle, welche auch die entsprechenden Risiken beobachtet. Ineffektive Schnittstellen werden damit beseitigt. Alle Informationen und Erkenntnisse, die bereits im Vorfeld bei der Identifikation und Beobachtung eines Risikos gewonnen wurden, können im Falle einer Realisierung unmittelbar auf die krisenhafte Situation angewendet werden. Über einen „Krisen-Generalplan" hinaus kann auf diese Weise für jedes schwerwiegende Risiko ein speziell zugeschnittener Krisenplan entwickelt werden, der auf den Erkenntnissen der vorausgegangenen Prozessschritte der Risikoidentifikation und Risikobewertung beruht. Dieser innerhalb des Risikomanagements entwickelte Krisenplan berücksichtigt dann sowohl die operative als auch die kommunikative Dimension des jeweils zugrunde liegenden Sachverhaltes. Das heißt, es werden operative und kommunikative Maßnahmen für den Eintritt eines Risikos innerhalb des Risikomanagements geplant. In Abbildung 17 wird aufgelistet, worin diese Maßnahmen konkret bestehen können.

Die beschriebenen Maßnahmen greifen vor allem bei solchen Risiken, die als besonders schwerwiegend zu beurteilen sind und im Eintrittsfalle tatsächlich auch eine Krise auslösen können. Dennoch gelten die Ausführungen in ihren Grundsätzen auch für die wirkungsbezogene Behandlung kleinerer Risiken. Auch wenn hier im Falle eines Eintritts nicht mit einer unternehmensweiten Krise zu rechnen ist, gilt es durch eine entsprechende operative und kommunikative Planung vorbereitet zu sein.

Zusammenfassung

Die Integration kommunikativer Risiken in das Risikomanagement macht eine engere Verbindung zwischen Risiko- und Krisenmanagement erforderlich. Kommunikative Risiken können wirkungsbezogen behandelt werden, indem Maßnahmen des vorbereitenden Krisenmanagements in das unternehmerische Risikomanagement einbezogen werden. Weil operative Maßnahmen zum Teil schon innerhalb des Risikomanagements Berücksichtigung finden, liegt der Schwerpunkt der Betrachtung vor allem auf kommunikativen Maßnahmen. Innerhalb des Risikomanagements müssen Vorkehrungen getroffen werden, damit das Unternehmen auch in kommunikativer Hinsicht auf den Eintritt eines kritischen Ereignisses eingerichtet ist.

---

[515] vgl. Baumann/Döhler/Hallek et al. 2006, 51, vgl. Brühwiler 2007, 113, vgl. Gaenslen 2006, 87

6.3.3.2 Behandlung von Risiken aus der Kommunikation selbst

Nicht nur kommunikative Risiken, die sich aus kritischen Sachverhalten ergeben, bedürfen einer Behandlung, sondern auch solche Risiken, die von der Kommunikation selbst ausgehen, also unabhängig von einem kritischen Sachverhalt auftreten. Dabei wird wiederum unterschieden zwischen ursachen- und wirkungsbezogenen Behandlungsmöglichkeiten.

Ursachenbezogene Behandlung kommunikativer Handlungsrisiken

Für kommunikative Handlungsrisiken, also Risiken, die sich aus dem fehlerhaften Verhalten Einzelner bzw. aus der fehlenden Abstimmung und Steuerung der Kommunikation im Allgemeinen ergeben, ist eine Risikovermeidung nicht gänzlich zu realisieren. Wo Menschen handeln, können auch immer Fehler passieren. Möglich ist jedoch eine Risikoverminderung, die vor allem auf langfristigen Maßnahmen beruht.

Wie bereits im vierten Kapitel angedeutet wurde, ist es beispielsweise möglich, individuell bedingte kommunikative Risiken im „Tagesgeschäft" der Kommunikation durch Schulungen und Trainings zu vermindern. Personen, die für das Unternehmen kommunizieren und speziell auch leitende Manager sollten in den folgenden Bereichen geschult werden, damit kommunikative Handlungsrisiken vermindert werden können:

- „mediengerechtes" Formulieren im Schriftlichen wie Mündlichen,
- Ablauf kommunikativer Standardsituationen wie Interviews oder Pressekonferenzen,
- Verhalten vor Kameras und Mikrofonen,
- Rhetorik und freies Sprechen im Allgemeinen,
- überlegtes Kommunizieren auch unter Zeitdruck und in Stresssituationen,
- Umgang mit „Fangfragen", Erkennen von „heiklen" Situationen und
- medienrechtliche Grundlagen.

Im Rahmen der Leitfadengespräche wurde durch die Kommunikationsverantwortlichen zudem darauf hingewiesen, dass auch die Etablierung und Verinnerlichung der allgemeinen Unternehmensgrundsätze bzw. daraus abgeleiteter Kommunikationsgrundsätze zu einer Verminderung kommunikativer Handlungsrisiken beitragen können[516] (siehe Abbildung 18). Es ist wichtig, die Mitarbeiter generell für kommunikative Risiken zu sensibilisieren und zu einem Verhalten und Handeln im Sinne des Unternehmensleitbildes zu animieren.

[516] vgl. telefonisches Leitfadengespräch mit einem Kommunikationsverantwortlichen einer AG aus dem Bereich Konsumgüter am 25.05.2007, vgl. telefonisches Leitfadengespräch mit einem Kommunikationsverantwortlichen einer AG aus dem Bereich Telekommunikationsdienstleistung am 06.06.2007

Abbildung 18: Verminderung kommunikativer Handlungsrisiken

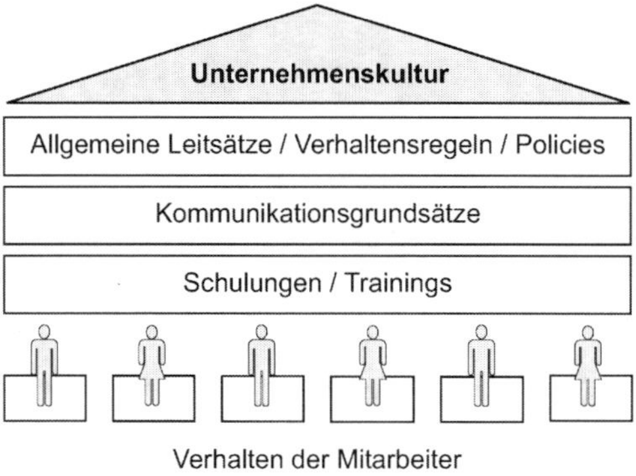

Kommunikative Handlungsrisiken realisieren sich häufig in Form einer „Nichtkommunikation". Das heißt, das Unternehmen verweigert jegliche Stellungnahme zu einem Sachverhalt und stößt damit auf breites Unverständnis. Um das Risiko einer solchen Wahrnehmung zu vermindern, sollte im Unternehmen eine Kultur etabliert werden, in der Kommunikation einen hohen Stellenwert einnimmt und in der die Prinzipien von Offenheit und Transparenz Anerkennung finden. Das Kommunikationsverhalten eines Unternehmens stellt einen wichtigen öffentlichen Vertrauensfaktor dar.[517]

Für jene kommunikativen Handlungsrisiken, die aus strukturellen Problemen im Bereich der Kommunikation resultieren, also konkret Risiken aus einer unabgestimmten und ungesteuerten Kommunikation, empfiehlt sich zur ursachenbezogenen Behandlung die Umsetzung von Maßnahmen einer integrierten Kommunikation. Wie unter 4.2.1.1 bereits angedeutet wurde, ist unter integrierter Kommunikation ein ganzheitliches Kommunikationskonzept zu verstehen. Manfred Bruhn, der Autor eines Standardwerkes zu dieser Thematik, schreibt dazu:

> „Integrierte Kommunikation ist ein Prozess der Analyse, Planung, Organisation, Durchführung und Kontrolle, der darauf ausgerichtet ist, aus den differenzierten Quellen der internen und externen Kommunikation von Unternehmen eine Einheit herzustellen, um ein für die Zielgruppe der Kommunikation konsistentes Erscheinungsbild des Unternehmens bzw. eines Bezugsobjektes des Unternehmens zu vermitteln."[518]

Da es sich dabei um ein sehr weites, selbst umfangreiche Arbeiten füllendes Themenfeld handelt, sei an dieser Stelle vor allem auf das Standardwerk von Bruhn verwiesen, in welchem

[517] vgl. Bentele 1994, 145
[518] Bruhn 2006, 17

Möglichkeiten der inhaltlichen, formalen und zeitlichen Integration einzelner Kommunikationsaktivitäten aufgezeigt werden.[519]

Abschließend für die Betrachtung von Behandlungsmöglichkeiten kommunikativer Risiken soll nun noch auf die wirkungsbezogene Behandlung kommunikativer Handlungsrisiken eingegangen werden.

Wirkungsbezogene Behandlung kommunikativer Handlungsrisiken

Wie kommunikative Risiken, die sich aus der kommunikativen Dimension kritischer Sachverhalte ergeben, können auch von der Kommunikation selbst ausgehende Risiken in ihren Wirkungen behandelt werden, indem Vorkehrungen für den Risikoeintritt getroffen werden.

Dies gestaltet sich jedoch schwieriger als bei den zuvor beschriebenen Arten kommunikativer Risiken. Wie bereits im Zusammenhang mit der Bewertung erläutert wurde, liegt die Besonderheit kommunikativer Handlungsrisiken eben darin, dass man nicht abschätzen kann, in welchem Kommunikationszusammenhang diese zum Tragen kommen. Insofern können auch keine an einem konkreten Sachverhalt orientierten operativen und kommunikativen Krisenpläne entwickelt werden. Wesentlich für diese Risiken ist vielmehr ein generell funktionierendes Krisenmanagement, das sich jeweils an spezielle Situationen anpassen kann.

Insgesamt muss für die ausschließlich von der Kommunikation ausgehenden Risiken festgehalten werden, dass einer ursachenbezogenen Behandlung in jedem Fall der Vorzug vor einer wirkungsbezogenen zu geben ist. Wie schon erläutert, können diese Risiken im Unterschied zu den anderen Arten kommunikativer Risiken immer in ihren Ursachen behandelt werden, denn sie gehen auf fehlerhafte oder nicht ausreichend ausgeprägte Strukturen und Qualifikationen innerhalb des Unternehmens zurück. Der Schaffung einer einwandfrei funktionierenden Kommunikationsstruktur und der entsprechenden kulturellen Untermauerung sollte höchste Priorität eingeräumt werden.

6.3.3.3 Zusammenfassung: Behandlung kommunikativer Risiken

Für eine Integration kommunikativer Risiken in das unternehmerische Risikomanagement können im Prozessschritt der Risikobehandlung Schnittstellen zwischen Risiko- und Krisenmanagement instrumentalisiert werden. Konkret gilt es, innerhalb des Risikomanagements verschiedene Maßnahmen umfassende kommunikative und operative Pläne für den Eintritt des jeweils beobachteten Risikos zu entwerfen. Auf diese Weise können mit einem kritischen Sachverhalt verbundene kommunikative Risiken in ihren möglichen Wirkungen abgeschwächt werden. Darüber hinaus besteht für kommunikative Risiken, die das Unternehmen selbst zu verantworten hat bzw. beeinflussen kann, auch die Möglichkeit, an den eigentlichen Ursachen anzusetzen, um so das Risiko zu beseitigen oder zumindest zu vermindern. Dies gilt besonders für entscheidungsbezogene kommunikative Risiken, für endogene kommunikative

---

[519] siehe Bruhn 2006

Risiken und für jene Risiken aus der Kommunikation, die in strukturellen oder kulturellen Problemen begründet liegen.

6.3.4 Risikokontrolle kommunikativer Risiken

Letzter Prozessschritt innerhalb des Risikomanagements ist die Risikokontrolle. Nach Risikoidentifikation, -bewertung und -behandlung sollen nun Methoden aufgezeigt werden, um welche die Risikokontrolle bei einer Integration kommunikativer Risiken erweitert werden muss.

Wesentliche Aufgaben dieses Prozessschrittes sind die Erfolgskontrolle der umgesetzten Maßnahmen und die kontrollierende Überwachung des Gesamtprozesses hinsichtlich seiner Vollständigkeit und Effizienz. Die gewonnenen Erkenntnisse fließen in den von Neuem beginnenden Prozess ein, der auf diese Weise zu einem Kreislaufprozess wird.

Für kommunikative Risiken ergibt sich – wie für alle anderen Arten von Risiken auch – in der Risikokontrolle die Anforderung, alle Risiken, deren Entwicklung und die zu ihrer Behandlung ergriffenen Maßnahmen lückenlos zu dokumentieren. Dies kann am besten mittels einer Datenbank realisiert werden, wie sie in den vorausgegangenen Abschnitten bereits vorgeschlagen wurde.

Schwieriger als bei anderen Risikoarten gestaltet sich bei kommunikativen Risiken die Messung des Erfolges der zur Behandlung umgesetzten Maßnahmen. Hier wird das gleiche Problem offenbar, das bereits für den Issues Management Prozess angesprochen wurde: Aufgrund der hohen Abhängigkeit kommunikativer Risiken von dynamischen Umweltentwicklungen ist in der Regel nur schwer zu messen, ob und in welchem Maße etwa ergriffene Kommunikationsmaßnahmen zu einer Ausschaltung oder Minderung eines kommunikativen Risikos beigetragen haben. So ist es beispielsweise auch denkbar, dass die öffentliche Meinung und Darstellung sich aufgrund anderer Prozesse ändern oder ein Thema sich durch verschiedene Einflussfaktoren anders entwickelt als ursprünglich gedacht. Maßnahmen des präventiven Krisenmanagements können hinsichtlich ihres Beitrages zum Unternehmenserfolg zudem nur schwer gemessen werden, weil ihr Verdienst im Erfolgsfalle ja gerade darin besteht, dass Krisen nicht ausbrechen.[520] Eine treffende Aussage konnte hierzu auch in der angloamerikanischen Reputation Management Diskussion gefunden werden:

> „Since reputation risk management is concerned with prevention or, in extremis, with damage limitation there will never be a tangible return on the investment. The benefits obtained will never be fully quantifiable because one will only ever be able to guess at the consequences of not having such a programme."[521]

Hinzu kommen für kommunikative Risiken die generellen Schwierigkeiten der Messung des Wertschöpfungsbeitrages der Kommunikation. Es wurde bereits darauf verwiesen, dass es an Methoden mangelt, die Ergebnisse kommunikativer Prozesse zu quantifizieren. Somit scheint

---

[520] vgl. Barth/Breunlein/Mihm 2004, 20
[521] Green 1992, 20

es auch kaum möglich, Aussagen darüber zu treffen, ob und in welchem Maße die Behandlung eines kommunikativen Risikos zum Erfolg des Unternehmens beigetragen hat. Weit entwickelt sind jedoch Modelle für eine systematische und gleichberechtigte Betrachtung der Kommunikation als Voraussetzung für die Messung ihres Wertschöpfungsbeitrages. Es soll an dieser Stelle nochmals auf das Prozessmodell der Wertschöpfung nach Piwinger zurückgegriffen werden (siehe Tabelle 9).[522] Im Zusammenhang mit der ursachenbezogenen Behandlung von entscheidungsbezogenen kommunikativen Risiken wurden bereits die Phasen eins bis vier, in denen es vor allem um die Planung und Durchführung von Kommunikationsmaßnahmen geht, vorgestellt.[523] Wesentlich für die Risikokontrolle sind nun die Phasen fünf bis sieben. Konkret sind das: die Kenntnis der Wahrnehmungsfilter, die Analyse der Wahrnehmung und die Reflexion des gesamten Prozesses.[524] Während es bei der Untersuchung der Wahrnehmungsfilter vor allem darum geht, festzustellen, ob die ergriffenen Kommunikationsmaßnahmen ihre Empfänger erreicht haben, ist es Ziel der vertiefenden Analyse der Wahrnehmung, zu erfahren, ob die Maßnahmen bei den Adressaten tatsächlich zum intendierten Verhalten geführt haben. Für eine bloße Feststellung der Verbreitung von im Zuge einer kommunikativen Maßnahme veröffentlichten Inhalten kann etwa die Methode der Medienresonanzanalyse Anwendung finden. Schwieriger ist die Messung der tatsächlichen Wirkung, welche umfangreiche und teure Verfahren wie Tiefenbefragungen und Meinungsumfragen erforderlich macht. Hier gilt es abzuwägen, ob ein solches Vorgehen im Einzelfall effizient ist.

Neben den Ergebnissen muss im Rahmen der Risikokontrolle auch der Prozess des Umgangs mit kommunikativen Risiken einer Reflexion unterzogen werden. Es sollte in regelmäßigen Abständen festgestellt werden, an welchen Stellen im Prozess der Identifikation, Bewertung und Behandlung noch Verbesserungsbedarf besteht und welche Teilschritte bereits gut funktionieren. Es gilt dabei auch die Zusammenarbeit zwischen einzelnen Mitarbeitern und Abteilungen zu untersuchen und bei Bedarf zu optimieren.

Zusammenfassung

Eine Besonderheit der Risikokontrolle kommunikativer Risiken liegt in den allgemeinen Schwierigkeiten der Messung des Erfolges kommunikativer Maßnahmen. Es scheint nicht möglich, Methoden des betriebswirtschaftlichen Risikocontrollings ohne Modifizierung auf kommunikative Risiken zu übertragen. Vielmehr ist es erforderlich, den Prozess der Erfolgskontrolle um Methoden der Medienresonanzanalyse sowie unter Umständen der Markt- und Meinungsforschung zu ergänzen. Wichtig scheint vor allem die genaue Untersuchung kommunikativer Strukturen, deren systematische Gestaltung und Dokumentation allgemein als

---

[522] vgl. Piwinger 2005, 77 ff.

[523] Phase 1: Analyse des Status quo ante, Phase 2: Definition des Kommunikationsziels, Phase 3: Gestaltung der Gelingensvoraussetzungen, Phase 4: Ausführung

[524] vgl. Piwinger 2005, 92 ff.

Voraussetzungen für die Betrachtung des Wertschöpfungsbeitrages der Kommunikation gelten.

6.3.5 Schema zur instrumentell-konzeptionellen Integration kommunikativer Risiken in das unternehmerische Risikomanagement

In den vorausgegangenen Abschnitten wurden die Prozessschritte des Risikomanagements (Risikoidentifikation, Risikobewertung, Risikobehandlung und Risikokontrolle) in ihrer speziellen Erweiterung für den systematischen Umgang mit kommunikativen Risiken beschrieben. Es wurde deutlich, dass die üblichen betriebswirtschaftlichen Methoden und Parameter des unternehmerischen Risikomanagements für eine umfassende Beschreibung und Behandlung dieser Risikoart nicht ausreichen, sondern eine Integration kommunikativer Risiken in diesen Prozess eine Ausweitung der Methoden und Parameter erforderlich macht. Abbildung 19 fasst die beschriebenen Ergänzungen für die verschiedenen Arten kommunikativer Risiken abschließend in einem Schema zusammen. Links sind jeweils Methoden und Parameter des „herkömmlichen" unternehmerischen Risikomanagements dargestellt. Auf der rechten Seite werden die erforderlichen Erweiterungen für eine integrierte Betrachtung kommunikativer Risiken beschrieben.

Abbildung 19: Instrumentell-konzeptionelle Integration kommunikativer Risiken in das unternehmerische Risikomanagement (R. steht für Risiken)

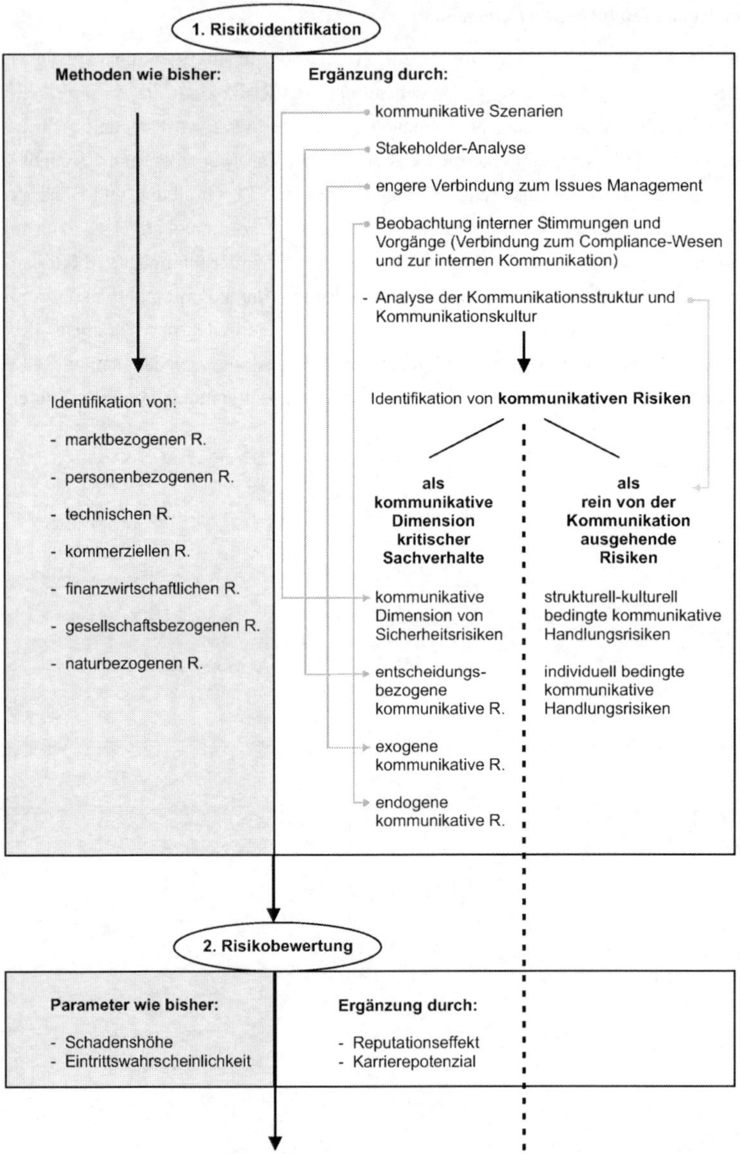

3. Risikobehandlung

	kommunikative Dimension kritischer Sachverhalte	rein von der Kommunikation ausgehende Risiken
ursachenbezogen:		
Risikovermeidung	nur möglich bei entscheidungsbezogenen kommunikativen Risiken durch Verzicht auf die entsprechende Entscheidung	nicht möglich
Risikoverminderung	nur möglich bei entscheidungsbezogenen kommunikativen Risiken durch Modifikation der Entscheidung oder durch begleitende Kommunikation sowie bei endogenen kommunikativen Risiken durch Treffen entsprechender Vorkehrungen (Compliance, interne Kommunikation)	Umsetzung von Maßnahmen einer integrierten Kommunikation, Entwurf und Umsetzung einer transparenten Kommunikationskultur, Schulungen/Trainings
Risikostreuung/-zerlegung	nicht möglich	nicht möglich
wirkungsbezogen:		
Risikoüberwälzung	nicht möglich	nicht möglich
Risikoübernahme	kommunikative (und operative) Vorbereitung auf den Risikoeintritt durch die **Integration von Krisenplänen**	

4. Risikokontrolle

Methoden wie bisher:	**Ergänzung durch:**	
- Dokumentation sämtlicher Risiken und ergriffener Maßnahmen - betriebswirtschaftliche Erfolgs- und Prozesskontrolle im Rahmen des Controlling	- Dokumentation sämtlicher kommunikativer Risiken und ergriffener kommunikativer Maßnahmen - Prozesskontrolle des Umgangs mit kommunikativen Risiken (reibungsloser Ablauf) - systematische Betrachtung kommunikativer Maßnahmen unter dem Aspekt der Wertschöpfung	
	- Medienanalyse - Markt- und Meinungsforschung	- kontinuierliche Beobachtung und Optimierung der Kommunikationsstruktur - Weiterentwicklung der Kommunikationskultur

6.4 Organisatorisch-strukturelle Integration kommunikativer Risiken in das unternehmerische Risikomanagement

Nachdem die inhaltlich-konzeptionelle Integration kommunikativer Risiken in das Risikomanagement beschrieben wurde, sollen nun Möglichkeiten der organisatorischen Verankerung des beschriebenen Vorgehens erläutert werden. Grundlage sind dabei die unter 5.3 beschriebenen strukturellen Gestaltungsmöglichkeiten des Risikomanagementsystems innerhalb des Unternehmens.

Die Frage nach der Integration kommunikativer Risiken in das unternehmerische Risikomanagement stellt sich aus organisatorisch-struktureller Perspektive vor allem als Frage der Integration der Kommunikationsabteilung in das Risikomanagement. Schließlich erfordert der beschriebene Umgang mit kommunikativen Risiken vor allem Kommunikations- und PR-Erfahrung. Dieses Know-How und die erforderlichen Instrumente sind in der Regel im Bereich der Unternehmenskommunikation gebündelt.

Allgemeingültige Aussagen zur aufbauorganisatorischen Gestaltung eines um kommunikative Aspekte erweiterten Risikomanagements sind dennoch schwierig, da jedem Unternehmen eine beinahe einmalige Organisationsstruktur zugrunde liegt, auf die es Rücksicht zu nehmen gilt. Daher werden hier nur grundsätzliche Ansätze dargelegt.

Die Möglichkeiten einer Integration unterscheiden sich grundlegend, je nachdem ob das bestehende Risikomanagement im Unternehmen nach dem Separations- oder Integrationsprinzip umgesetzt wird.[525] Obliegt das gesamte Risikomanagement einer zentralen Stelle (Separationsprinzip), gilt es für eine Integration kommunikativer Risiken die dort angewandten Methoden und Instrumente um die vorgestellten Methoden und Instrumente für den Umgang mit kommunikativen Risiken zu erweitern. Wie bei allen anderen Arten von Risiken erfolgt die Identifikation, Bewertung, Behandlung und Kontrolle der kommunikativen Risiken dann im Verantwortungsbereich der zentralen Stelle (siehe Abbildung 20). Die Kommunikationsabteilung hätte in weiten Teilen nur eine beratende Funktion und würde erst zur konkreten Risikobehandlung hinzugezogen. Wichtig wäre in diesem Fall, dass in der zentralen Risikomanagement-Stelle auch auf dem Gebiet der PR geschulte und erfahrene Mitarbeiter tätig sind, welche die beschriebenen Methoden und Parameter anzuwenden wissen.

---

[525] vgl. zu den beiden Prinzipien: Wolf/Runzheimer 2003, 156 und Kratzheller 1997, 122 f. sowie Abschnitt 5.3 dieser Arbeit

Abbildung 20: Strukturelle Integration kommunikativer Risiken in ein zentrales Risikomanagementsystem (Separationsprinzip)

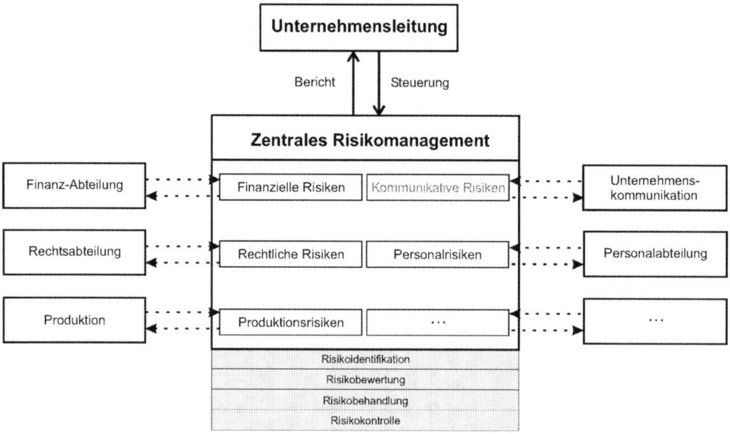

In der Praxis, so der Eindruck aus den Leitfadengesprächen, ist eine solche vollkommen zentrale Umsetzung des Risikomanagements jedoch nicht üblich. Zu beobachten sind eher dezentrale Organisationsformen. Risikoidentifikation, -bewertung und -behandlung erfolgen in den jeweiligen Fachabteilungen, also eingebunden in die Linienorganisation. Diese Art der organisatorischen Umsetzung scheint auch für eine Integration kommunikativer Risiken besser geeignet, weil der Umgang mit diesen Risiken auf diese Weise nicht an eine zentrale Stelle abgegeben wird, sondern dort erfolgt, wo auch das erforderliche Wissen und die Kompetenz gebündelt sind: im Bereich der Unternehmenskommunikation (siehe Abbildung 21). Auch das Issues Management, auf welches beim Management kommunikativer Risiken zurückgegriffen werden soll, ist in der Regel organisatorisch diesem Bereich zugeordnet[526] und kann so ohne aufwändige Umstrukturierungen in den Risikomanagement-Prozess einbezogen werden.

Um die Kommunikationsabteilung gleichberechtigt in das Risikomanagement zu integrieren, müssen innerhalb der Abteilung Mitarbeiter benannt werden, die sich neben dem Tagesgeschäft oder – was im Sinne einer exakten Ausführung als angebrachter zu bewerten ist – *ausschließlich* für die Identifikation, Bewertung und gegebenenfalls Weiterleitung der identifizierten kommunikativen Risiken verantwortlich zeichnen. Die Behandlung, also das Einleiten

[526] vgl. Kinter 2005, 62

konkreter Maßnahmen, erfolgt dann in Absprache mit dem Management und unter der Leitung des Kommunikations- bzw. PR-Verantwortlichen. Zum Zwecke der Identifikation entscheidungsbezogener kommunikativer Risiken sollte die Kommunikationsabteilung in ihrer Funktion als verantwortliche Stelle für das Risikomanagement kommunikativer Risiken zudem zu allen wesentlichen öffentlichkeitswirksamen Entscheidungen der Unternehmensleitung und einzelner Fachabteilungen hinzugezogen werden. Existiert im Unternehmen eine zentrale Stelle für die Koordination und Dokumentation des dezentral in den einzelnen Unternehmensbereichen durchgeführten Risikomanagement-Prozesses, so dürfen kommunikative Risiken an diese nicht wie bei anderen Risiken üblich nur halbjährlich oder quartalsweise weitergegeben werden. Vielmehr scheint eine wöchentliche sowie in dringenden Fällen eine sofortige Weiterleitung nach der Identifikation angebracht. In umgekehrter Richtung muss die zentrale Stelle für die Koordination des Risikomanagements in ebenso regelmäßigen Abständen die Kommunikationsabteilung über relevante Risiken in den anderen Unternehmensbereichen informieren und in akuten Fällen sofort Alarm schlagen.

Abbildung 21: Strukturelle Integration kommunikativer Risiken in ein dezentrales Risikomanagementsystem (Integrationsprinzip)

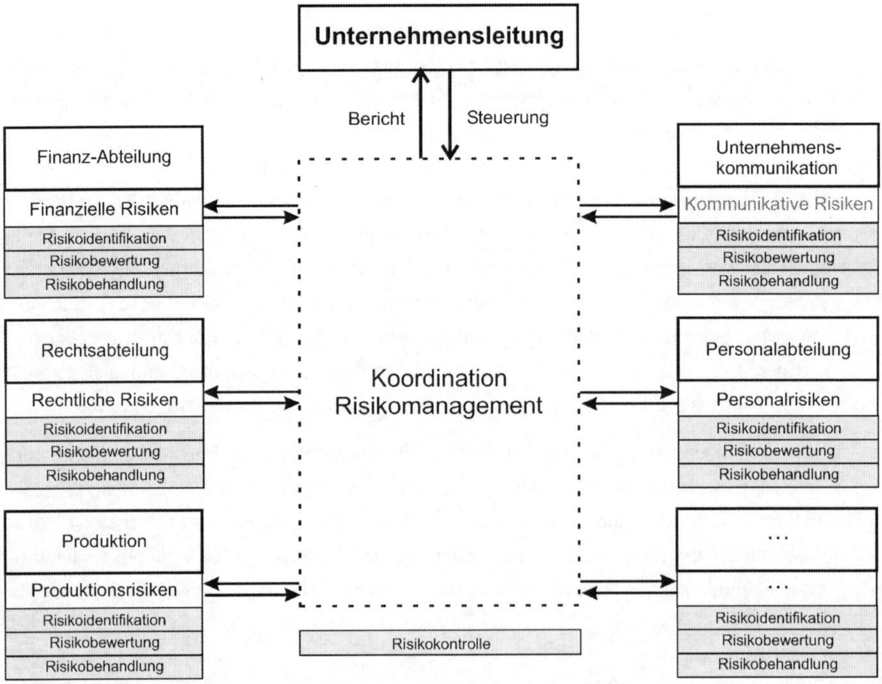

Zusammenfassend ist festzustellen, dass die strukturelle Umsetzung der Integration kommunikativer Risiken in das Risikomanagement einen entscheidenden Beitrag zum Erfolg des gesamten Vorhabens leistet. Unter Beachtung der beiden grundsätzlichen Organisationsprinzipien des Risikomanagements (Separationsprinzip und Integrationsprinzip) sind unternehmensindividuell Wege zu finden, wie die Kommunikationsabteilung ihrer Verantwortung im Umgang mit kommunikativen Risiken innerhalb der Unternehmensstruktur gerecht werden kann.

6.5 Mögliche Barrieren einer Integration

Abschließend zur Integration kommunikativer Risiken in das unternehmerische Risikomanagement soll noch auf mögliche Barrieren eines solchen Vorhabens und entsprechende Gegenmaßnahmen hingewiesen werden. Bezieht man mögliche Hindernisse von Anfang an in die Planung mit ein, so die zugrunde liegende Überlegung, ist man bei der Umsetzung vor bösen Überraschungen gefeit.

Da es sich bei der Betrachtung von Kommunikation unter dem Dach des Risikomanagements um einen weitgehend neuen Ansatz handelt, der zudem ein an weichen Faktoren orientiertes Denken erfordert, ist bei einer Umsetzung durchaus mit Skepsis und einigen Widerständen zu rechnen. Nicht zuletzt die Orientierung an weichen Faktoren birgt die Gefahr, dass das gesamte Vorgehen als spekulativ oder als unzureichend mit Fakten hinterlegt abgetan wird. Bei den vorgestellten Methoden zur Identifikation, Bewertung, Behandlung und Kontrolle kommunikativer Risiken handelt es sich um stark interpretative und auf die Zukunft ausgerichtete Vorgehensweisen. Wenn es an gegenwärtiger Betroffenheit fehlt, gilt es allgemein als schwierig, Mitarbeiter von der Notwendigkeit tatsächlicher Handlungen zu überzeugen.[527] Während dieses Problem sämtlichen Risikobetrachtungen innewohnt, kommt bei kommunikativen Risiken erschwerend hinzu, dass sich der Erfolg der ergriffenen Maßnahmen nur schwer messen lässt, Manager wie Mitarbeiter jedoch gerne konkrete Ergebnisse sehen wollen.[528]
Barrieren können auf verschiedenen Hierarchieebenen eines Unternehmens auftreten. Jene Widerstände, die von der Unternehmensführung ausgehen, werden als „Managementbarrieren"[529] bezeichnet. Im vorliegenden Fall ist seitens des Managements vor allem eine Argumentation mit Kosten und Ressourcen denkbar, die nicht für eine systematische Betrachtung kommunikativer Risiken mobilisiert werden können oder sollen. Auch die bereits erwähnte generelle Skepsis gegenüber den intuitiven und prognostischen Methoden könnte auf dieser Ebene, die sich häufig an Fakten und Zahlen orientiert, für Widerstand sorgen. Dieses Pro-

---

527 vgl. Krystek/Müller-Stewens 1993, 161
528 vgl. Krystek/Müller-Stewens 1993, 6
529 Baisch 2000, 124 Baisch unterscheidet in Bezug auf die Implementierung von Früherkennungssystemen in Unternehmen zwischen Management- und Mitarbeiterbarrieren sowie unternehmensweiten Barrieren. Diese Einteilung soll an dieser Stelle für die Beschreibung möglicher Widerstände einer Integration kommunikativer Risiken in das unternehmerische Risikomanagement übernommen werden.

blem wurde auch vereinzelt von den Kommunikationsverantwortlichen im Rahmen der Leitfadengespräche angesprochen.[530]

Treten solche Barrieren bei der Umsetzung auf, muss Überzeugungsarbeit geleistet werden. Dafür ist es beispielsweise denkbar, innerhalb des Managements oder zumindest in der nachgeordneten Führungsebene Personen ausfindig zu machen, die PR-erfahren sind und sich leichter von der Notwendigkeit einer systematischen Betrachtung kommunikativer Risiken überzeugen lassen. Diese können dann als Promotoren für die Idee eines Risikomanagements kommunikativer Risiken bei der Unternehmensleitung auftreten, „weil sie mit der notwendigen Macht ausgestattet sind, um Probleme anzusprechen, ohne persönliche Nachteile zu riskieren."[531] Für eine Argumentation geeignet sind besonders in der Vergangenheit aufgetretene Krisen, die maßgeblich durch kommunikative Faktoren ausgelöst wurden oder entsprechende Fallbeispiele anderer Unternehmen, versehen mit dem Hinweis, dass das eigene Unternehmen vor einem solchen Ereignis nicht gefeit ist. Die entscheidende Frage für die Umsetzung der systematischen Betrachtung kommunikativer Risiken sollte letztendlich nicht in erster Linie lauten: „Können wir uns das leisten?", sondern vielmehr: „Können wir es uns leisten, es nicht zu tun?"[532]

Neben den Managementbarrieren ist auch auf Ebene der ausführenden Mitarbeiter mit Widerständen zu rechnen. Diese „Mitarbeiterbarrieren"[533] beruhen in der Regel auf der Angst vor negativen Auswirkungen einer Veränderung auf die eigene Situation, speziell das eigene Arbeitspensum. Solche Bedenken können durch eine gut geplante und bedachte Umsetzung der beschriebenen Maßnahmen ausgeräumt werden. Den Mitarbeitern sollten die neuen Aufgaben, die mit dem systematischen Umgang kommunikativer Risiken verbunden sind, nicht zusätzlich zu bisherigen Aufgaben und ohne Zustimmung übertragen werden. Vielmehr sollte im Dialog geklärt werden, ob die entsprechende Bereitschaft besteht, welcher Teil der Arbeitszeit dafür zu verwenden ist und wie andere Aufgaben unter Umständen neu verteilt werden müssen. In Werken zur Mitarbeitermotivation und zum Change Management finden sich zu dieser Thematik wertvolle Hinweise.[534]

Weiterhin ist auch denkbar, dass auf der Ebene der Mitarbeiter „Fähigkeitsbarrieren"[535] deutlich werden, dass also die Mitarbeiter nicht ausreichend qualifiziert oder erfahren sind für die Durchführung der beschriebenen Maßnahmen oder nicht über die notwendige „kommunikati-

---

[530] vgl. telefonisches Leitfadengespräch mit einem Kommunikationsverantwortlichen eines Unternehmens aus dem Bereich Konsumgüter am 01.06.2007 und vgl. telefonisches Leitfadengespräch mit einem Kommunikationsverantwortlichen eines Unternehmens aus dem Bereich der Automobilindustrie am 31.05.2007

[531] Baisch 2000, 167

[532] vgl. Green 1992, 25 in Bezug auf die Einrichtung eines Reputationsrisiko-Managementsystems, im Original: „When it comes to the bottom line of reputation risk management, the question is not ‚Can we afford to?' but, rather, 'Can we afford not to do?'"

[533] Baisch 2000, 124

[534] siehe beispielsweise Sprenger 2002 und Doppler/Lauterburg 2005

[535] Krystek/Müller-Stewens 1993, 265 Die Autoren unterscheiden, ebenfalls in Bezug auf die Implementierung von Früherkennungssystemen, zwischen Wissens-, Willens- und Fähigkeitsbarrieren.

ve Sensibilität"[536] verfügen. Diesem Umstand kann zum Teil durch Qualifizierungsmaßnahmen oder durch den Einsatz externer Experten entgegengewirkt werden. Gerade bei der Identifikation kommunikativer Risiken ist jedoch besonders die generelle Fähigkeit zu antizipierendem Denken essentiell, welche nur in begrenztem Maße zu erlernen sein dürfte. Daher kommt auch der gezielten Personalauswahl entscheidende Bedeutung zu.[537] Es handelt sich bei den beschriebenen Vorgehensweisen zum Umgang mit kommunikativen Risiken zu großen Teilen um Verfahren, die eine entsprechende innere Überzeugung und Wachsamkeit der ausführenden Mitarbeiter erfordern.

Am schwierigsten zu begegnen ist wohl jenen Barrieren, die sich aus der bestehenden Unternehmenskultur ergeben. Diese „unternehmensweiten Barrieren"[538] dürften besonders in eher konservativ geprägten Kulturen auftreten. Konservative Unternehmenskulturen im Sinne der Betrachtung kommunikativer Risiken sind dadurch gekennzeichnet, dass der Kommunikation ein geringer Stellenwert zukommt und allgemein der kurzfristigen Maximierung von Gewinnen der Vorzug vor einer wertorientierten Unternehmensführung gegeben wird. Auch eine ausgeprägte „Das haben wir schon immer so gemacht"-Mentalität kann einer erfolgreichen Umsetzung im Wege stehen. Die Etablierung von Kommunikation als herausragende Funktion innerhalb des Unternehmens ist für die systematische Betrachtung kommunikativer Risiken eine Grundvoraussetzung. Alle im Rahmen der Leitfadengespräche befragten Kommunikationsverantwortlichen konnten für ihr Unternehmen eine solche grundsätzliche Einstellung bestätigen. In Zeiten von permanenter Öffentlichkeit, Verbrauchermacht und globalisiertem Wettbewerb kann es sich kein Unternehmen erlauben, die Bedeutung von Kommunikation infrage zu stellen. Die Umsetzung einer Integration kommunikativer Risiken in das unternehmerische Risikomanagement leistet einen wichtigen Beitrag zur praktischen Untermauerung einer wertorientierten Unternehmensführung und sollte in diesem Sinne unbedingt als Bereicherung verstanden werden.

---

[536] Dr. Werner Süss (Managing Director Vattenfall Europe Sales) im Rahmen des 2. LPRS Forums „Management Means Communication" am 20.04.2007 (LPRS steht für: Leipziger Public Relations Studenten e.V.)
[537] siehe dazu auch Sprenger 2002
[538] Baisch 2000, 124

7 Fazit

Anliegen der Arbeit war es, kommunikative Risiken für Unternehmen umfassend zu beschreiben und Ansätze für deren systematische Identifikation, Bewertung, Behandlung sowie Kontrolle innerhalb des Risikomanagements vorzustellen.

Dieses Anliegen resultierte aus der Beobachtung, dass vor dem Hintergrund des Gesetzes zur Kontrolle und Transparenz im Unternehmensbereich (KonTraG) sämtliche unsichere Ereignisse, die sich im Falle ihres Eintritts negativ auf verschiedene Zielgrößen des Unternehmens auswirken können, innerhalb des unternehmerischen Risikomanagements betrachtet werden – der Bereich der Kommunikation jedoch von einer solchen Betrachtung bisher weitgehend ausgeschlossen ist. Zwar werden in den Unternehmen kommunikative Herausforderungen erfasst und beobachtet – beispielsweise im Zuge von Issues Management oder im Rahmen von Krisenmanagementsystemen – jedoch erfolgen solche Betrachtungen in der Regel nicht gebündelt und nicht in einer mit anderen Risikoarten vergleichbaren Systematik. Mit einer Integration kommunikativer Risiken in das unternehmerische Risikomanagement, so die zugrunde liegende Überlegung, kann die Betrachtung systematisiert und ineffektive Parallelexistenzen verschiedener Systeme und Methoden können aufgehoben werden.

Letztendlich dienen all diese Bemühungen dem übergeordneten Zweck, kommunikative Krisen für Unternehmen zu verhindern bzw. durch gezielte Vorbereitung in ihren negativen Auswirkungen abzuschwächen.

Warum der Kommunikation heute eine solch entscheidende Bedeutung zukommt und warum es für Unternehmen überhaupt erforderlich ist, sich mit kommunikativen Risiken zu befassen, erschließt sich bei einer Betrachtung der ökonomischen und sozioökonomischen Rahmenbedingungen. So haben die im Zuge eines intensiven weltweiten Wettbewerbs in ihrer Position gestärkten Verbraucher heute ganz andere Erwartungshaltungen gegenüber Unternehmen als noch vor 30 Jahren. Die Raster der gesellschaftlichen Wahrnehmung von Unternehmen haben sich verschoben – weg von der rein ökonomischen Betrachtung hin zu ökologischen, sozialen und ethisch-moralischen Aspekten. Vor diesem Hintergrund muss die Unternehmenskrise als ständig wachsender Begriff verstanden werden. Vormals selbstverständliche unternehmerische Handlungen können heute schon Anlass einer krisenhaften Situation sein. Der Kommunikation als Mittel der Verständigung und Vertrauensbildung kommt in diesem Zusammenhang eine entscheidende Bedeutung zu. Sie kann im Erfolgsfall dazu beitragen, dass kritische Themen abgeschwächt werden. Erfolgt sie jedoch unangemessen oder zu spät, kann sie eine Krise auslösen. Kommunikation wird damit selbst zum Gegenstand von Risikobetrachtungen.

Um dieses Risiko greifbar zu machen, wurden im Rahmen der Arbeit die Begriffe Risiko, Krise und Kommunikation in Korrelation gebracht. Krisen ergeben sich aus Risiken, die vorher erkannt oder im schlechtesten Fall überhaupt nicht wahrgenommen wurden. Kommunikation muss dabei in zwei Dimensionen in die Risikobetrachtung einfließen: Sie kann zum einen unabhängig von einem kritischen Kommunikationsgegenstand alleinige Ursache einer Krise oder krisenhaften Situation sein. Dies ist dann der Fall, wenn im alltäglichen Vorgang der Kommunikation Fehler begangen werden. Man kann hier von einer ursachenbezogenen Betrachtung sprechen. Des Weiteren kann Kommunikation aber auch erst in der Metabetrachtung einer Krisenursache relevant werden. Das heißt, ein ohnehin kritisches Ereignis oder eine konfliktreiche Entscheidung werden durch Fehler in der Kommunikation in ihrer negativen Wirkung verstärkt. Erforderlich ist also auch eine wirkungsbezogene Betrachtung.

Basierend auf dieser Einteilung können verschiedene Arten kommunikativer Risiken differenziert werden. Betrachtet man die vom Vorgang der Kommunikation selbst ausgehenden Risiken, so lassen sich strukturell-kulturell und individuell bedingte kommunikative Handlungsrisiken unterscheiden. Strukturell-kulturell bedingte kommunikative Handlungsrisiken resultieren aus dem Fehlen oder der ungenügenden Ausgestaltung der institutionellen Kommunikationsvoraussetzungen im Unternehmen. Individuelle Risiken liegen in der mangelnden Qualifikation einzelner Mitarbeiter und in der generellen Fehleranfälligkeit allen menschlichen Handelns begründet. Risikofördernd wirkt sich hier besonders die Tendenz zur Personalisierung aus, also die Fokussierung der öffentlichen Wahrnehmung eines Unternehmens auf einzelne Personen.

In der Betrachtung der zweiten Dimension, der verstärkenden Wirkung von Kommunikation bei kritischen Sachverhalten, ergeben sich weitere Arten kommunikativer Risiken. Es kann im Wesentlichen unterschieden werden zwischen:

- kommunikativen Risiken in Verbindung mit Störfällen, Unfällen und Produktfehlern (kommunikative Dimension von Sicherheitsrisiken),
- entscheidungsbezogenen kommunikativen Risiken,
- exogenen kommunikativen Risiken und
- endogenen kommunikativen Risiken.

Entscheidungsbezogene kommunikative Risiken resultieren aus einem konkreten unternehmerischen Entschluss, der in der Öffentlichkeit kritisch wahrgenommen wird. Exogene kommunikative Risiken entstehen dadurch, dass an das zunächst noch passive Unternehmen im Rahmen einer öffentlichen Thematisierung kritische Issues herangetragen werden und endogene kommunikative Risiken ergeben sich aus internen Vorgängen und Konflikten, die eine kritische öffentliche Wirkung entfalten.

In den im Rahmen der Arbeit geführten Leitfadengesprächen mit Kommunikationsverantwortlichen großer AGs wurde deutlich, dass die hier als kommunikatives Risiko beschriebenen Sachverhalte in den Unternehmen durchaus Berücksichtigung finden. Der Umgang mit ihnen folgt jedoch in erster Linie einem erfahrungsbasierten Pragmatismus und geschieht – zumindest bei den befragten Unternehmen – nahezu ohne jeden Bezug zum unternehmensweiten Risikomanagement. Stattdessen werden in diesem Zusammenhang in Literatur und Praxis häufig die Methoden des Issues Managements und des aktiven bzw. präventiven Krisenmanagements erwähnt. Daher wurde im Rahmen der Arbeit weiterhin untersucht, wie für eine Integration kommunikativer Risiken in das Risikomanagement auf diese offensichtlich weit verbreiteten Methoden zurückgegriffen werden kann. Es konnte dabei festgestellt werden, dass es inhaltliche Überschneidungen zwischen präventivem Krisenmanagement und Risikomanagement gibt. Beide versuchen, den Eintritt einer Krise dadurch zu verhindern, dass sie erste Anzeichen dafür möglichst früh erkennen und behandeln. Im präventiven Krisenmanagement finden dabei auch jene kommunikativen Aspekte Berücksichtigung, die im Risikomanagement bisher fehlen. Die Integration kommunikativer Risiken in das unternehmerische Risikomanagement und die Aufhebung des Nebeneinanders verschiedener Systeme können also unter anderem dadurch realisiert werden, dass Elemente des präventiven Krisenmanagements in das Risikomanagement integriert werden. Allgemein scheint es vor dem Hintergrund, dass Krisen sich aus Risiken ergeben, wichtig, Risiko- und Krisenmanagement enger zu verbinden und intensiver als bisher aufeinander abzustimmen.

Basierend auf diesen Überlegungen mündete die Arbeit im Entwurf eines Schemas für die inhaltlich-konzeptionelle Integration kommunikativer Risiken in das unternehmerische Risikomanagement. Entsprechend der Prozessreihenfolge im Risikomanagement: Risikoidentifikation,
-bewertung, -behandlung und -kontrolle wurden jeweils Methoden und Parameter vorgestellt, um die es bestehende Risikomanagementsysteme zu erweitern gilt, um eine systemimmanente Betrachtung kommunikativer Risiken zu ermöglichen. So sollte für die Risikoidentifikation das „Radar" bestehender Systeme zum einen um kommunikative Szenarien erweitert werden. Auf diese Weise können kommunikative Risiken erkannt werden, die sich aus der kommunikativen Dimension von (Sicherheits-)Risiken oder allgemein kritischen Sachverhalten ergeben. Zum anderen wird vorgeschlagen mit Issues Scanning und -Monitoring Methoden des Issues Managements in das Risikomanagement zu integrieren, um exogene kommunikative Risiken zu identifizieren. Entscheidungsbezogene kommunikative Risiken können durch eine Stakeholder-Analyse erkannt werden. Darüber hinaus ergibt sich für die Identifikation endogener kommunikativer Risiken, die aus dem ethisch-moralischem Fehlverhalten einzelner Mitarbeiter oder aus Unzufriedenheiten im Unternehmen resultieren, die Notwendigkeit einer engeren Verknüpfung von Risikomanagement und Compliance-Wesen sowie von Risikomanagement und interner Kommunikation. Kommunikative Handlungsrisiken, die aus einer fehlerhaften bzw. zu wenig ausgebauten Kommunikationsstruktur und -kultur oder mangelnden Qualifikation der Mitarbeiter entstehen, können mittels einer speziellen Checkliste identifiziert werden.

An die Risikoidentifikation schließt sich die Risikobewertung an. Gängige Parameter der Bewertung betriebswirtschaftlicher Risiken sind Schadenshöhe und Eintrittswahrscheinlichkeit. Es wurde untersucht, inwieweit diese Parameter auch für die Bewertung kommunikativer Risiken geeignet sind. Ein Anknüpfungspunkt hierzu findet sich in der aktuellen Diskussion zum Wertschöpfungsbeitrag der Kommunikation. Wenn Kommunikation dazu beiträgt, dass

Wert geschaffen wird, dann ist es umgekehrt auch möglich, dass durch fehlerhafte Kommunikation Wert vernichtet wird. Diesen Wertverlust im Vorfeld zu beziffern scheint jedoch kaum möglich – zu ungewiss und zu vielfältig sind die einem kommunikativen Risiko zugrunde liegenden internen und externen Entwicklungen und zu unausgereift sind Ansätze der Quantifizierung kommunikativ geschaffener Werte. Daher werden für eine Bewertung kommunikativer Risiken und für die Einschätzung ihrer Behandlungs- und Beobachtungswürdigkeit ergänzend die Parameter Reputationseffekt und Karrierepotenzial in das Risikomanagement eingeführt. Diese orientieren sich an den Auswirkungen eines Risikos auf die Zielgröße der Reputation.

Im nächsten Prozessschritt, der Risikobehandlung, kommen die erwähnten Überschneidungen zwischen Risiko- und Krisenmanagement zum Tragen. Ist es nämlich nicht möglich, ein kommunikatives Risiko auszuschalten oder zu vermindern, so kann es nur in seinen Wirkungen abgeschwächt werden. Dies kann geschehen, indem bereits vor dem Risikoeintritt Pläne für den Umgang mit dieser kritischen Situation erstellt werden. Genau solche Pläne werden bisher innerhalb des vorbereitenden Krisenmanagements entworfen. Durch ihre Integration in das Risikomanagement, genauer in den Prozessschritt der Risikobehandlung, können sie an konkrete Risikolagen angepasst werden. Indem innerhalb des Risikomanagements Pläne für den Risikoeintritt entwickelt werden, die nicht nur operative, sondern auch kommunikative Maßnahmen umfassen, können krisenhafte Situationen in ihrer negativen Wirkung für das Unternehmen eingeschränkt werden.

Jene kommunikativen Risiken, die an Sachverhalte gebunden sind, die das Unternehmen selbst zu verantworten hat oder zumindest beeinflussen kann, können darüber hinaus gezielt an ihren Ursachen behandelt werden. Im Wesentlichen zählen dazu entscheidungsbezogene kommunikative Risiken, die durch eine Modifikation der Entscheidung selbst oder durch eine entsprechende begleitende Kommunikation vermindert werden können und Risiken, die sich aus der Kommunikationsstruktur und -kultur eines Unternehmens ergeben. Hier können für eine Risikobegrenzung Maßnahmen einer integrierten Kommunikation umgesetzt werden. Auch die Etablierung einer an den Anforderungen der Stakeholder orientierten Kommunikationskultur kann hier zu einer Risikoverminderung beitragen.

Um eine beständige Kontrolle und Verbesserung der beschriebenen Methoden und Abläufe zum systematischen Umgang mit kommunikativen Risiken zu gewährleisten, muss auch die Risikokontrolle als der finale Prozessschritt innerhalb des Risikomanagements um weitere Methoden ergänzt werden. Neben den bisher üblichen betriebswirtschaftlichen Erfolgs- und Prozesskontrollen sind alle ergriffenen kommunikativen Maßnahmen systematisch unter dem Aspekt der Wertschöpfung zu dokumentieren und zu kontrollieren. Zur Erfolgsmessung können weitere Methoden wie Medienanalysen sowie Markt- und Meinungsforschung als Instrumente der Risikokontrolle etabliert werden.

Die erarbeiteten Methoden- und Parametererweiterungen sollen in erster Linie als Anregung für eine integrierte Betrachtung kommunikativer Risiken verstanden werden. Sie stellen einen „Kern" dar, den es bei einer Anwendung in den Unternehmen durch unternehmensspezifische Erfahrungen und Gegebenheiten zu ergänzen gilt. Neben konkreten Verfahrensweisen kommt es dabei vor allem auf die Bereitschaft der Mitarbeiter und Manager an, Kommunikation als Quelle für Risiken anzuerkennen. In einem größeren Rahmen gedacht muss es darum gehen, Kommunikationsmanagement im Allgemeinen und Kommunikationsrisiko-Management im Speziellen als selbstverständliche Management-Funktionen in den Unternehmen zu etablieren.

Zugleich sei jedoch an dieser Stelle auch vor einer vollkommenen Zahlen- und Faktenorientierung einer solchen Betrachtung gewarnt. In ihr liegt die Gefahr, den Blick für das Wesentliche zu verlieren. Bei kommunikativen Handlungen und der Bewertung sämtlicher mit ihnen in Zusammenhang stehender Prozesse wird nie eine Exaktheit und Faktenorientierung möglich sein wie in anderen Prozessen der Wertschöpfung. Zu groß ist der Anteil subjektiver, unstrukturierter Daten und zu unberechenbar sind die zugrunde liegenden Entwicklungen. Daher sollte der Schwerpunkt der Weiterentwicklung von unternehmerischen Risikomanagementsystemen zu einer integrierten Betrachtung von kommunikativen Risiken auch nicht auf der endgültigen Quantifizierung, sondern vielmehr auf der Systematik, Abgestimmtheit und Transparenz der zugrunde liegenden Prozesse liegen. Es muss darum gehen, ineffektive Parallelexistenzen zu beenden und sämtliche Bemühungen zur Verhinderung kommunikativer Krisen methodisch zu bündeln. Nur so können Unternehmen der im Zuge gesellschaftlicher Entwicklungen gestiegenen Krisenanfälligkeit entgegenwirken.

Literaturverzeichnis

1. Bücher

Apitz, Klaas: Konflikte, Krisen, Katastrophen. Präventivmaßnahmen gegen Imageverlust. Frankfurt am Main/Wiesbaden 1987

Armbrecht, Wolfgang/Zabel, Ulf (Hrsg.): Normative Aspekte der Public Relations. Grundlagen und Perspektiven. Eine Einführung. Opladen 1994

Atteslander, Peter: Methoden der empirischen Sozialforschung. 11. Auflage, Berlin 2006

Baisch, Friedemann: Implementierung von Früherkennungssystemen in Unternehmen. Reihe: Planung, Organisation und Unternehmensführung, Band 68, Lohmar/Köln 2000 (Zugl. Dissertation, Universität Leipzig 2000)

Bamberg, Günter/Coenenberg, Adolf G.: Betriebswirtschaftliche Entscheidungslehre. 9. Auflage, München 1996

Baumann, Roger/Döhler, Christiane/Hallek, Jens et al.: Implementierung des Enterprise-Risk-Managements. In: Gassmann, Oliver/Kobe, Carmen: Management und Innovation von Risiko. Quantensprünge in der Entwicklung erfolgreich managen. 2. Auflage, Berlin/Heidelberg 2006, S. 45-69

Beck, Ulrich: Risikogesellschaft. Auf dem Weg in eine andere Moderne. Frankfurt am Main 1986

Beinert, Claudia: Bestandsaufnahme Risikomanagement. In: Reichling, Peter (Hrsg.): Risikomanagement und Rating. Grundlagen, Konzepte, Fallstudien. Wiesbaden 2003, S. 21-42

Bentele, Günter: Öffentliches Vertrauen – normative und soziale Grundlage für Public Relations. In: Armbrecht, Wolfgang/Zabel, Ulf (Hrsg.): Normative Aspekte der Public Relations. Grundlagen und Perspektiven. Eine Einführung. Opladen 1994, S. 131 - 158

Bentele, Günther/Rolke, Lothar (Hrsg.): Konflikte, Krisen und Kommunikationschancen in der Mediengesellschaft. Casestudies aus der PR-Praxis. Serie Öffentlichkeitsarbeit/Public Relations und Kommunikationsmanagement, Band 7, Berlin 1998

Bentele, Günther/Rühl, Manfred (Hrsg.): Theorien öffentlicher Kommunikation. Schriftenreihe der Deutschen Gesellschaft für Publizistik- und Kommunikationswissenschaft, Band 19, München 1993

Bentele, Günter/Will, Markus: Public Relations als Kommunikationsmanagement. In: Schmid, Beat F./Lyczek, Boris (Hrsg.): Unternehmenskommunikation. Kommunikationsmanagement aus Sicht der Unternehmensführung. Wiesbaden 2006, S. 149 – 181

Bietke, Daniela: Benchmarking und Risikoschätzung mit Unternehmensindikatoren. In: Reichling, Peter (Hrsg.): Risikomanagement und Rating. Grundlagen, Konzepte, Fallstudien. Wiesbaden 2003, S. 149-172

Bonfadelli, Heinz: Medienwirkungsforschung I. Grundlagen und theoretische Perspektiven, 3. Auflage, Konstanz 2004a

Bonfadelli, Heinz: Medienwirkungsforschung II. Anwendungen in Politik, Wirtschaft und Kultur. 3. Auflage, Konstanz 2004b

Boutellier, Roman/Kalia, Vinay: Enterprise-Risk-Management. Notwendigkeit und Gestaltung. In: Gassmann, Oliver/Kobe, Carmen: Management und Innovation von Risiko. Quantensprünge in der Entwicklung erfolgreich managen. 2. Auflage, Berlin/Heidelberg 2006, S. 27-43

Brühwiler, Bruno: Risikomanagement als Führungsaufgabe. Unter Berücksichtigung der neuesten internationalen Standardisierung. 2. Auflage, Bern/Stuttgart/Wien 2007

Bruhn, Manfred: Integrierte Unternehmens- und Markenkommunikation. Strategische Planung und operative Umsetzung. 4. Auflage, Stuttgart 2006

Burkart, Roland: Kommunikationswissenschaft. 3. Auflage, Wien/Köln/Weimar et al. 1998

Coenenberg, Adolf G./Salfeld, Rainer: Wertorientierte Unternehmensführung. Vom Strategieentwurf zur Implementierung. 2. Auflage, Stuttgart 2007

Dahms, Simon: Risikoinventar. In: Reichling, Peter (Hrsg.): Risikomanagement und Rating. Grundlagen, Konzepte, Fallstudie. Wiesbaden 2003, S. 215-230

DeMarco, Tom/Lister, Timothy: Bärentango. Mit Risikomanagement Projekte zum Erfolg führen. München/Wien 2003 (Originaltitel: Waltzing with Bears. Managing Risk on Software Projects. New York 2003)

von Donnersmarck, Marie Henckel/Schatz, Roland (Hrsg.): Frühwarnsysteme. Fribourg 1999

Doppler, Klaus/Lauterburg, Christoph: Change-Management. Den Unternehmenswandel gestalten. 11. Auflage, Frankfurt am Main/New York 2005

Dubs, Rolf/Euler, Dieter/Rüegg-Stürm, Johannes et al. (Hrsg.): Einführung in die Managementlehre. Band 4, 2. Auflage, Bern 2004

Duden – Die deutsche Rechtschreibung. 24. Auflage, Mannheim 2006

Duden – Das Fremdwörterbuch. 8. Auflage, Mannheim 2005

Eidgenössisches Personalamt (Hrsg.): Kultur und Kulturwandel in der Bundesverwaltung. Band 16, Bern 2003

Eisenegger, Mark: Reputation in der Mediengesellschaft. Konstitution - Issues Monitoring - Issues Management. Wiesbaden 2005

Elsevier Ltd (Hrsg.): Reputation Management. Reihe: Management Extra, Oxford 2005

Feldmann, Klaus: Soziologie kompakt. Eine Einführung. 3. Auflage, Wiesbaden 2005

Finke, Robert: Grundlagen des Risikomanagements. Quantitative Risikomanagement-Methoden. Für Einsteiger und Praktiker. Weinheim 2005

Fombrun, Charles J.: Reputation. Realizing Value from the Corporate Image. Bosten 1996

Gaenslen, Philipp: Risiken der Unternehmensleitung. Erfassung, Steuerung und Überwachung der von der Unternehmensleitung ausgehenden Risiken. Schriftenreihe Managementorientierte Betriebswirtschaft – Konzepte, Strategien, Methoden. Band 7, Sternenfels 2006 (Zugl.: Dissertation Techn. Univ. München 2005 u.d.T.: Management von Risiken der Unternehmensleitung)

Gassmann, Oliver/Kobe, Carmen: Management und Innovation von Risiko. Quantensprünge in der Entwicklung erfolgreich managen. 2. Auflage, Berlin/Heidelberg 2006

Green, Peter Sheldon: Reputation Risk Management. London 1992

Grunig, James E./Hunt, Todd: Managing Public Relations. New York 1984

Haller, Matthias: Risiko-Management. In: Dubs, Rolf /Euler, Dieter/Rüegg-Stürm et al. (Hrsg.): Einführung in die Managementlehre. Band 4, 2. Auflage, Bern 2004, S. 148 - 178

Helbig, Robert: Herausforderungen der Krisenprävention und Krisenkommunikation politischer Parteien. Reihe J+K Wissen, Berlin/München 2005

Henne, Antje: Risikomessung. In: Reichling, Peter (Hrsg.): Risikomanagement und Rating. Grundlagen, Konzepte, Fallstudien. Wiesbaden 2003, S. 43-62

Herbst, Dieter: Interne Kommunikation. Berlin 1999

Herbst, Dieter: Krisen meistern durch PR. Neuwied 1999

Herger, Nikodemus: Organisationskommunikation. Beobachtung und Steuerung eines organisationalen Risikos. Wiesbaden 2004

Hitzler, Ronald/Honer, Anne/Maeder, Christoph (Hrsg.): Expertenwissen. Die institutionalisierte Kompetenz zur Konstruktion von Wirklichkeit. Opladen 1994

Horster, Detlef: Niklas Luhmann. 2. Auflage, München 2005

Horváth, Péter (Hrsg.): Synergien durch Schnittstellen-Controlling. Stuttgart 1991

Hribal, Lucie: Public Relations-Kultur und Risikokommunikation. Organisationskommunikation als Schadensbegrenzung. Reihe Forschungsfeld Kommunikation, Band 10, Konstanz 1999

Imhof, Kurt/Eisenegger, Mark: Kommunikationsrisiken moderner Organisationen. In: Eidgenössisches Personalamts (Hrsg.): Kultur und Kulturwandel in der Bundesverwaltung. Band 16, Bern 2003, S. 33-49

Ingenhoff, Diana/Röttger, Ulrike: Issues Management. Ein zentrales Verfahren der Unternehmenskommunikation. In: In: Schmid, Beat F./Lyczek, Boris (Hrsg.): Unternehmenskommunikation. Kommunikationsmanagement aus Sicht der Unternehmensführung. Wiesbaden 2006, S. 319 – 350

Kaplan, Robert S./Norton, David P.: Balanced Scorecard. Strategien erfolgreich umsetzen. Stuttgart 1997 (aus dem Amerikanischen von Peter Hórvath)

Kirchhoff/Piwinger (Hrsg.): Praxis der Investor Relations. Effiziente Kommunikation zwischen Unternehmen und Kapitalmarkt. Neuwied 2000

Klimke, Robert/Schott, Barbara: Die Kunst der Krisen-PR. Paderborn 1993

Kratzheller, Johannes B.: Risiko und Risk Management aus organisationswissenschaftlicher Perspektive. Wiesbaden 1997

Krippendorff, Klaus: Schritte zu einer konstruktivistischen Erkenntnistheorie der Massenkommunikation. In: Bentele, Günther/Rühl, Manfred (Hrsg.): Theorien öffentlicher Kommunikation. Schriftenreihe der Deutschen Gesellschaft für Publizistik- und Kommunikationswissenschaft, Band 19, München 1993, S. 19-51

Kroeber-Riel, Werner/Esch, Franz Rudolf: Strategie und Technik der Werbung. Verhaltenswissenschaftliche Ansätze. 6. Auflage, Stuttgart 2004

Krüger, Jens/Ruß-Mohl, Stephan (Hrsg.): Risikokommunikation. Technikakzeptanz, Medien und Kommunikationsrisiken. Berlin 1991

Krystek, Ulrich/Müller-Stewens, Günter: Frühaufklärung für Unternehmen. Identifikation und Handhabung zukünftiger Chancen und Bedrohungen. Stuttgart 1993

Kübler, Hans-Dieter: Kommunikation und Massenkommunikation. Ein Studienbuch. Reihe Medien & Kommunikation, Band 21, Münster/Hamburg 1994

Kunczik, Michael: Public Relations. Konzepte und Theorien. 4. Auflage, Köln/Weimar/ Wien et al. 2002

Lange, Mirko: Das Communications Value System der GPRA. In: Pfannenberg, Jörg/Zerfaß, Ansgar (Hrsg.): Wertschöpfung durch Kommunikation. Wie Unternehmen den Erfolg ihrer Kommunikation steuern und bilanzieren. Frankfurt am Main 2005, S. 199-211

Liebl, Franz: Strategische Frühaufklärung. Trends – Issues – Stakeholders. München/Wien 1996

Luhmann, Niklas: Die Realität der Massenmedien. 3. Auflage, Wiesbaden 2004

Luhmann, Niklas: Soziologie des Risikos. Berlin, New York 1991

Maletzke, Gerhard: Psychologie der Massenkommunikation. Hamburg 1963 (Wiederabdruck in: Maletzke, Gerhard: Kommunikationswissenschaft im Überblick. Grundlagen, Probleme, Perspektiven. Opladen 1998, S. 45 ff.)

Merten, Klaus: Kommentar zu Klaus Krippendorff. In: Bentele, Günther/Rühl, Manfred (Hrsg.): Theorien öffentlicher Kommunikation. Schriftenreihe der Deutschen Gesellschaft für Publizistik- und Kommunikationswissenschaft, Band 19, München 1993, S. 52-55

Meuser, Michael/Nagel, Ulrike: Expertenwissen und Experteninterview. In: Hitzler, Ronald/Honer, Anne/Maeder, Christoph (Hrsg.): Expertenwissen. Die institutionalisierte Kompetenz zur Konstruktion von Wirklichkeit. Opladen 1994, S. 180-192

Müller, Lambert: Der Fall Daimler-Benz und die A-Klasse. Außer Spesen nichts gewesen? In: Bentele, Günter/Rolke, Lothar (Hrsg.): Konflikte, Krisen und Kommunikationschancen in der der Mediengesellschaft. Casestudies aus der PR-Praxis. Serie Öffentlichkeitsarbeit / Public Relations und Kommunikationsmanagement, Band 7, Berlin 1998, S. 111-135

Müller-Vivil, Alexander C.: Kommunikationsintendierte Risikopolitik von Unternehmen. Schriftenreihe „Versicherung und Risikoforschung" des Instituts für Betriebswirtschaftliche Risikoforschung und Versicherungswirtschaft der Ludwig-Maximilians-Universität München, Band 39, Wiesbaden 2000 (Zugl. Dissertation Universität München 2000 u.d.T.: Kommunikationsintendierte Risikopolitik. Die gesellschaftliche Wahrnehmung von Risiken als Problem des Risikomanagements)

Obermeier, Otto-Peter: Die Kunst der Risikokommunikation. Über Risiko, Kommunikation und Themenmanagement. München 1999

Pfannenberg, Jörg/Zerfaß, Ansgar (Hrsg.): Wertschöpfung durch Kommunikation. Wie Unternehmen den Erfolg ihrer Kommunikation steuern und bilanzieren. Frankfurt am Main 2005

Piwinger, Manfred: Vorschlag für ein Prozessmodell der Kommunikation. In: Piwinger, Manfred/Porák, Victor (Hrsg.): Kommunikations-Controlling. Kommunikation und Information quantifizieren und finanziell bewerten. Wiesbaden 2005, 77-101

Piwinger, Manfred/Porák, Victor: Grundlagen und Voraussetzungen des Kommunikations-Controllings. In: Piwinger, Manfred/Porák, Victor (Hrsg.): Kommunikations-Controlling. Kommunikation und Information quantifizieren und finanziell bewerten. Wiesbaden 2005, S. 11-55

Piwinger, Manfred/Porák, Victor (Hrsg.): Kommunikations-Controlling. Kommunikation und Information quantifizieren und finanziell bewerten. Wiesbaden 2005

Pollert, Achim/Kirchner, Bernd/Polzin, Javier Morato: Das Lexikon der Wirtschaft. Grundlegendes Wissen von A bis Z. Lizenzausgabe für die Bundeszentrale für politische Bildung, 2. Auflage, Bonn 2004

Pürer, Heinz: Einführung in die Publizistikwissenschaft. Systematik, Fragestellungen, Theorieansätze, Forschungstechniken. 6. Auflage, Konstanz 1998

Reichling Peter: Aufbau und Elemente eines betrieblichen Risikomanagementsystems. In: Risikomanagement und Rating. Grundlagen, Konzepte, Fallstudien. Wiesbaden 2003, S. 109-124

Reichling, Peter (Hrsg.): Risikomanagement und Rating. Grundlagen, Konzepte, Fallstudien. Wiesbaden 2003

Röder, Roland: Kooperation an Schnittstellen. Eine empirische Untersuchung. Schriften zur empirischen Entscheidungs- und Organisationsforschung, Bd. 21, Frankfurt am Main/ Berlin/Bern et al. 2001 (Zugl. Dissertation Universität Mainz 2001)

Ruß-Mohl, Stefan: Free Flow versus Hiding Hand. Aregungen zu einer zilgruppengerechten Risikokommunikation. In: Krüger, Jens/Ruß-Mohl, Stephan (Hrsg.): Risikokommunikation. Technikakzeptanz, Medien und Kommunikationsrisiken. Berlin 1991, S. 221-243

Schmid, Beat F./Lyczek, Boris: Die Rolle der Kommunikation in der Wertschöpfung der Unternehmen. In: Schmid, Beat F./Lyczek, Boris (Hrsg.): Unternehmenskommunikation.

Kommunikationsmanagement aus Sicht der Unternehmensführung. Wiesbaden 2006, S. 3 - 146

Schmid, Beat F./Lyczek, Boris (Hrsg.): Unternehmenskommunikation. Kommunikationsmanagement aus Sicht der Unternehmensführung. Wiesbaden 2006

Schwaninger, Markus: Managementsysteme. Frankfurt am Main 1994

Siegert, Gabriele/Brecheis, Dieter: Werbung in der Medien- und Informationsgesellschaft. Wiesbaden 2005

Sprenger, Reinhard K.: Mythos Motivation. Wege aus einer Sackgasse. 17. Auflage, Frankfurt am Main/New York 2002

Staab, Joachim Friedrich: Nachrichtenwert-Theorie. Formale Struktur und empirischer Gehalt. Reihe Alber-Broschur Kommunikation, Band 17, Freiburg/München 1990 (Zugl. Dissertation Universität Mainz 1988)

Thommen, Jean-Paul/Achleitner, Ann-Kristin: Allgemeine Betriebswirtschaftslehre. Umfassende Einführung aus managementorientierter Sicht. 4. Auflage, Wiesbaden 2003

Töpfer, Armin: Krisenkommunikation. Anforderungen an den Dialog mit Stakeholdern in Ausnahmesituationen. In: Schmid, Beat F./Lyczek, Boris (Hrsg.): Unternehmenskommunikation. Kommunikationsmanagement aus Sicht der Unternehmensführung. Wiesbaden 2006, S. 351-398

Wahrig-Burfeind, Renate: Wahrig Fremdwörterlexikon. 8. Auflage, München 2006

Wappler, Mark: Soft Facts. In: Reichling, Peter (Hrsg.): Risikomanagement und Rating. Grundlagen, Konzepte, Fallstudien. Wiesbaden 2003, S. 197-214

Weber, Jürger/Weißenberger, B.E./Liekweg, A.: Risk Tracking and Reporting. Unternehmerisches Chancen- und Risikomanagement nach dem KonTraG. Schriftenreihe Advanced Controlling. Neue Aufgabenfelder und Instrumente, Band 11, RWE Stiftungslehrstuhl WHU Koblenz, Vallendar 1999

Wolf, Klaus/Runzheimer, Bodo: Risikomanagement und KonTraG. Konzeption und Implementierung. 4. Auflage, Wiesbaden 2003

Zerfaß, Ansgar: Unternehmensführung und Öffentlichkeitsarbeit. Grundlegung einer Theorie der Unternehmenskommunikation und Public Relations. 2. Auflage, Wiesbaden 2005

Zerfaß, Ansgar/Pfannenberg, Jörg: Kommunikations-Controlling. Neue Herausforderungen für das Management. In: Pfannenberg, Jörg/Zerfaß, Ansgar (Hrsg.): Wertschöpfung durch Kommunikation. Wie Unternehmen den Erfolg ihrer Kommunikation steuern und bilanzieren. Frankfurt am Main 2005, S. 14-26

2. Hochschulschriften

Roselieb, Frank: Frühwarnsysteme in der Unternehmenskommunikation. Manuskripte aus den Instituten für Betriebswirtschaftslehre der Universität Kiel, Nummer 512, Kiel 1999

Scharr, Florian: Erfolgsfaktoren unternehmerischer Krisen-PR. Diskursanalytische Untersuchungen zur Beeinflussung von Krisendiskursen am Beispiel von Pressemitteilungen. Dissertation, Universität Mannheim 2006

Schulz, Jürgen: Management von Risiko- und Krisenkommunikation. Zur Bestandserhaltung und Anschlussfähigkeit von Kommunikationssystemen. Dissertation, Humboldt Universität Berlin 2001

3. Zeitschriften und Zeitungen

Ammann, Herbert: Management von sozialen Reputationsrisiken. Solide Beschaffungsstrategien oder teure Alibiübungen? In: Neue Zürcher Zeitung, 09.10.2003, o.S.

Amann, Melanie: Herr der Richtlinien. Kampf der Korruption. In: Frankfurter Allgemeine Zeitung, 09.06.2007, S. C1

Ansoff, H.I.: Managing Surprise and Discontinuity – Strategic Response to Weak Signals. In: Schmalenbachs Zeitschrift für betriebswirtschaftliche Forschung (zfbf), 18/1976, S. 129-150

Barth, Ulrike/Breunlein, Melanie/Mihm, Alexander: Achtung: Krise! In: pressesprecher, 02/2004, S. 16-22

Bergmann, Jens: Pleite-Wahrscheinlichkeit: 0,02 bis 32 %. In: brand eins, 09/2001, S. 64-68

Braun, Carolyn/Graf, Johannes: Der Mann an der Spitze. In: pressesprecher, 07/2006, S. 12-21

Brinkbäumer, Klaus/Fichtner, Ullrich: Die Weltsanierer. In: Der Spiegel, 30/2007, S. 42-56

Deekeling, Egbert/Arndt, Olaf: Schlüssel zur Erfolgswahrnehmung. Die Rolle des Topmanagements muss neu bestimmt werden. In: Frankfurter Allgemeine Zeitung, 19.03.2007, S. 20

Dietrich, Stefan: Kontaminierte Kommunikation. Der Störfall in Krümmel, der keiner ist: Atomkraftgegner nutzen die schlechte Informationspolitik von Vattenfall für eigene Ziele. In: Frankfurter Allgemeine Sonntagszeitung, 15.07.2007, o.S.

Figge, Frank/Schaltegger, Stefan: Shareholder-Value dank Stakeholder-Beziehungen. Messung des Werts als strategisches Optimierungsinstrument. In: Neue Zürcher Zeitung, 27./28. 10. 2000, S. 103

Gleißner, Werner/Berger, Thomas/Rinne, Matthias et al.: Risikoberichterstattung und Risikoprofile von HDAX-Unternehmen 2000 bis 2003. In: Finanz Betrieb, 5/2005, S. 343-353

Hilton, Matthew: Die Globalisierung der Verbraucher. Zur Geschichte des Konsumerismus als sozio-politische Bewegung. In: Forschungsjournal Neue Soziale Bewegungen, 4/2005, S. 18-29

Jarren, Otfried: „Mediengesellschaft" - Risiken für die politische Kommunikation. In: Aus Poltik und Zeitgeschichte, Nr. B41-42, 2001, S. 10-19

Jossé, Harald: Denn sie wissen nicht, was sie tun. Zur Messbarkeit von Unternehmenskommunikation. In: Frankfurter Allgemeine Zeitung, 09.07.2007, S. 20

Kinter, Achim: Augen auf! Management des Reputationsrisikos. In: RiskNews. Das Fachmagazin für Risikomanagement, Controlling und Unternehmenssteuerung, 06/2005, S. 61-68

Lamla, Jörn/Klein, Ansgar: Unterschätzte Verbrauchermacht. Potenziale und Perspektiven der neuen Verbraucherbewegung. Editorial. In: Forschungsjournal Neue Soziale Bewegungen, 4/2005, S. 2-17

Lotter, Wolf: Sicherheits-Risiko. In: brand eins, 09/2001, S. 48-56

Noé, Martin/Schwarzer, Ursula: Halt die Presse. Wie Manager die Medien manipulieren. Lehren aus dem Fall Siemens. In: Manager Magazin, 06/2007, S. 40-54

o.A. 2007a: Kernkraftwerk Krümmel: Vattenfall will Konsequenzen ziehen. In: Frankfurter Allgemeine Zeitung, 16.07.2007, S. 15

o.A. 2007b: Kontrolle ist besser. In: Die Wirtschaft, 05.06.2007, S. 52

Oppel, Kai: Ein Fall für den Krisenstab. In: Financial Times Deutschland, 08.12.2006, S. A2

Ramthun, Christian: Saubere Gewinne. Unternehmen und Märkte I. Serie Summer School (VII). Unternehmen gewinnen mit gesellschaftlicher Verantwortung. Wie Henkel bei Kunden und Investoren punktet. In: Wirtschaftswoche, 34/2007, S. 60-63

Rheker, Dirk: „Durch Taten statt Worte überzeugen". Der Wissenschaftler Charles J. Fombrun über das Reputation-Management und darüber, warum der Unternehmenserfolg auch vom guten Ruf abhängt. In: BILANZ, Oktober 2004, S. 94-96

Stolle, Dietlind/Micheletti, Michele: Warum werden Käufer zu „politischen Verbrauchern?" In: Forschungsjournal Neue Soziale Bewegungen, 4/2005, S. 41-52

Will, M./Löw, E.: Markt und Meinung für Kapital und Reputation. Das Zusammenspiel von Wert- und Reputationsmanagement in der Unternehmensführung. In: PR Magazin, 10 / 2003, S. 47-52

4. Juristische Veröffentlichungen

Gesetz zur Kontrolle und Transparenz im Unternehmensbereich (KonTraG) (i.d.F.v. 01.05.1998) In: Bundesgesetzblatt Teil I, Nr. 24, 1998, ausgegeben zu Bonn am 30. April 1998, S. 786-794

Aktiengesetz (AktG) (i.d.F.v. 25.04.2007) § 76 Abs.1

Aktiengesetz (AktG) (i.d.F.v. 25.04.2007) § 91 Abs. 2

Aktiengesetz (AktG) (i.d.F.v. 25.04.2007) § 161

Handelsgesetzbuch (HGB) (i.d.F.v. 20.01.2007) § 289 Abs. 1

Handelsgesetzbuch (HGB) (i.d.F.v. 20.01.2007) § 315 Abs. 1

Handelsgesetzbuch (HGB) (i.d.F.v. 20.01.2007) § 317 Abs. 1

Handelsgesetzbuch (HGB) (i.d.F.v. 20.01.2007) § 317 Abs. 4

Landgericht München Urteil: Aktenzeichen: 5 HK O 15964/06

5. Internetquellen

Ansoff Associates: Founder Chairman Igor Ansoff
http://www.ansoff.com/founder.html,
abgerufen am 26.07.2007

Baumann, Nik/Universität Mannheim: Empirische Untersuchung zum Stand des Risikocontrollings bei deutschen Kapitalgesellschaften, Januar 2004
http://hoitsch.bwl.uni-mannheim.de/mitarbeiter/winter/rcs/SurveyResults_public.pdf,
abgerufen am 09.03.2007

Bundesrat: Gesetzentwurf der Bundesregierung. Entwurf eines Gesetzes zur Kontrolle und Transparenz im Unternehmensbereich. Drucksache 872 / 97 vom 07.11.1997 (abgerufen über die Seiten des Landtags Nordrhein-Westfalen)
http://www.landtag.nrw.de/portal/WWW/dokumentenarchiv/Dokument/BBD872-97.pdf,
abgerufen am 27.04.2007

„Bürgergesellschaft und Demokratie": Steckbrief Ansgar Klein
http://www.buergergesellschaft-demokratie.de/klein.html,
abgerufen am 26.07.2007

Bayer AG: Programm für gesetzmäßiges und verantwortungsbewusstes Handeln. 2004
http://www.bayer.de/de/corporate_compliance_de.pdfx,
abgerufen am 01.07.2007

Darden School of Business/University of Viginia: R. Edward Freeman (Biography)
http://www.darden.edu/html/direc_detail.aspx?styleid=2&id=4468,
abgerufen am 27.07.2007

Regierungskommission Deutscher Corporate Governance Kodex: Deutscher Corporate Governance Kodex (i.d.F.v. 14.06.2007)
http://www.corporate-governance-code.de/ger/download/D_Kodex%202007_final.pdf,
abgerufen am 09.08.2007

Deutsches Aktieninstitut e.V.: Börsennotierte AGs
http://www.dai.de/internet/dai/dai-2-0.nsf/dai_anlegerinfo.htm,
abgerufen am 20.04.2007

Edelmann Public Relations Worldwide: Annual Edelmann Trust Barometer. 2006
http://www.edelman.com/trust/2007/prior/2006/FullSupplement_final.pdf,
abgerufen am 01.10.2007

Forschungsbereich Öffentlichkeit und Gesellschaft an der Universität Zürich: Dr. Mark Eisenegger, Leiter Forschungsfeld Organisationskommunikation (CV, Arbeitsschwerpunkte) http://www.foeg.uzh.ch/menschen_am_foeg/detail.aspx?id=79, abgerufen am 26.07.2007

Furbach, Ulrich/Groß-Hardt, Margret/Thomas, Bernd et al.: Issues Management: Erkennen und Beherrschen von kommunikativen Risiken und Chancen. Fachberichte Informatik Universität Koblenz-Landau, 2/2004 http://www.uni-koblenz.de/fb4/publikationen/gelbereihe/RR-2-2004.pdf, abgerufen am 25.03.2007

GfK: Ärzte und Lehrer genießen das meiste Vertrauen. Internationale GfK Studie zum Vertrauen der Bürger in verschiedene Berufgruppen. Pressemitteilung vom 03.08.2007 http://www.gfk.com/imperia/md/content/presse/pd_trust_index_2007_dfin.pdf, abgerufen am 16.10.2007

Grassauer, Hanni/Trimedia Communications: Kommunikation und Krise. Wien 2004 http://www.unipr.ac.at/docs/praesentationen/grassauer.pdf, abgerufen am 18.04.2007

Hirschmann, Stefan/Risk Net: Integrität verringert Reputationsrisiko (15.02.2007) http://www.risknet.de/RiskNET-News.29.0.html?&tx_ttnews%5Btt_news%5D=655&tx_ttnews%5BbackPid%5D=1&cHash=4049758800, abgerufen am 08.03.2007

Hochschule für Wirtschaft und Umwelt Nürtingen-Geislingen: Neuer Professor in der Fakultät II (zur Person von Prof. Dr. Friedemann Baisch). 2005 http://www.hfwu.de/presse/fh-intern/index.shtml?wahl=1&hyperlink=0&id=886&phplink=http://www.fh-nuertingen.de/000_statisch/rr/fh_intern/einzelausgabe.wcms.php3&arcausgabe=15/2005, abgerufen am 31.07.2007

Institut für Forschungsinformation und Qualitätssicherung: Prof. Dr. Michael Meuser (zur Person) http://www.forschungsinfo.de/Mitarbeiter/mit_meuser.asp, abgerufen am 16.10.2007

Institut für Publizistikwissenschaft und Medienforschung der Universität Zürich: Prof. Dr. Otfried Jarren (CV, Arbeitsschwerpunkte) http://www.ipmz.unizh.ch/home.html?/staff/mit_I_jarren.html, abgerufen am 26.07.2007

Johanssen + Kretschmer Strategische Kommunikation GmbH: Krisen-Prävention in Deutschland. Vergleichende Studie über Vorhandensein und Anwendung von Krisen-Instrumenten in Unternehmen, Behörden und Verbänden. Berlin 2003 http://www.jk-kom.de/media/dokumente/Studie_Krisen_Praevention.pdf, abgerufen am 27.11.2006

Justus-Liebig-Universität Gießen: Dr. Jörn Lamla (Vita, Forschung) http://www.uni-giessen.de/fb03/soziologie/personen/lamla/frame.htm, abgerufen am 26.07.2007

Kinter, Achim: Die Inszenierung der Kontrolle –Erfahrungen mit kommunikativem Risikomanagement bei der Deutschen Bank AG (Deutscher PR-Preis GOLDENE BRÜCKE 2000), 2003 http://www.tabularasacc.de/Die_Inszenierung_der_Kontrolle.pdf, abgerufen am 20.03.2007

Ludwig-Maximilians-Universität München: Lehrstuhl Prof. Dr. Ulrich Beck (zur Person) http://www.lsbe.soziologie.uni-muenchen.de/, abgerufen am 26.07.2007

Obertreis, Rolf/Tagesspiegel-Online: „Wir reden hier eigentlich von Peanuts“, 20.01.2006 http://www.tagesspiegel.de/meinung/Kommentare;art141,2138220, abgerufen am 24.06.2007

Otto-von-Guericke-Universität Magdeburg. Institut für Soziologie: PD Dr. Ulrike Nagel http://www.isoz.uni-magdeburg.de/PD_Dr__Ulrike_Nagel.html, abgerufen am 16.10.2007

Pfannenberg, Jörg/Zerfaß, Ansgar/Deutsche Public Relations Gesellschaft e.V.: Wertschöpfung durch Kommunikation. Thesenpapier zum strategischen Kommunikations-Controlling in Unternehmen und Institutionen. Bonn, November 2004 http://www.dprg-online.de/Vortrag_Pfannenberg.pdf, abgerufen am 10.04.2007

Piwinger, Manfred: Kommunikation ökonomisch betrachtet. Vortrag auf dem, vom PR-Club Kärnten veranstalteten, Kongress „PR.comm“ am 21.10.2005 http://www.prcomm.at/vortrag2.pdf, abgerufen am 20.04.2007

Read, Marcel/Comratio GmbH: 10 Erfolgsfaktoren für ein Risikomanagement System. März 2007 http://www.comratio.com/pdf/Checkliste%20Risikomanagement.pdf, abgerufen am 13.05.2007

Read, Marcel/Comratio GmbH: Issue Management . Ein Beitrag für das integrale Risikomanagement. Oktober 2006
http://www.comratio.com/pdf/Issue%20Management%20und%20Risikomanagement.pdf, abgerufen am 08.03.2007

Schott, Eric/Campana, Christophe/Wick, Marco: Risiken in Projekten. 2002
http://downloads.brainguide.com/publications/PDF/pub3978.pdf,
abgerufen am 15.05.2007

Technische Universität Dresden: Prof. Dr. Armin Töpfer (Kurzbiografie)
http://tu-
dres-
den.de/die_tu_dresden/fakultaeten/fakultaet_wirtschaftswissenschaften/bwl/muf/mitarbeit
er,
abgerufen am 26.07.2007

Universität Basel: Prof. Dr. Manfred Bruhn (Vita, Lehr- und Forschungsschwerpunkte)
http://www.wwz.unibas.ch/marketing/deutsch/lehrstuhl/mbruhn.htm,
abgerufen am 26.07.2007

Universität Birmingham: Professor Matthew Hilton (Career, Current Research)
http://www.history.bham.ac.uk/staff/hilton.htm,
abgerufen am 26.07.2007

Universität der Künste Berlin: Werdegang - Franz Liebl
http://www.gwk.udk-berlin.de/sites/gwk-udk-
berlin.de/myzms/content/e4/e18/e87/e840/e9765/e9767/index_ger.html,
abgerufen am 26.07.2007

Universität der Künste in Berlin: Werdegang - Jürgen Schulz
http://www.gwk.udk-berlin.de/sites/gwk-udk-
berlin.de/myzms/content/e4/e18/e87/e1285/e4758/e4760/index_ger.html,
abgerufen am 26.07.2007

Universität Freiburg: Atteslander, Peter Max (Lebenslauf, Arbeitsschwerpunkte)
http://www.medsoz.uni-freiburg.de/dkgw/whoiswho/personen/a/atteslander.htm,
abgerufen am 03.08.2007

Universität Freiburg: ProfessorInnen: Diana Ingenhoff (Forschungsschwerpunkte)
http://www.unifr.ch/mukw/professorinnen.html,

abgerufen am 27.07.2007

Universität Hohenheim: Prof. Dr. Gerhard Maletzke (Lebenslauf)
http://www.media.uni-hohenheim.de/html/profil/team/maletzke.html,
abgerufen am 26.07.2007

Universität Leipzig: Kommunikationsmanagement und Public Relations, Prof. Dr. Ansgar Zerfaß (Kurzbiografie)
http://www.cmgt.uni-leipzig.de/index.php?id=1223,
abgerufen am 26.07.2007

Universität Leipzig: Kurzbiografie Prof. Dr. Günter Bentele
http://www.uni-leipzig.de/~prkmw/mitarb/bentbio.htm,
abgerufen am 26.07.2007

Universität Leipzig: Kommunikationsmanagement und Public Relations, Lehrbeauftragte, Manfred Piwinger
http://www.cmgt.uni-leipzig.de/index.php?id=1226,
abgerufen am 26.07.2007

Universität Leipzig: Kommunikationsmanagement und Public Relations, Lehrbeauftragte, Dr. Werner Süss
http://www.cmgt.uni-leipzig.de/index.php?id=1226,
abgerufen am 30.07.2007

Universität St. Gallen: Forschungsplattform Alexandria, Boris Lyczek
http://www.alexandria.unisg.ch/persons/person/L/Boris_Lyczek,
abgerufen am 26.07.2007

Universität St. Gallen: Kurzportrait Dr. oec. Victor Porak
http://www.unisg.ch/org/lehre/faculty.nsf/(vwpersonlookup)/8C4F1CFE4553668141256CC7005D9617?opendocument,
abgerufen am 26.07.2007

Universität St. Gallen: Kurzportrait Prof. Dr. oec. Diana Ingenhoff
http://www.studium.unisg.ch/org/lehre/faculty.nsf/wwwPubDozIDpopup/25933,
abgerufen am 27.07.2007

Universität St. Gallen: Kurzportrait Prof. Dr. sc. math. Beat Schmid
http://www.unisg.ch/org/lehre/faculty.nsf/wwwPubSenatPopupGer/BF968A538180506081256AB90033E7EF,
abgerufen am 26.07.2007

Universität St. Gallen: Prof. Dr. Günter Müller-Stewens (Publikationen/Projekte, CV) http://www.ifb.unisg.ch/org/ifb/ifbweb.nsf/wwwPubPersonGer/6349485608415AE3C125 69A10057EEC3, abgerufen am 26.07.2007

Westfälische Wilhelms-Universität Münster: Personen: Röttger, Ulrike, Prof. Dr. http://egora.uni-muenster.de/ifk/personen/ulrikeroettger.html, abgerufen am 27.07.2007

Wiedemann, Peter, M.: Krisenmanagement & Krisenkommunikation. Arbeiten zur Risiko-Kommunikation, Januar 1994 http://www.fz-juelich.de/inb/inb-mut//publikationen/hefte/heft_41.pdf, abgerufen am 12.09.2007

Zerfaß, Ansgar: Die Corporate Communications Scorecard – Kennzahlensystem, Optimierungstool oder strategisches Steuerungsinstrument? Art. Nr. 20-06-04-521754, PR-Digest Nr. 57 vom 22.06.2004 http://www.prportal.de/downloads/zerfass-scorecard.pdf, abgerufen am 12.04.2007

6. Persönliche Gespräche

Kommunikationsverantwortlicher (AG aus dem Bereich Automobilindustrie), telefonisches Leitfadengespräch am 31.05.2007

Kommunikationsverantwortlicher (AG aus dem Bereich Chemie), telefonisches Leitfadengespräch am 15.06.2007

Kommunikationsverantwortlicher (AG aus dem Bereich Kommunikationstechnik), telefonisches Leitfadengespräch am 30.05.2007

Kommunikationsverantwortlicher (AG aus dem Bereich Konsumgüter), telefonisches Leitfadengespräch am 25.05.2007

Kommunikationsverantwortlicher (AG aus dem Bereich Konsumgüter), telefonisches Leitfadengespräch am 01.06.2007

Kommunikationsverantwortlicher (AG aus dem Bereich Maschinenbau), telefonisches Leitfadengespräch am 05.06.2007

Kommunikationsverantwortlicher (AG aus dem Bereich Software), telefonisches Leitfadengespräch am 07.06.2007

Kommunikationsverantwortlicher (AG aus dem Bereich Telekommunikations-Dienstleistung), telefonisches Leitfadengespräch am 06.06.2007

Süss, Werner (Managing Director Vattenfall Europe Sales) im Rahmen des 2. LPRS Forums „Management Means Communication" am 20.04.2006

Anhang

Anlage 1: Erläuterung zur Durchführung der Leitfadengespräche

Ziel

Die Leitfadengespräche wurden durchgeführt, um die Arbeit an den Bedürfnissen und Voraussetzungen der Praxis zu orientieren. Primäres Anliegen war es, herauszufinden in welcher Form kommunikative Risiken in der Praxis auftreten und wie mit diesen Risiken in den Unternehmen umgegangen wird. Dabei sollte es vor allem darum gehen, qualitative Aussagen und Anregungen zu erhalten. Es war ausdrücklich nicht das Ziel, eine repräsentative vergleichende Untersuchung zu diesem Thema in den Unternehmen durchzuführen. Die Arbeit sollte vom Erfahrungsschatz der Menschen, die täglich mit Kommunikation und den damit verbundenen Risiken zu tun haben, inhaltlich profitieren.

Methode

Es lag nahe, sich für eine Methode aus dem empirischen Bereich der Befragung zu entscheiden, denn schließlich sollten Aussagen, also verbale Reaktionen auf bestimmte Fragen erhoben werden.[539] Innerhalb der Methode der Befragung unterscheidet der Sozialwissenschaftler Peter Atteslander in seinem Standardwerk zur Empirischen Sozialforschung hinsichtlich der Kommunikationsart und der Kommunikationsform verschiedene Typen[540] (siehe Tabelle 10).

---

[539] vgl. zur Definition von „Befragung“ Atteslander 2006, 101
[540] vgl. Atteslander 2006, 123

Tabelle 10: Übersicht zur empirischen Methode der Befragung (nach Atteslander 2006, 123)

<table>
<tr><th colspan="2"></th><th colspan="4">KOMMUNIKATIONSFORM</th></tr>
<tr><th colspan="2"></th><th>wenig strukturiert</th><th>teilstrukturiert</th><th colspan="2">stark strukturiert</th></tr>
<tr><th rowspan="2">KOMMUNIKATIONSART</th><th>mündlich</th><td>Typ I: informelles Gespräch, Experteninterview, Gruppendiskussion</td><td>Typ III: Leitfadengespräch, Intensivinterview, Gruppenbefragung, Expertenbefragung</td><td>Typ V: Einzelinterview (telef. Befragung), Gruppeninterview, Panelbefragung</td><td rowspan="2">Typ VII: (mündl. u. schriftl. kombiniert) telefonische Ankündigung des Versandes von Fragebogen, Versand oder Überbringung der schriftl. Fragebogen, telef. Kontrolle, evtl. telef. Ergänzungsbefragung</td></tr>
<tr><th>schriftlich</th><td>Typ II: informelle Anfrage bei Zielgruppen</td><td>Typ IV: Expertenbefragung</td><td>Typ VI: postalische Befragung, persönliche Verteilung und Abholung, gemeinsames Ausfüllen von Fragebogen, Panelbefragung</td></tr>
<tr><td colspan="2"></td><td colspan="2">Erfassen qualitativer Aspekte</td><td colspan="2"></td></tr>
<tr><td colspan="3"></td><td colspan="3">Erfassen quantitativer Aspekte</td></tr>
</table>

Im vorliegenden Fall wurde sich mit dem Leitfadengespräch für eine teilstrukturierte Befragung entschieden, die sich zwar an konkreten Schlüsselfragen orientiert aber auch noch Raum für spontane Fragen und Vertiefungen bietet. Diese Form schien der Komplexität der Thematik angemessen. Da die Befragung inhaltlich sowohl die Bereiche Kommunikation, Risikomanagement als auch Krisenmanagement berühren sollte und es gerade auch um die Schnittstellen zwischen diesen gehen sollte, war vorauszusehen, dass eine standardisierte Befragung unter Umständen zu Verwirrungen und Überschneidungen führen würde. Die teilstrukturierte Form der Befragung ermöglicht es hingegen, auf etwaige Widersprüche in den Antworten direkt einzugehen und Überschneidungen sofort zu vertiefen.

Während standardisierte Befragungen vor allem auf das Erfassen von quantitativen Aspekten ausgerichtet sind, also etwas „messen" wollen,[541] war es im vorliegenden Fall vor allem wichtig, dass sich ein „produktives" Gespräch entwickelt. Ganz auf eine Strukturierung verzichtet

[541] vgl. Atteslander 2006, 123

wurde dennoch auch nicht, denn ein solches „narratives Interview“[542] birgt die Gefahr, dass die eigentlichen inhaltlichen Ziele des Interviews nicht erreicht werden und dass der Befragte den Interviewer unter Umständen als inkompetent empfindet.[543]

Neben der Kommunikationsform galt es sich noch für eine Kommunikationsart zu entscheiden. Hier fiel die Wahl auf eine mündliche Befragung. Eine schriftliche Befragung wäre bei einer teilstrukturierten Ausgestaltung möglich gewesen, indem die Befragten ihre Antworten zu offenen Fragen in einem Fragebogen notieren und auf diesem auch eigene über die Fragen hinausgehende Anregungen und Querverbindungen niederschreiben. Die mündliche Befragung wurde jedoch dieser Form vorgezogen, weil bei einer schriftlichen Befragung spontane Nachfragen und Gesprächsentwicklungen, die im vorliegenden Fall aus den oben bereits erwähnten Gründen wichtig waren, nicht möglich sind. Zudem ist bei schriftlichen Befragungen erfahrungsgemäß mit sehr geringen Rücklaufzahlen der Fragebögen zu rechnen.

Die Gespräche wurden aus organisatorischen Gründen telefonisch geführt. Unter Berücksichtigung der engen Terminpläne der befragten Personen ließen sich telefonische Gespräche deutlich flexibler handhaben als persönliche Treffen. In der praktischen Durchführung wurden Termine nicht selten kurzfristig verschoben.

Mit Blick auf die befragten Personen lässt sich die angewandte Befragungs-Methode durch die Bezeichnung „Expertenbefragung“ konkretisieren. Unter Experten versteht Atteslander „Menschen, die über den Forschungsgegenstand besondere und umfassende Erfahrungen haben.“[544] In einer Auseinandersetzung zum Experteninterview von Michael Meuser und Ulrike Nagel heißt es: „Wir legen einen Expertenbegriff zugrunde, der an die Funktion, die eine Person innerhalb eines Sozialsystems erfüllt, gebunden ist […].“[545] Sowohl das Kriterium einer umfassenden Erfahrung als auch die Bindung an eine Funktion treffen auf die im Rahmen dieser Arbeit befragten Kommunikationsverantwortlichen großer AGs in Bezug auf den Forschungsgegenstand des kommunikativen Risikos zu. Sie haben, wie auch inhaltlich in den Gesprächen deutlich wurde, beinahe täglich mit kommunikativen Risiken zu tun und sind erfahren im Umgang mit Begriffen wie Image, Reputation und Issue. Es wurden ausdrücklich Personen in leitender Funktion befragt, denn diese können die insgesamt ablaufenden Prozesse im Bereich der Kommunikation und deren organisatorische Einbindung in das Unternehmen am besten beurteilen.

Durchführung

Als das Ziel und die Methode der Gespräche feststanden wurde ein Leitfaden für das Gespräch entwickelt. Dieser gliederte sich in drei Themenkomplexe:

---

542 Atteslander 2006, 133, Meuser/Nagel 1994, 184
543 vgl. Meuser/Nagel 1994, 184
544 Atteslander 2006, 131
545 Meuser/Nagel 1994, 180

- kommunikative Risiken allgemein,
- betriebliches Risikomanagement und
- Krisenmanagement.

Die einzelnen Themenbereiche wurden durch verschiedene Schlüsselfragen erschlossen:

Themenkomplex kommunikative Risiken allgemein:

- Was verstehen Sie ganz allgemein unter kommunikativen Risiken?
- Von welchem Bereich würden Sie sagen gehen für ihr Unternehmen die meisten kommunikativen Risiken aus?
- Welche Bedeutung messen Sie kommunikativen Risiken in ihrem Unternehmen zu?
- Wie schätzen Sie die Relevanz für den Unternehmenserfolg ein?
- Wie ist der Stand in Ihrem Unternehmen? Werden solche Risiken beobachtet/erfasst? Wenn ja, wo und wie?
- Wie gestaltet sich die Behandlung solcher Risiken?
- Wird in Ihrem Unternehmen Issues Management betrieben? Wie genau läuft dieses ab?
- Wo ist das Issues Management organisatorisch innerhalb des Unternehmens angesiedelt?

Themenkomplex betriebliches Risikomanagement:

- Inwieweit sind Sie als Kommunikationsverantwortlicher über die Ausgestaltung des betrieblichen Risikomanagements informiert?
- Ist die Kommunikationsabteilung in das Risikomanagement integriert?
- Werden innerhalb des betrieblichen Risikomanagements kommunikative Risiken mit erfasst?
- Werden Sie zu Risikobeurteilungen hinzugezogen?
- Welche Abteilung ist in Ihrem Unternehmen hauptsächlich mit dem Risikomanagement betraut?
- Halten Sie kommunikative Risiken für quantifizierbar in Form von Eintrittswahrscheinlichkeit und Schadenshöhe?
- Werden kommunikative Risiken in Ihrem Unternehmen mit Eintrittswahrscheinlichkeit und finanzieller Schadenshöhe erfasst?
- Sehen Sie Handlungsbedarf/Verbesserungsbedarf in dem System, wie Sie es jetzt praktizieren?
- Wo sehen Sie allgemein Schwierigkeiten im systematischen Umgang mit kommunikativen Risiken?
- Gibt es konkret in Ihrem Unternehmen Schwierigkeiten, die dafür erforderliche Denkhaltung durchzusetzen?

Themenkomplex Krisenmanagement:

- Wann sprechen Sie in Ihrem Unternehmen von einer Krise?
- Wo ist das Krisenmanagement innerhalb des Unternehmens organisatorisch angesiedelt?
- Welche Abteilung trägt die Hauptverantwortung?
- Was ist dabei Ihre Rolle als Kommunikationsverantwortlicher?
- Sind Sie generell der Meinung Krisen ergeben sich aus Risiken und lassen sich durch eine frühzeitige Identifikation und Behandlung von Risiken verhindern oder sind Sie der Meinung, dass Krisen in der Regel plötzlich eintreten?
- Wie gestaltet sich in Ihrem Unternehmen die Beziehung zwischen Risiko- und Krisenmanagement? Gibt es Schnittstellen?

Als der Leitfaden weitgehend feststand[546] wurden in einem nächsten Schritt geeignete Interviewpartner gesucht. Die Auswahl erfolgte entsprechend des oben zugrunde gelegten Expertenbegriffs nach Unternehmen. Bei der Auswahl wurde darauf geachtet, dass es sich um öffentlich bekannte Unternehmen[547] aus möglichst verschiedenen Branchen sowohl aus dem Bereich Business-to-Business als auch Business-to-Consumer handelt. Kriterium für die Auswahl war auch, dass die Unternehmen in Form einer Aktiengesellschaft mit Sitz oder Niederlassung in Deutschland organisiert sind. Der Grund, warum nur Aktiengesellschaften befragt wurden, liegt darin, dass bei diesen aufgrund rechtlicher Vorgaben[548] davon auszugehen ist, dass das Risikomanagement soweit ausgebaut ist, dass es sinnvoll erscheint, über die Integration kommunikativer Risiken zu sprechen. Weiterhin spielte natürlich auch die Bekanntheit dieser Unternehmen in der Öffentlichkeit eine Rolle. Es sind in der Regel tatsächlich die großen, börsennotierten Unternehmen, die auch in der Öffentlichkeit bekannt sind und für die kommunikative Risiken besonders relevant sind.

Die Recherche der jeweiligen Ansprechpartner erfolgte im Internet. Waren die E-Mail-Adressen im Internet nicht verfügbar, wurde telefonisch nachgefragt. Es wurden jeweils die Verantwortlichen für die gesamte Unternehmenskommunikation bzw. die Verantwortlichen für die externe Kommunikation oder Public Relations ausgewählt. Die tatsächlichen Bezeichnungen und Verantwortungsbereiche variieren je nach Unternehmen. Es wurde jedoch bei der Auswahl darauf geachtet, dass es sich tatsächlich um eine Führungskraft mit Überblick über den relevanten Bereich der Public Relations handelt.

Als Mittel für den Primärkontakt wurde ein E-Mail-Anschreiben genutzt. Anders als etwa bei einem Erstkontakt via Telefon bietet dieses Vorgehen die Chance direkt, also ohne Umwege über Assistenten, die jeweilige Führungsperson zu kontaktieren. Da die anvisierten Führungskräfte terminlich oft sehr eingebunden sind, gestaltet sich die direkte Erreichbarkeit am Tele-

---

[546] Der Leitfaden nach den ersten Gesprächen noch geringfügig modifiziert. Die oben abgedruckte Version gibt die endgültige, dem überwiegenden Teil der Gespräche zugrunde liegende, Form wieder.
[547] nach der subjektiven Einschätzung der Autorin
[548] z.B. KonTraG (Gesetz zur Kontrolle und Transparenz im Unternehmensbereich)

fon häufig schwierig. Weiterhin ließen sich in einem E-Mail-Anschreiben das doch relativ komplexe Thema und das damit verbundene Anliegen besser schildern als in einem kurzen Telefonat. Der konkrete Text der E-Mail lautete:

Betreff: *Anfrage zu „kommunikativen Risiken"*

Sehr geehrter Herr / sehr geehrte Frau [Name eingesetzt],

Sie erhalten diese E-Mail als Kommunikationsverantwortlicher der [Firmenname eingesetzt] *Ich wäre Ihnen dankbar, wenn Sie sich kurz Zeit nehmen könnten.*

Mein Name ist Claudia Kullick. Ich schreibe zurzeit zum Abschluss meines Medienmanagement-Studiums an der FH Mittweida, University of Applied Sciences, an meiner Diplomarbeit. Die Arbeit beschäftigt sich mit der Integration kommunikativer Risiken in unternehmerische Risikomanagementsysteme. Um eine große Praxisnähe zu gewährleisten und keine wesentlichen Aspekte zu übersehen, würde ich gern einige telefonische Leitfadengespräche zum Thema mit den Kommunikationsverantwortlichen deutscher Aktiengesellschaften führen. Daher meine Frage an Sie: Wären Sie zu einem solchen Gespräch bereit? Wie sich der Umgang mit kommunikativen Risiken in den Unternehmen gestaltet, können Sie aus Ihrer täglichen praktischen Erfahrung sicher am besten beurteilen. Daher wäre ich Ihnen für eine Unterstützung sehr dankbar. Im Anhang finden Sie ein Empfehlungsschreiben von Prof. Horst Müller, der die Arbeit betreut und Sie ebenfalls um Ihre Mithilfe bittet.

Unter kommunikativen Risiken verstehe ich unsichere Ereignisse und Umstände, welche die Kommunikation des Unternehmens vor eine große Herausforderung stellen, weil sie sich negativ auf die Unternehmensreputation auswirken können. Mich interessiert vor allem, wie Sie als Kommunikationsverantwortliche[r] *die Notwendigkeit der systematischen Betrachtung solcher kommunikativen Risiken einschätzen und wo Sie Schwierigkeiten sehen. Vielleicht betrachten Sie kommunikative Risiken in Ihrem Unternehmen ja auch bereits in anderer Form, etwa im Rahmen von Issues Management. Es würde mir für meine Arbeit helfen, zu erfahren, ob die Kommunikationsabteilung in Ihrem Unternehmen in das betriebliche Risikomanagement eingebunden ist bzw. inwieweit Sie über Kenntnisse zur Ausgestaltung des Risikomanagements verfügen. Ich erwarte dabei keine fundierten Kenntnisse zum Risikomanagement, sondern ich wende mich ausdrücklich an Sie als Kommunikationsverantwortliche*[r], *weil es mir eben um den Bezug der Kommunikationsabteilung zum Risikomanagement geht.*

Eine systematische Identifikation, Bewertung und Behandlung von kommunikativen Risiken, so eine These der Arbeit, könnte durch eine effiziente Verknüpfung von Risiko- und Krisenmanagement realisiert werden. Im Krisenmanagement wird schließlich kommunikativen Aspekten eine wesentliche Bedeutung zugemessen und Krisen stellen sich in den meisten Fäl-

len als realisierte Risiken dar. Wie ist Ihre Meinung dazu?

Ich bin gespannt auf Ihre Antworten und Anregungen. Ich werde mich in etwa einer Woche telefonisch mit Ihnen oder Ihrem Sekretariat in Verbindung setzen und würde mich freuen, wenn wir dann einen Termin für ein telefonisches Gespräch vereinbaren könnten. Die Länge des Gespräches können Sie selbst bestimmen. Ich bin natürlich froh über eine möglichst intensive Diskussion, wenn es Ihre Zeit jedoch nicht erlaubt, lassen sich sicher auch in wenigen Minuten wesentliche Anregungen vermitteln. Wenn Sie es wünschen, werde ich alle Inhalte unseres Gespräches vertraulich behandeln. Ich bin mir sicher, dass sich wertvolle Denkanstöße ergeben und die Arbeit auf diese Weise den tatsächlichen Bedürfnissen der Unternehmen angepasst wird.

Wenn Sie der Meinung sind, ein anderer Ansprechpartner in Ihrem Unternehmen könnte sich zum genannten Themengebiet äußern, wäre ich Ihnen ebenfalls dankbar, wenn Sie mir die entsprechenden Kontaktdaten zukommen lassen könnten.

Für Rückfragen stehe ich Ihnen unter der Telefonnummer [Nummer] *oder per E-Mail unter* [E-Mail-Adresse] *gern zur Verfügung.*

Mit freundlichen Grüßen

Claudia Kullick

[Kontaktdaten]

Um die eventuelle Skepsis der kontaktierten Führungskräfte hinsichtlich Wissenschaftlichkeit, Seriosität und Ernsthaftigkeit des Anliegens zu überwinden, wurde die E-Mail im Anhang mit einem Empfehlungsschreiben des betreuenden Hochschul-Professors versehen.

Erfolgte innerhalb einer Woche keine Rückmeldung, wurde telefonisch nachgefragt und gegebenenfalls ein Termin vereinbart.

Von den per E-Mail angeschriebenen 15 Kommunikationsverantwortlichen erklärten sich acht zu einem Gespräch bereit. Die relativ geringe Zahl der Absagen kann als Indiz für ein breites Interesse an dem Thema gewertet werden. Als Grund für eine Absage wurde in allen Fällen Zeitmangel angegeben.

Tabelle 11 zeigt in einer Übersicht das Datum der Gespräche und die Branchenzugehörigkeit der Unternehmen, für welche die Befragten tätig sind.

Tabelle 11: Übersicht zu den Leitfadengesprächen

Nr.	Datum	Firma / Branche
1	25.05.2007	Konsumgüter
2	30.05.2007	Kommunikationstechnik
3	31.05.2007	Automobilindustrie
4	01.06.2007	Konsumgüter
5	05.06.2007	Maschinenbau
6	06.06.2007	Telekommunikation (Dienstleistung)
7	07.06.2007	Software
8	15.06.2007	Chemie

Vor der eigentlichen Durchführung der Gespräche wurde sich jeweils erkundigt, ob die Befragten mit einer Aufzeichnung einverstanden sind und ob sie in der Arbeit mit ihren Aussagen zitiert werden dürfen. Zwei Ansprechpartner waren mit einer Aufzeichnung nicht einverstanden. Hier wurden grundlegende Aussagen während des Gespräches notiert. Die aufgezeichneten Gespräche wurden transkribiert. Für Zitate im Rahmen der Arbeit verlangte der Großteil der Ansprechpartner eine Anonymisierung. Der Rest forderte die Vorlage der entsprechenden Zitate zur Autorisierung. Im Rahmen der Auswertung wurde sich dazu entschlossen, alle Aussagen gleichberechtigt zu anonymisieren und sie lediglich einer Branche zuzuordnen. Der tatsächliche Name des Ansprechpartners und des Unternehmens können, da es um grundlegende Aussagen geht, ohnehin als irrelevant betrachtet werden.

Die Gespräche dauerten jeweils zwischen 30 und 45 Minuten. Es wurde sich während des Gespräches vom Leitfaden gelöst, wenn sich aus den Antworten des Befragten interessante neue Aspekte ergaben, die dann durch zusätzliche Fragen näher ergründet wurden oder wenn einzelne Fragen bereits mit vorangegangenen Aussagen beantwortet wurden. In einzelnen Fällen stellten die Interviewten auch von sich aus neue Fragen. Auch wichen die konkreten Frageformulierungen in Abhängigkeit von der jeweiligen Gesprächssituation und dem bereits Gesagtem voneinander ab. Waren die Befragten besonders auskunftsbereit, ergaben sich auch lange Passagen des Zuhörens.

Probleme/ Anmerkungen

Die in den Interviews getroffenen Aussagen beziehen sich jeweils auf das praktische Wahrnehmungsfeld des befragten Kommunikationsverantwortlichen. Das heißt, aus den Gesprächen konnten kaum direkt allgemeingültige Zusammenhänge erkannt werden. Diese ergaben sich erst aus der Interpretation und dem Vergleich mehrerer Gespräche. Es handelt sich dabei um ein grundlegendes Problem von Expertenbefragungen, dem aber, wie Meuser und Nagel zeigen, durch eine entsprechende Auswertung entgegengewirkt werden kann:

> „Sie [Experten, Anm. d. Verf.] können über Entscheidungsfälle berichten, auch Prinzipien benennen, nach denen sie verfahren; die überindividuellen handlungs- bzw. funktionsspezifischen Muster des Expertenwissens müssen entdeckt, d.h. interpretativ rekonstruiert werden.“[549]

Weiterhin soll an dieser Stelle noch die Vermutung geäußert werden, dass die Kommunikationsverantwortlichen im Gespräch darum bemüht waren, wie es ja eigentlich auch ihre Aufgabe ist, ihr Unternehmen als besonders vorbildlich erscheinen zu lassen. Dieser Umstand wurde bei der Auswertung der Gespräche versucht zu berücksichtigen, indem sich weniger an subjektiven Einschätzungen, z.B. hinsichtlich der Vollständigkeit und Ausgereiftheit des praktizierten Systems, orientiert wurde, sondern vielmehr an faktischen Aussagen zu kommunikativen Risiken sowie zur Vorgehensweise und zur Ausgestaltung des Systems.

[549] Meuser/Nagel 1994, 183

Anlage 2: **Personenregister**

Ansoff, Harry Igor (1918-2002): Der Wirtschaftswissenschaftler und Mathematiker gilt als Begründer des Strategischen Managements. Im Rahmen der Arbeit wird er in Verbindung mit der strategischen Frühaufklärung erwähnt. Er ist der Urheber des „Konzepts der schwachen Signale" („weak signals"), auf welchem zahlreiche Ansätze der strategischen Frühaufklärung basieren.[550]

Atteslander, Peter, Prof. Dr. (*1926): Der Schweizer Soziologe hat sich auf den Bereich der Empirischen Sozialforschung spezialisiert. Er ist Autor des Standardlehrbuchs zu diesem Themengebiet. Daneben stellen vor allem die Betriebs- und die Medizinsoziologie Schwerpunkte seiner Forschung dar.[551]

Baisch, Friedemann, Prof. Dr. (*1966): Baisch promovierte über die Implementierung von Früherkennungssystemen in Unternehmen und lehrt heute als Professor mit den Schwerpunkten Projektmanagement, Allgemeine Betriebswirtschaft und Kooperationswesen an der Hochschule für Wirtschaft und Umwelt Nürtingen-Geislingen. Vor seiner Promotion war er in verschiedenen namhaften Unternehmen im Bereich Früherkennung und im Mahn- und Vollstreckungswesen tätig.[552]

Beck, Ulrich, Prof. Dr. (*1944): Beck prägte mit seinem 1986 erschienenen Buch den Begriff der „Risikogesellschaft". Der Soziologe lehrt an der Ludwig-Maximilians-Universität München und beeinflusst mit seinen Werken zur Globalisierung, Individualisierung und sozialen Ungleichheit wesentlich die soziologische Diskussion der Moderne.[553]

Bentele, Günter, Prof. Dr. (*1948): Der Kommunikationswissenschaftler ist Autor und Herausgeber zahlreicher Werke zur PR- und Kommunikationsforschung sowie zur Ethik von Kommunikationsberufen und gilt als einer der führenden deutschen Wissenschaftler auf dem Gebiet der Public Relations. 1999 und 2000 wurde er mit dem DPRG-Preis „Goldene Brücke" ausgezeichnet. 2004 erhielt er von dem Verband die Auszeichnung „PR-Kopf des Jahres". Seit 1994 ist Bentele Inhaber des Lehrstuhls Öffentlichkeitsarbeit/PR an der Universität Leipzig.[554]

Brühwiler, Bruno, Dr.: Der promovierte Wirtschaftswissenschaftler ist Geschäftsführer der Firma Euro Risk Limited in Zürich. Diese ist spezialisiert auf unternehmensweites Risikoma-

---

[550] vgl. Internetauftritt Ansoff Associates: http://www.ansoff.com/founder.html, abgerufen am 26.07.2007

[551] vgl. Internetauftritt der Albert-Ludwigs-Universität Freiburg: http://www.medsoz.uni-freiburg.de/dkgw/whoiswho/personen/a/atteslander.htm, abgerufen am 03.08.2007

[552] vgl. Internetauftritt der Hochschule für Wirtschaft und Umwelt Nürtingen-Geislingen, abgerufen am 31.07.2007

[553] vgl. Internetauftritt der Ludwig-Maximilians-Universität München: http://www.lsbe.soziologie.uni-muenchen.de/, abgerufen am 26.07.2007

[554] vgl. Bentele/Rolke 1998, 195, vgl. Internetauftritt der Universität Leipzig: http://www.uni-leipzig.de/~prkmw/mitarb/bentbio.htm, abgerufen am 26.07.2007

nagement und strukturierte Risikofinanzierung. Außerdem wirkt Brühwiler bei der International Organization for Standardization (ISO) in einem Projekt zur internationalen Standardisierung von Risikomanagement mit. In Schweizer Versicherungsunternehmen war er langjährig in führender Stellung im Bereich Risikomanagement tätig.[555]

Bruhn, Manfred, Prof. Dr. (*1949): Im Rahmen der Arbeit wird der Marketingexperte Bruhn vor allem als Autor des Standardwerkes „Integrierte Unternehmens- und Markenkommunikation" erwähnt. Er ist Inhaber des Lehrstuhls für Marketing und Unternehmensführung an der Universität Basel. Seine Arbeitsschwerpunkte sind das Strategische Management, Kommunikationspolitik und Marketingmanagement.[556]

Eisenegger, Mark, Dr.: Der Kommunikationswissenschaftler leitet die angewandte Grundlagenforschung am „Forschungsbereich Öffentlichkeit und Gesellschaft" (fög) der Universität Zürich. Er lehrt zudem an der Albert-Ludwigs-Universität Freiburg. Seine Forschungsschwerpunkte liegen im Bereich Organisationskommunikation, Issues Monitoring und Reputationsanalytik.[557] Für die vorliegende Arbeit liefern seine Erkenntnisse zur Reputationskonstitution in der Mediengesellschaft und die von ihm geprägten Begriffe Reputationseffekt und Karrierepotenzial wesentliche Anregungen.

Fombrun, Charles, Prof. Dr.: Der Wirtschaftswissenschaftler ist Gründer und Leiter des New Yorker Reputation Institute und lehrte an der Stern School of Business an der New York University. Er ist Autor und Herausgeber zahlreicher Publikationen zum Reputationsmanagement und entwickelte Ende der 90er Jahre mit dem Reputation Quotient (RQ) ein Analyseinstrument zur vergleichenden Messung der Reputation von Unternehmen.[558]

Freeman, Edward, R. Prof. Dr.: (*1951) Freeman prägte 1984 die sog. „Stakeholder Theory", welche beschreibt, dass sich Ansprüche gegenüber einem Unternehmen nicht nur aus Verträgen oder Kapital ergeben, sondern dass es auch weitere Anspruchsgruppen und speziell deren Betroffenheit im unternehmerischen Handeln und Entscheiden zu berücksichtigen gilt. Heute lehrt Freeman an der Darden School of Business an der Universität Virginia.[559]

Gaenslen, Philipp, Dr.: Gaenslen promovierte über Risiken der Unternehmensleitung und ist Mitarbeiter im Bereich Assurance and Advisory Business Services der Ernst & Young AG Wirtschaftsprüfungsgesellschaft.[560]

---

[555] vgl. Brühwiler 2007
[556] vgl. Klappentext zu Bruhn 2006, vgl. Internetauftritt der Universität Basel: http://www.wwz.unibas.ch/marketing/deutsch/lehrstuhl/mbruhn.htm , abgerufen am 26.07.2007
[557] vgl. Klappentext zu Eisenegger 2005, vgl. Internetauftritt des fög: http://www.foeg.uzh.ch/menschen_am_foeg/detail.aspx?id=79, abgerufen am 26.07.2007
[558] vgl. Fombrun 1996, 443, vgl. Rheker 2004, 94
[559] vgl. Internetauftritt der Darden School of Business: http://www.darden.edu/html/direc_detail.aspx?styleid=2&id=4468, abgerufen am 27.07.2007
[560] vgl. Klappentext zu Gaenslen, 2006

Hilton, Matthew, Prof. Dr.: Der Historiker forscht an der Universität Birmingham zu Konsumentenbewegungen und hat zahlreiche Artikel zu diesem Thema veröffentlicht. Er ist zudem als Redakteur für das Magazin „Contemporary British History" tätig.[561]

Hribal, Lucie, Dr.: An der Universität Zürich forscht und lehrt Hribal zu Mediensystemen und zur Organisationskommunikation. Daneben ist sie freiberuflich in der PR-Branche tätig.[562] In ihrer Dissertation führt sie interdisziplinär Public Relations, Risikokommunikation sowie gesellschaftliche und unternehmerische Werte zusammen.

Ingenhoff, Diana, Prof. Dr.: Als Kommunikationswissenschaftlerin mit den Schwerpunkten Organisationskommunikation und Kommunikationsmanagement, insbesondere Reputations- und Issues Management, lehrt Ingenhoff an den Universitäten Freiburg und St. Gallen. Am „Center for Corporate Communication" des Instituts für Medien- und Kommunikationsmanagement der Universität St. Gallen ist sie als Projektleiterin tätig. Im Rahmen ihrer Dissertation hat sie das Corporate Issues Management in multinationalen Unternehmen untersucht.[563]

Jarren, Otfried, Prof. Dr. (*1953): Der Kommunikations- und Medienwissenschaftler Jarren ist vor allem durch seine Arbeiten zur Kommunikations- und Medienpolitik sowie zur politischen Kommunikation bekannt geworden. Er hat den Begriff der „Mediengesellschaft" systematisch beschrieben und dadurch wesentlich mit geprägt. Am Institut für Publizistikwissenschaft und Medienforschung der Universität Zürich (IPMZ) ist er Inhaber des Lehrstuhls für Publizistikwissenschaft. Bis 2001 war er Direktor des Hans-Bredow-Instituts für Medienforschung an der Universität Hamburg.[564]

Kinter, Achim, Dr.: Kinter ist seit 20 Jahren als Kommunikationsberater für Unternehmen tätig. Für die Entwicklung des „Communication Issues Risk Management" (CIRM), ein auch in der Arbeit thematisiertes Issues Managementsystem für die Deutsche Bank, wurde er im Jahr 2000 mit dem PR-Preis „Goldene Brücke" ausgezeichnet. Er ist geschäftsführendes Vorstandsmitglied der Issues Management Gesellschaft Deutschland e.V. (IMAGE).[565]

Klein, Ansgar, Dr. (*1959): Der Sozialwissenschaftler ist Geschäftsführer des Bundesnetzwerks Bürgerschaftliches Engagement und Mitbegründer und Mitherausgeber des For-

---

[561] vgl. Internetauftritt der Universität Birmingham: http://www.history.bham.ac.uk/staff/hilton.htm, abgerufen am 26.07.2007

[562] vgl. Klappentext zu Hribal 1999

[563] vgl. Internetauftritt der Universität St. Gallen: http://www.studium.unisg.ch/org/lehre/faculty.nsf/wwwPubDozIDpopup/25933, abgerufen am 27.07.2007 und Internetauftritt der Universität Freiburg: http://www.unifr.ch/mukw/professorinnen.html, abgerufen am 27.07.2007

[564] vgl. Internetauftritt der Universität Zürich: http://www.ipmz.unizh.ch/home.html?/staff/mit_I_jarren.html, abgerufen am 26.07.2007

[565] vgl. Kinter 2005, 61

schungsjournals „Neue Soziale Bewegungen“. Als Publizist ist er unter anderem für die Bundeszentrale für Politische Bildung tätig.[566]

Kratzheller, Johannes B., Dr.: Kratzheller promovierte an der Universität Freiburg/Breisgau zu Risiko- und Risikomanagement aus organisationswissenschaftlicher Perspektive.

Krystek, Ulrich, Prof. Dr.: Gemeinsam mit Günther Müller-Stewens ist der Wirtschaftswissenschaftler Autor eines Standardwerkes zur Frühaufklärung. Er lehrt an der Fachhochschule Worms Betriebswirtschaftslehre, insbesondere Controlling, und strategisches Management und ist Gastprofessor an der Technischen Universität Berlin.[567]

Lamla, Jörn, Dr. (*1969): Der Politikwissenschaftler mit der Spezialisierung Sozialkunde hat zahlreiche Texte zum Themenfeld Verbraucherbewegung und Konsum verfasst. Er forscht an der Justus-Liebig-Universität Gießen und wurde dort 2005 mit dem Wolfgang-Mittermaier-Preis für hervorragende Leistungen in der akademischen Lehre ausgezeichnet.[568]

Liebl, Franz, Prof. Dr. (*1960): Als Betriebswirtschaftler mit dem Schwerpunkt Marketing lehrt Liebl an der Universität der Künste in Berlin. Im Rahmen der Arbeit war besonders seine intensive Auseinandersetzung mit dem Thema Issues Management von Bedeutung.[569]

Luhmann, Niklas, Prof. Dr. (*1927-1998): Luhmann gilt als einer der bedeutendsten deutschen Soziologen. Er ist der Begründer der sog. „Systemtheorie“, welche die moderne Gesellschaft als Ansammlung von verschiedenen Funktionssystemen beschreibt, die jeweils eine spezielle Aufgabe übernehmen und in denen eigene Logiken herrschen. Luhmanns Werk hat Ausstrahlungswirkung auf weitere Wissenschaftsdisziplinen wie etwa die Wirtschafts- und Rechtswissenschaften oder die Kommunikationswissenschaft.[570] Darüber hinaus hat er auch selbst Werke zur Kommunikations- und Medienwissenschaft sowie zur Risikoforschung verfasst, welche im Rahmen der Arbeit zitiert werden.

Lyczek, Boris, M.A.: Der Kommunikationswissenschaftler und Volkswirt ist wissenschaftlicher Mitarbeiter am Institut für Medien- und Kommunikationsmanagement der Universität St. Gallen und gemeinsam mit Beat Schmid Herausgeber eines Werkes zum Kommunikationsmanagement. Er widmet sich in seiner Forschung schwerpunktmäßig der Messung intangibler Assets und deren wertorientierter Steuerung durch Verfahren des Kommunikationsmanagements.[571]

---

[566] vgl. Internetauftritt zur Schriftenreihe „Bürgergesellschaft und Demokratie“: http://www.buergergesellschaft-demokratie.de/klein.html, abgerufen am 26.07.2007
[567] vgl. Klappentext zu Krystek/Müller-Stewens 1993
[568] vgl. Internetauftritt der Justus-Liebig-Universität Gießen: http://www.uni-giessen.de/fb03/soziologie/personen/lamla/frame.htm, abgerufen am 26.07.2007
[569] vgl. Internetauftritt der Universität der Künste Berlin: http://www.gwk.udk-berlin.de/sites/gwk-udk-berlin.de/myzms/content/e4/e18/e87/e840/e9765/e9767/index_ger.html, abgerufen am 26.07.2007
[570] vgl. Horster 2005
[571] vgl. Klappentext zu Schmid/Lyczek 2006 und Internetauftritt der Universität St. Gallen: http://www.alexandria.unisg.ch/persons/person/L/Boris_Lyczek , abgerufen am 26.07.2007

Maletzke, Gerhard, Prof. Dr. (*1922): Der Kommunikationswissenschaftler und Psychologe hat mit seinen Veröffentlichungen, speziell mit „Psychologie der Massenkommunikation" (1963), im deutschsprachigen Raum wesentlich zur theoretischen Untermauerung des Phänomens der Massenkommunikation beigetragen. Er lehrt an der Universität Hohenheim.[572]

Merten, Klaus, Prof. Dr. (*1940): Seit 1984 lehrt Merten empirische Kommunikationsforschung an der Universität München. Schwerpunkte seiner Forschung sind Kommunikationstheorie und empirische Kommunikationsforschung. Er promovierte 1976 mit einer Arbeit zum Kommunikationsbegriff.[573]

Meuser, Michael, Prof. Dr.: Der Soziologe beschäftigt sich unter anderem mit der qualitativen Sozialforschung. Zusammen mit Ulrike Nagel ist er Autor eines Aufsatzes zum Experteninterview. Er lehrt an der Universität Dortmund.[574]

Müller, Lambert, Dr. (*1957): Der Publizistikwissenschaftler promovierte zur Krisen-PR, war als Leiter der Öffentlichkeitsarbeit bei einem Energieversorger und bei der Deutschen Gesellschaft zum Bau und Betrieb von Endlagern für Abfallstoffe tätig und arbeitet seit 1997 als freier Berater, insbesondere für Krisenkommunikation. An der Universität Göttingen hat er einen Lehrauftrag.[575]

Müller-Stewens, Günter, Prof. Dr.: Gemeinsam mit Ulrich Krystek ist der Betriebswirtschaftler Autor eines Standardwerkes zur Frühaufklärung. Er lehrt Betriebswirtschaftlehre mit dem Schwerpunkt Organisation an der Universität St. Gallen und ist geschäftsführender Direktor des dortigen Instituts für Betriebswirtschaft.[576]

Müller-Vivil, Alexander, Dr.: Der Betriebswirtschaftler promovierte am Institut für betriebswirtschaftliche Risikoforschung und Versicherungswirtschaft der Ludwig-Maximilians-Universität München zu kommunikationsintendierter Risikopolitik von Unternehmen.[577]

Nagel, Ulrike, Dr. (*1947): Die Soziologin arbeitet als wissenschaftliche Angestellte am Institut für Soziologie der Otto-von-Guericke-Universität in Magdeburg. Gemeinsam mit Michael Meuser hat sie einen Aufsatz zum Experteninterview verfasst und wird damit in der Arbeit zitiert.[578]

---

[572] vgl. Internetauftritt der Universität Hohenheim: http://www.media.uni-hohenheim.de/html/profil/team/maletzke.html, abgerufen am 26.07.2007
[573] vgl. Bentele/Rühl 1993, 530
[574] vgl. Internetauftritt des Instituts für Forschungsinformation und Qualitätssicherung: http://www.forschungsinfo.de/Mitarbeiter/mit_meuser.asp, abgerufen am 16.10.2007
[575] vgl. Bentele/Rolke 1998, 196
[576] vgl. Internetauftritt der Universität St. Gallen: http://www.ifb.unisg.ch/org/ifb/ifbweb.nsf/wwwPubPersonGer/6349485608415AE3C12569A10057EEC3, abgerufen am 26.07.2007
[577] vgl. Klappentext zu Müller-Vivil 2000
[578] vgl. Internetauftritt der Universität Magdeburg: http://www.isoz.uni-magdeburg.de/PD_Dr__Ulrike_Nagel.html, abgerufen am 16.10.2007

Obermeier, Otto-Peter, Prof. Dr. Dr. (*1941): Bis zu deren Auflösung im Jahr 2003 war Obermeier Mitglied der Geschäftsleitung der Gerling Akademie für Risikoforschung in Zürich. Heute lehrt er an der Hochschule für Politik in München und ist Honorarprofessor an der Universität Ulm.[579]

Piwinger, Manfred: Von der Ausbildung her Journalist, war Piwinger rund 30 Jahre als PR-Verantwortlicher in deutschen Unternehmen tätig. Heute arbeitet er als selbstständiger Kommunikations- und Imageberater. An der Universität Leipzig ist er Lehrbeauftragter für Unternehmenskommunikation. Seine Bücher zu diesem Thema und zu Investor Relations gelten als Standardwerke. Piwinger ist zudem Vorsitzender der Jury Deutscher PR-Preis.[580]

Porák, Victor, Dr.: Der studierte Informationsmanager ist Leiter des Zentrums für Finanzkommunikation am Institut für Medien- und Kommunikationsmanagement der Universität St. Gallen, wo er auch als Lehrbeauftragter tätig ist.[581] Zusammen mit Manfred Piwinger ist er Herausgeber eines Sammelbandes zum Kommunikations-Controlling.

Pürer, Heinz, Prof. Dr. (*1947): Seit Oktober 1986 ist Heinz Pürer Ordinarius für Kommunikationswissenschaft an der Ludwig-Maximilians-Universität in München. Zuvor hatte er unter anderem die Gesamtleitung des österreichischen „Kuratoriums für Journalistenausbildung“ inne. Er ist Autor verschiedener Bücher und Aufsätze zu den Themenfeldern Journalismus und Kommunikationswissenschaft im Allgemeinen.[582]

Rolke, Lothar, Prof. Dr. (*1954): Rolke lehrt Betriebswirtschaftlehre und Unternehmenskommunikation an der Fachhochschule Mainz und hat zahlreiche Aufsätze und Bücher zur Unternehmenskommunikation veröffentlicht. Darüber hinaus ist er seit über 20 Jahren als Berater für Unternehmen und Verbände im Bereich Unternehmenskommunikation, Krisenmanagement und Kommunikations-Controlling tätig. Er gehörte auch für zwei Jahre dem Präsidium der GPRA an.[583]

Roselieb, Frank (*1969): Roselieb leitet das „Krisennavigator-Institut für Krisenforschung“, einen Ableger der Christian-Albrechts-Universität zu Kiel. Krisenmanagement, Unternehmenskommunikation, Risikomanagement und Frühwarnsysteme sind die Themengebiete, zu denen Roselieb unter anderem forscht und veröffentlicht.[584]

Röttger, Ulrike, Prof. Dr. (*1966): Die Kommunikationswissenschaftlerin lehrt im Rahmen einer Stiftungsprofessur am Institut für Kommunikationswissenschaft der Westfälischen Wil-

---

579 vgl. Klappentext zu Obermeier 1999
580 vgl. Klappentext zu Piwinger/Porák 2005 und Internettauftritt der Universität Leipzig: http://www.cmgt.uni-leipzig.de/index.php?id=1226, abgerufen am 26.07.2007
581 vgl. Klappentext zu Piwinger/Porák 2005 und Internetauftritt der Universität St. Gallen: http://www.unisg.ch/org/lehre/faculty.nsf/(vwpersonlookup)/8C4F1CFE4553668141256CC7005D9617?opendocument, abgerufen am 26.07.2007
582 vgl. Klappentext zu Pürer 1998
583 vgl. Bentele / Rolke 1998, 196
584 vgl. Roselieb 1999

helms-Universität Münster zum Themengebiet Public Relations. Sie ist Mitglied des Vorstands der Deutschen Gesellschaft für Publizistik- und Kommunikationswissenschaft (DGPuK) und Autorin zahlreicher kommunikationswissenschaftlicher Veröffentlichungen, unter anderem zum Thema Issues Management.[585]

Runzheimer, Bodo, Prof. Dr.: Der Mitautor eines erfolgreichen Buches zu Risikomanagement und KonTraG ist Professor für Betriebswirtschaftslehre, speziell für Operations Research, Unternehmensplanung und Bilanzierung an der Hochschule für Gestaltung, Technik und Wirtschaft Pforzheim.[586]

Schmid, Beat F., Prof. Dr.: Der studierte Physiker und Mathematiker ist Mitbegründer und geschäftsführender Direktor des Instituts für Medien- und Kommunikationsmanagement an der Universität St. Gallen. Dort ist er mit der Spezialisierung Informationsmanagement auch als Professor für Betriebswirtschaftslehre tätig.[587]

Schulz, Jürgen, Dr.: Nach dem Studium der Wirtschafts- und Gesellschaftskommunikation promovierte Schulz an der Humboldt Universität Berlin über das Management von Risiko- und Krisenkommunikation. Heute lehrt er unter anderem an der Universität der Künste in Berlin, bei der Deutschen Akademie für Public Relations sowie an der Hochschule Anhalt und ist als wissenschaftlicher Berater in den Bereichen Marketing-Kommunikation, Corporate Identity sowie Risiko- und Krisenkommunikation tätig.[588]

Süss, Werner, Dr.: Süss ist seit dem Jahr 2002 Geschäftsführer der Vattenfall Europe Sales GmbH. Vorher war er Leiter der Unternehmenskommunikation bei der E.On Energie AG. Er ist auch als Lehrbeauftragter im Bereich Kommunikationsmanagement und Public Relations an der Universität Leipzig tätig.[589]

Töpfer, Armin, Prof. Dr. (*1944): Der Wirtschaftswissenschaftler leitet den Lehrstuhl für Marktorientierte Unternehmensführung an der Technischen Universität Dresden und ist Vorsitzender der Forschungsgruppe Management + Marketing in Kassel. Die inhaltlichen Schwerpunkte seiner Lehre und Forschung bilden unter anderem die wertorientierte Unternehmensführung, Balanced Score Card-Ansätze sowie strategisches Marketing.[590] Im Rahmen der Arbeit war besonders seine Auseinandersetzung mit plötzlichen Unternehmenskrisen und mit Krisenkommunikation von Bedeutung.

---

[585] vgl. Internetauftritt der Westfälischen Wilhelms-Universität Münster: http://egora.uni-muenster.de/ifk/personen/ulrikeroettger.html, abgerufen am 27.07.2007
[586] vgl. Klappentext zu Wolf/Runzheimer 2003
[587] vgl. Klappentext zu Schmidt/Lyczek 2006 und Internetauftritt der Universität St. Gallen: http://www.unisg.ch/org/lehre/faculty.nsf/wwwPubSenatPopupGer/BF968A538180506081256AB90033E7EF, abgerufen am 26.07.2007
[588] vgl. Internetauftritt der Universität der Künste in Berlin: http://www.gwk.udk-berlin.de/sites/gwk-udk-berlin.de/myzms/content/e4/e18/e87/e1285/e4758/e4760/index_ger.html, abgerufen am 26.07.2007
[589] vgl. http://www.cmgt.uni-leipzig.de/index.php?id=1226, abgerufen am 30.07.2007
[590] vgl. Internetauftritt der Technischen Universität Dresden: http://tu-dresden.de/die_tu_dresden/fakultaeten/fakultaet_wirtschaftswissenschaften/bwl/muf/mitarbeiter, abgerufen am 26.07.2007

Wolf, Klaus: Der Mitautor eines erfolgreichen Buches zu Risikomanagement und KonTraG war Berater bei der Unternehmensberatung PricewaterhouseCoopers im Bereich Risikomanagement und Revitalisierung und arbeitet heute im Controlling eines internationalen Automobilkonzerns.[591]

Zerfaß, Ansgar, Prof. Dr. (*1965): Der studierte Wirtschafts- und Kommunikationswissenschaftler ist Autor zahlreicher Werke zur Öffentlichkeitsarbeit und zum Kommunikationsmanagement. 2005 wurde er von der DPRG zum „PR-Kopf des Jahres" gekürt. Nach rund zehnjähriger Tätigkeit in Leitungspositionen der Unternehmenskommunikation und Politikberatung lehrt er heute als Professor für Kommunikationsmanagement an der Universität Leipzig. Daneben ist er in der Executive-Weiterbildung und als Berater für Unternehmen und Institutionen tätig und engagiert sich in verschiedenen Branchenverbänden.[592]

---

591 vgl. Klappentext zu Wolf/Runzheimer 2003

592 vgl. Klappentext zu Zerfaß 2005 und Internetauftritt der Universität Leipzig: http://www.cmgt.uni-leipzig.de/index.php?id=1223, abgerufen am 26.07.2007

NEUERSCHEINUNGEN J+K WISSEN

Kommunikationsberatung leidet oft unter ihrer fehlenden Verbindung von Theorie und Praxis. Vorhandene Analyse-, Strategie- und Evaluationsmethoden werden kaum genutzt. Die Berliner PR-Agentur Johanssen + Kretschmer Strategische Kommunikation GmbH will mit der Herausgabe der Reihe J+K Wissen dazu beitragen, dies zu verändern.

Alle Bücher sind zum Preis von 24,80 € im europäischen Buchhandel erhältlich.

Band 1: Mirko Milinewitsch
Professionalisierung der Interessenvermittlung durch externes Public Affairs Management

Band 2: Anna Glombitza
Corporate Social Responsibility in der Unternehmenskommunikation

Band 3: Christian H. Schuster
Politikberatungsagenturen in Deutschland

Band 4: Andreas von Münchow
Strategische Allianzen im Bereich der politischen Interessenvermittlung

Band 5: Robert Helbig
Herausforderungen der Krisenprävention und Krisenkommunikation politischer Parteien

Band 6: Andreas Fiersbach
Organisationsentwicklung in Medienunternehmen

Band 7: Claudia Kullick
Public Relations und Risikomanagement

Sonderband: Melchert/Magerl/Rauer/Kreitz/Schalt (Hg)
Vereinige Staaten von Europa - Vision für einen Kontinent
Mit Beiträgen von u.a. Javier Solana, Otto von Habsburg, Richad von Weizsäcker, Mario Ohoven, Ronald Pofalla, Armin und Elmar Brok

Weitere Infos zu den Titeln unter www.polisphere.de/library
Weitere Infos zu Johanssen + Kretschmer unter www.jk-kom.de

NEUERSCHEINUNGEN BJP EDITION

Die politische Beratung steht in Deutschland noch am Beginn ihrer Entwicklung. Um einen Professionalisierungsgrad zu erreichen, wie er für Washington und Brüssel selbstverständlich ist, müssen nicht nur die Strukturen formalisiert, sondern vor allem Information über die Branche und die politischen Prozesse zur Verfügung gestellt werden. Mit der Herausgabe der BJP Edition will Busch-Janser Personalmanagement dazu beitragen, die vorhandene Wissenslücke zu schließen, und gleichzeitig dem wissenschaftlichen Austausch ein Forum bieten. Durch das Angebot wird insbesondere bei Berufseinsteigern das Verständnis für die Branche Politik und Beratung gefördert und Transparenz geschaffen, während Young Professionals durch eine breit gefächerte Themenauswahl Denkanstöße für die tägliche berufliche Praxis erhalten. Die BJP Edition wird in Deutschland exklusiv über Amazon und die Parlamentsbuchhandlung vertrieben.

Karriereguide Public Affairs, hg. von Florian Busch-Janser & Marie Pötter
ISBN 978-3-9-3845631-6, 10€

Politikberatung als Beruf, hg. von Florian Busch-Janser, Sandra Busch-Janser & Mario Voigt
ISBN 978-3-9-3845630-9, 10€

Die Strippenzieherinnen, hg. von Judith Kleinemeyer & Sandra Busch-Janser
ISBN 978-3-9-3845632-3, 20€

Praxishandbuch Lobbying, von Christoph Vondenhoff & Sandra Busch-Janser
ISBN 978-3-9-3845633-0, 20€

Political Leadership
(in Vorbereitung)

Careerguide EU-Public Affairs
(in Vorbereitung)

Going Abroad - Political Consulting in den USA
(in Planung)

Karriereguide Verbandsmanagement
(in Planung)